U0355189

弹道目标微动特征提取与智能识别技术

冯存前　许旭光　韩立珣　王义哲　著

国防工業出版社

·北京·

内容简介

微多普勒是中段弹道目标的重要特征，基于微多普勒的弹道目标特性反演能够精确刻画目标的姿态、结构和运动等特征并实现目标的准确识别，已成为当前雷达领域的热点研究内容之一。本书主要针对微多普勒特征分析理论与技术在弹道目标特征提取与识别领域的应用问题展开研究，全书共8章，内容包括弹道目标模型构建与分析、弹道目标平动补偿、弹道目标微动特征提取、弹道目标参数估计、基于窄带特征的弹道目标智能识别和基于宽带特征的弹道目标智能识别等。

本书可供开展雷达目标微多普勒效应相关课程教学和科学研究的高校本科生、研究生以及老师使用，对于研究开发雷达目标特征提取与识别系统的科研人员、工程师以及其他人员也有一定的借鉴和参考价值。

图书在版编目（CIP）数据

弹道目标微动特征提取与智能识别技术 / 冯存前等著. -- 北京：国防工业出版社，2025. 2. -- ISBN 978-7-118-13598-5

Ⅰ. TJ761.3

中国国家版本馆 CIP 数据核字第 2025YC5236 号

※

国防工业出版社 出版发行

（北京市海淀区紫竹院南路 23 号　邮政编码 100048）

北京虎彩文化传播有限公司印刷

新华书店经售

*

开本 710×1000　1/16　**印张** 17¼　**字数** 306 千字

2025 年 2 月第 1 版第 1 次印刷　**印数** 1—1500 册　**定价** 128.00 元

（本书如有印装错误，我社负责调换）

国防书店：(010)88540777　书店传真：(010)88540776

发行业务：(010)88540717　发行传真：(010)88540762

前　言

聚焦弹道目标微多普勒效应分析这一热点研究领域，立足作者团队近年来取得的相关研究成果，本书重点对弹道目标微动特征提取与识别技术进行深入的分析和研究。

全书共8章。

第1章是绪论。主要介绍弹道目标的基本知识、反导雷达的基本概况以及国内外关于中段弹道目标微动特征提取和识别的研究现状，并对本书内容安排进行简要介绍。

第2章是弹道目标模型构建与分析。首先，介绍了典型弹道目标的几何模型，分析了基于散射中心理论的弹道目标几何建模方法；然后，建立中段轨道运动模型，仿真分析轨道运动过程中弹道目标的飞行轨道、飞行速度以及加速度变化；最后，介绍了弹道目标典型微动样式，研究了微动特性分析方法以及微多普勒获取的频率条件。

第3章是弹道目标平动补偿。首先，基于目标信息的整体性，从包络对齐和相位校正的角度设计了一种平动补偿方法，实现了距离像特征的准确补偿；然后，设计了两个基于时频图的平动参数估计网络，利用深度神经网络实现平动参数的智能估计；接着，设计了一个基于空间变换网络的平动补偿网络，从图像校正的角度实现了平动的自适应校正；最后，研究了一种基于高阶模糊函数的平动参数逐次估计方法，实现了群目标背景下的平动补偿。

第4章是弹道目标微动特征提取。针对锥形目标的微多普勒特征提取问题，开发了基于非负矩阵分解的锥形目标微多普勒提取方法；针对时间 – 微距离 – 微多普勒的三维微动特征提取问题，提出了基于三维雷达立方体的群目标微动特征提取方法；考虑到遮挡效应以及不连续观测导致的微动信息缺失问题，提出了基于压缩感知和矩阵填充的微动特征修复算法。

第 5 章是弹道目标参数估计。针对微动回波的信噪比估计问题，设计了基于长期递归卷积神经网络的弹道目标微动回波信噪比自适应估计网络；针对微动周期估计问题，开发了基于递归图的锥柱形目标周期估计方法，分析了递归图生成过程中关键参数的选择策略；针对进动目标参数估计问题，设计了基于三维雷达数据立方体的进动目标微动参数估计方法；在组网观测的条件下，提出了一种有翼弹道目标微动参数估计与三维重构方法。

第 6 章是基于窄带特征的弹道目标智能识别。针对目标的 RCS 序列特征，分别研究了基于 RCS 序列时频变换和 RCS 序列编码的两种特征映射方法，针对性地设计了相应的分类网络；针对目标的时频图特征，研究了基于卷积神经网络和长短期记忆网络的分类网络设计方法；针对时频图和频率 - 节奏图特征，开发了面向特征的识别网络。

第 7 章是基于宽带特征的弹道目标智能识别。首先，研究了低信噪比条件下基于高分辨距离像序列的形状近似目标微动样式识别方法；其次，研究了相同形状不同微动样式的目标识别问题，设计了基于方向梯度直方图和支持向量机的识别网络，并采用贝叶斯优化对卷积神经网络的超参数进行调优；然后，以目标的距离 - 多普勒特征作为输入，开发了不同的识别网络进行特征识别；最后，以目标的距离 - 频率 - 时间 - 能量的四维雷达数据立方体为输入，设计了一种基于注意力机制的目标分类网络，实现了弹道目标的准确识别。

第 8 章是总结与展望。主要内容包括对全书内容的总结以及本研究领域的未来展望。

本书由冯存前、许旭光、韩立珣、王义哲撰写。冯存前撰写第 1、2 章以及第 3、4 章部分内容，许旭光撰写第 3 ~6 章部分内容，韩立珣撰写第 8 章以及第 5 ~7 章部分内容，王义哲撰写第 3 章和第 7 章部分内容。本书在编著过程中得到研究生李鹏、汪洋等的帮助，在此一并表示感谢。

本书的内容是作者团队近年来取得的一系列成果的综合，这些成果涵盖了当前弹道目标微多普勒特征分析与处理的主要研究领域。本书的内容既有对现有理论和方法的拓展、升级和补充，也有提出的原创性理论和方法。书中的部分理论和算法虽然立足于弹道目标，但对于卫星、直升机以及人体等微动目标的特性研究与分析也具有一定的参考和借鉴意义。

由于编著者水平有限，本书可能还存在一些缺点和不足，敬请广大读者批评指正。

冯存前

2025 年 2 月

目 录

第1章
绪　论

在众多高新武器装备中，弹道导弹以其射程远、威力大、精度高以及突防能力强等优势，成为维护国家利益和国防安全的重要力量，受到各军事强国的广泛关注和重点发展。

弹道导弹的飞行过程可分为助推段、中段和再入段。助推段从弹道目标助推火箭点火算起，直至助推器将弹头送至大气层外结束；再入段是指弹头从出大气层到飞行至预定的攻击点为止；弹道中段是指弹头从出大气层外到再入大气层的阶段，弹道目标在该阶段内不受空气阻力的影响，其运动仅仅受到地球重力的作用。弹道目标在中段的飞行时间时最长的，洲际弹道导弹的飞行时间甚至可达到20min以上。较长的飞行时间意味着拦截行为具有较强的容错率，甚至可以进行二次拦截，因此中段防御成为弹道目标防御的关键阶段。中段弹道目标是由弹头、诱饵、碎片以及助推器残骸等组成的复杂目标群，其中弹头需要利用自旋稳定的方式来控制飞行姿态，当其受到来自横向力的干扰时(诱饵释放)，微动样式会由自旋变为进动或章动；为了掩护自身突防，弹头会释放大量的诱饵。由角反射器和金属薄膜组成的轻诱饵，由于缺乏姿态控制和轨道控制装置，因此其微动形式多为翻滚。重诱饵在结构上与弹头类似，但是在质量分布上存在不同，其微动形式可能为摆动，部分高仿重诱饵甚至可以模拟弹头的进动和章动；此外，诱饵释放过程中弹出的碎片、助推器残骸等目标也会进行不规则的翻滚运动。

在弹道导弹防御系统中，以雷达装备为核心的导弹预警系统担负着发现目标、跟踪目标和识别目标的重要功能，是弹道目标防御体系的关键组成部分。当利用雷达对弹道目标进行观测时，拥有不同结构和微动样式的弹道目标会对雷达回波产生不同的调制。通过对目标的微动回波进行解译，可以对其运动特征和结构特征进行反演，从而为弹道目标的准确识别提供重要依据。

本章首先对部分军事强国的弹道导弹进行简要介绍，然后对反导雷达装备进行简要介绍，接着对弹道目标的微多普勒效应研究现状进行分析，最后对本书的主要内容安排进行介绍。

1.1 弹道导弹概述

世界上拥有弹道导弹的国家包括美国、俄罗斯、中国、英国、法国、朝鲜、印度、伊朗等二十多个国家。这些国家高度重视弹道导弹技术的使用和发展，开展了一系列的相关研究和实验。近年来，世界范围内的弹道导弹发射次数呈整体上升的趋势（见图1.1）。

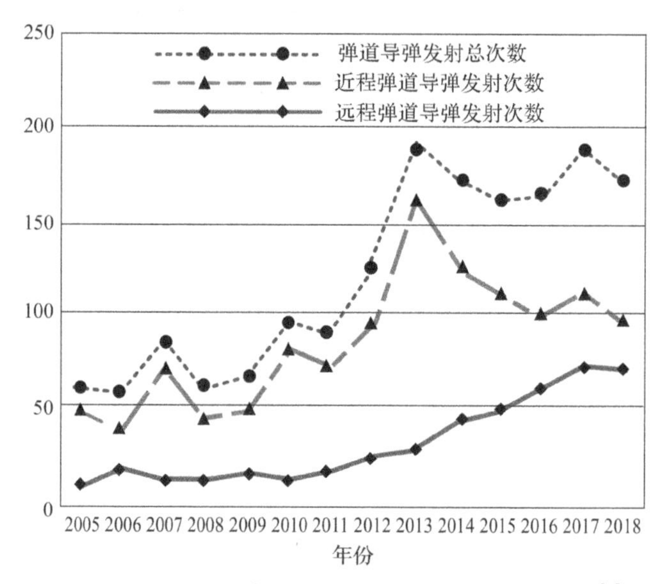

图1.1 2005—2018年世界各国弹道导弹发射次数统计[1]

根据弹道导弹的射程可以将其划分为五类，各类别的射程及代表型号如表1.1所列。

表1.1 基于射程的弹道目标类别划分[1]

类别	近程	短程	中程	远程	洲际
射程/km	<300	300～1000	1000～3000	3000～5000	>5500
代表型号	MGM－140（美国）、伊斯坎德尔（俄罗斯）、大地－1/2（印度）	烈火－1（印度）、沙欣（巴基斯坦）、起义（伊朗）、飞毛腿－C/D（朝鲜）	潘兴－2（美国）、烈火－2（印度）、霍拉姆沙赫尔（伊朗）、沙欣－2（巴基斯坦）	烈火－3（印度）、烈火－4（印度）、火星－10（朝鲜）、火星－12（朝鲜）	民兵－3（美国）、三叉戟－2（美国）、白杨－M（俄罗斯）、萨尔马特（俄罗斯）

在上述的分类中，洲际弹道导弹具有最强大的战略威慑能力，各军事强国对此高度重视。美国作为世界上军事力量最强大的国家，其现役的洲际弹道导弹包括民兵-3陆基弹道导弹和三叉戟-2潜射弹道导弹。美国目前保留了400枚以上用于作战的民兵-3弹道导弹，这些导弹采用W78（战斗部）/MK-12A（再入式载具）和W87/MK21两种弹头，具有单弹头和分导式多弹头（三个）两种弹头搭载模式，采用地下发射井发射，固体火箭推进技术，最大射程不超过13000km。民兵-3自1970年开始服役至今已近50年，期间美军采取了多种延长寿命的方法，计划将其服役期延长至2030年。

三叉戟-2是美军现役唯一的潜射弹道导弹，主要搭载于俄亥俄级战略核潜艇上，该型导弹采用分导式多弹头技术，一枚弹道可以携带8枚W88/MK-5或8~12枚W76/MK-4分导式子弹头，采用3级固体发动机，最大射程约12000km。1983年美国国防部授权海军展开研制，1990年部署开始列装部队，迄今为止三叉戟-2已经成功试射近两百次，被认为是可靠性最高的潜射弹道导弹。图1.2给出了美军两种现役洲际弹道导弹的弹头结构。

(a) 民兵-3弹道导弹

(b) 三叉戟-2

图1.2 美国主要型号弹道导弹的弹头结构

俄罗斯拥有包括撒旦、白杨、白杨-M、亚尔斯、边界、先锋、萨尔马特、布拉瓦、轻舟等多型洲际弹道导弹（见图1.3）。

(a) 撒旦弹道导弹发射架

(b) 白杨-M弹道导弹

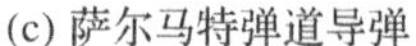
(c) 萨尔马特弹道导弹

(d) 布拉瓦弹道导弹发射器

图 1.3　俄罗斯部分弹道导弹

撒旦洲际弹道导弹是苏联时期研制的，采用液体火箭推进技术，地下发射井发射，系列型号中既有单弹头武器系统也有多弹头（10 枚无控子弹头）武器系统，最大射程超过 9000km。自 1975 年 12 月列装部队，服役时间已经超过 40 年，目前正逐步退出服役。白杨 – M 弹道导弹是苏联解体后俄罗斯生产的第一款弹道导弹，采用三级固体火箭推进技术，可以搭载 3 ~ 4 个分导式多弹头，采用车载机动发射，最大射程约为 10500km。白杨 – M 弹道导弹于 1994 年首飞试验成功，1997 年开始列装部队，是俄罗斯的主力装备[2]。萨尔马特弹道导弹可配备至少 10 枚重型分导式弹头和 40 枚诱饵弹，采用发射井发射，最大射程约 18000km，圆概率偏差约为 15 ~ 200m，最大飞行速度马赫数约为 20。从 2009 年开始研发，23 年开始战斗值勤，用于替代老旧的撒旦弹道导弹，是俄罗斯当前装备的最新型和最具威力陆基洲际弹道导弹。布拉瓦弹道导弹是白杨 – M 弹道导弹的潜射型，采用三级固体火箭助推，固体燃料推进，部署在俄罗斯的北风之神级核潜艇上，可装备 6 ~ 10 枚分导式弹头，射程 8000 ~ 10000km，2013 年 1 月列装俄罗斯海军。

法国当前现役的弹道导弹主要是 M51 潜射洲际弹道导弹，搭载于现役的 4 艘凯旋级核潜艇上，每艘可搭载 16 枚导弹，采用固体火箭推进技术，可搭载 4 ~ 6 枚 TNO 型分导式多弹头，最大射程超过 6000km，具有较强的突防能力，自 2010 年开始担负战斗值班[3]。印度从烈火 – 1 近程弹道导弹开始，逐步发展烈火 – 2、烈火 – 3 以及烈火 – 4 等中远程弹道导弹，并最终研制出烈火 – 5 洲际弹道导弹。烈火 – 5 具备公路机动能力，采用三级固体火箭推进技术，最大射程大于 5000km，可携带多枚弹头，2012 年进行了首次试射并命中目标[4]。朝鲜近年来分别试射了火星 – 17（2022 年 3 月）和火星 – 18（2023 年 4 月和 2023 年 7 月）两型洲际弹道导弹，这两型导弹的射程可能都超过了 10000km，有效地巩固了朝鲜的国防力量[5]。

1.2 反导雷达系统概述

弹道导弹防御系统一般由预警探测系统、武器系统以及指挥控制系统三部分组成。其中，预警探测系统担负着发现目标、跟踪目标，从目标群中识别出威胁的弹头并将相关信息传送给指挥控制系统，是决定弹道导弹成功拦截的关键因素之一。弹道导弹预警系统通常由天基预警卫星和陆基/海基雷达装备组成。其中，雷达装备具有探测距离远、精度高、全天候探测等优点，成为预警系统中的核心装备。

美军的全球导弹防御系统如图1.4所示，其中用于弹道导弹预警和识别的雷达装备型号众多，包括早期预警雷达、陆基/海基X波段雷达、AN/TPY-2雷达、AN/SPY-1、LRDR远程识别雷达等，工作频段涵盖了P、L、S、C、X等波段。

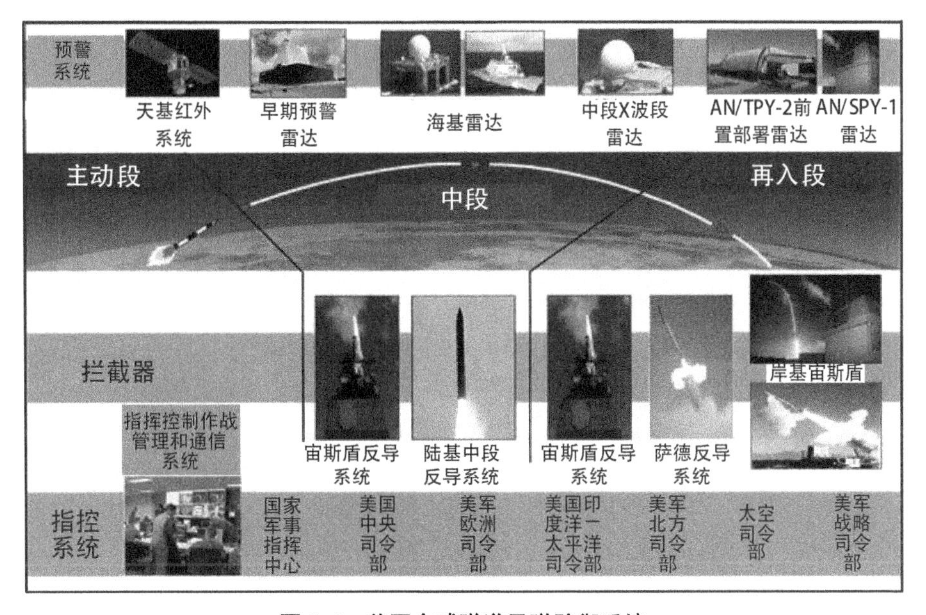

图1.4 美军全球弹道导弹防御系统

陆基的远程预警雷达主要由升级预警雷达（UWER）、AN/TPY-2和丹麦眼镜蛇组成。1976年，美军研发了铺路爪（AN/FPS-115）远程预警雷达，其工作频率在UHF波段（420~450MHz），探测距离大约在4000km，可以跟踪潜射弹道导弹和洲际弹道导弹。升级后的铺路爪雷达和升级后的弹道导弹预警系统（BMEWS），经过进一步改造后融入GMD（陆基中段反导系统）中，被统称升级预警雷达（UWER）。丹麦眼镜蛇雷达（AN/FPS－108）研制计划于1971年获批，首次装备时间为1977年，此后进行了多次升级，现役仅一部部署于阿留申群岛西端的谢米亚岛[6]。该雷达是一款L波段（1175～1375GHz）的相控阵雷达，拥有窄带和宽带两种工作模式，探测距离可达4600km，能够探测北极地区的洲际/潜射弹道导弹发射情况[7]。2004年，美军部署了AN/TPY－2 X波段固态有源相控阵雷达，该型雷达既可作为萨德系统的火控雷达，又可以前推部署（AN/TPY－2 FBM），具有较强的目标识别能力，能够将目标分为飞行器、舱体、碎片和诱饵。

美军于2006年列装的海基X波段雷达工作频率9500MHz，带宽1GHz，具有机动部署能力（安装在可移动的海上平台），探测距离可达4000km，主要用于中段的精确跟踪和目标识别，缺点是视场相对狭窄。AN/SPY－1雷达作为海军宙斯盾弹道导弹防御系统的核心雷达，其工作频段为S波段（3100～3500MHz），采用相控阵天线技术，最大对空探测探测距离超过300km，衍生型号包括AN/SPY－1A、AN/SPY－1B、AN/SPY－1D、AN/SPY－1F等，主要装备在美国海军“提康德罗加”级巡洋舰和“阿利伯克”级驱逐舰上，能够完成搜索、跟踪和制导等作战任务。由于AN/SPY－1系列已经服役了多年，因此美国海军计划采用AN/SPY－6新型有源相控阵来逐步替换AN/SPY－1，AN/SPY－6具有更大的探测范围和更高的目标识别精度，可以同时防御弹道导弹、巡航导弹以及超音速弹道导弹。

2021年，美军部署了最新型的LRDR远程识别雷达（见图1.5），该型雷达是一款S波段的大型有源相控阵雷达，结合了低频和高频雷达的二合一系统；探测距离约5000km，能够实现全天候全时段的弹道目标探测和识别，是美军现役功能最强大的反导雷达。

图1.5　阿拉斯加克利尔太空部队站的远程识别雷达（LRDR）

1996年担负战备值班的顿河（DON）-2N雷达站是俄罗斯的一款厘米波有源相控阵反导识别雷达，能够对4000km范围内的高空进行360°扫描，能够探测距离2000km大小为5cm的物体，是俄罗斯国家反导体系A-135反导系统的重要组成[8]。21世纪初，俄罗斯开始部署第三代反导预警雷达——沃罗涅日战略预警雷达（见图1.6）。20年来，该型雷达衍生出了包括沃罗涅日-M（米波雷达，最大探测距离6000km）、沃罗涅日-DM（分米波雷达，水平探测距离6000km，垂直探测距离8000km，可同时跟踪500个目标）、沃罗涅日-VP（沃罗涅日-DM的改进型，用于替换第聂伯雷达）和沃罗涅日-SM（厘米波雷达，预计探测距离1000km）等多种型号。预期到2030年，沃罗涅日雷达将成为俄罗斯现役地面战略预警系统的基础装备[9]。集装箱超视距雷达能够对高度100km、距离3000km范围内的隐身飞机、无人机和弹道导弹进行探测，工作扇区240°，于2019年开始担负战备值班[10]。

图1.6 沃罗涅日雷达

1.3 中段弹道目标及其微多普勒效应

1.3.1 中段弹道目标运动特性

在弹道目标的三个飞行阶段中，助推段各子目标尚未完成分离，此时目标跟踪和识别难度最低，但是助推段多位于发射国境内，因此无法直接组织拦截行为；再入段弹道目标结构相对单一，只有弹头与重诱饵，虽然识别难度较低，但拦截失败造成的后果往往是防御方难以承受的。在弹道中段，尽管存在包括弹头、诱饵、碎片以及助推器残骸等诸多目标，弹头的准确识别难度较大，但由于中段的飞行时间较长，能够给识别雷达足够的反应时间，因此其实际可操作性较强。近年来，美俄等军事强国的反导试验也大都集中在弹道中段。

在弹道中段，弹头、碎片以及诱饵等目标共同飞行，形成复杂的目标群。弹道导弹攻击目标基本过程如图 1.7 所示，可以看出不同类型的子目标在微动样式上存在显著差异，而这正是弹道目标识别的重要依据。除了上述的微动外，目标由于沿着已知的轨道在太空飞行，其微动是叠加在轨道运动之上的。以轨道运动和微动组合而成的复杂运动成为中段弹道不同的典型运动样式，对反导雷达的回波产生相应的调制。

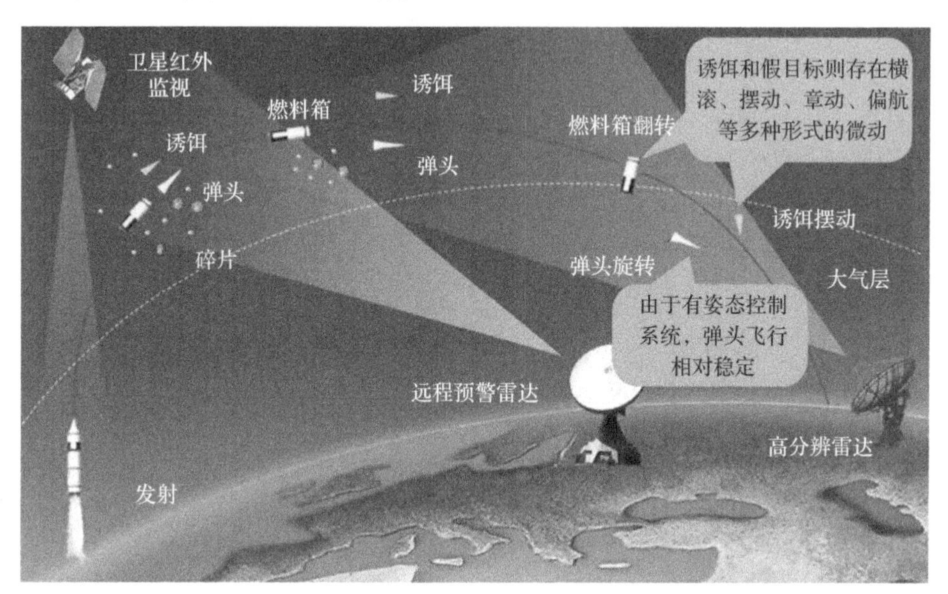

图 1.7　弹道导弹攻击目标基本过程

1.3.2　弹道目标微多普勒效应与分析

不同类型的弹道目标拥有不同的微动样式和目标结构，微动样式和目标结构会对雷达回波相位产生调制，从而引起雷达回波频率的变化，这种频率变化称为目标的微多普勒效应。通过分析反导雷达中的微多普勒效应，能够实现对弹道目标的类型识别和型号识别。

图 1.8 中给出了三种不同微动弹道目标的时频图，可以看出不同微动对应的时频图存在明显的不同。通过研究基于微动特性的雷达目标回波分析方法，可以提取弹道目标的几何结构参数以及运动参数，这些特征将成为弹道目标识别的重要依据[11]。

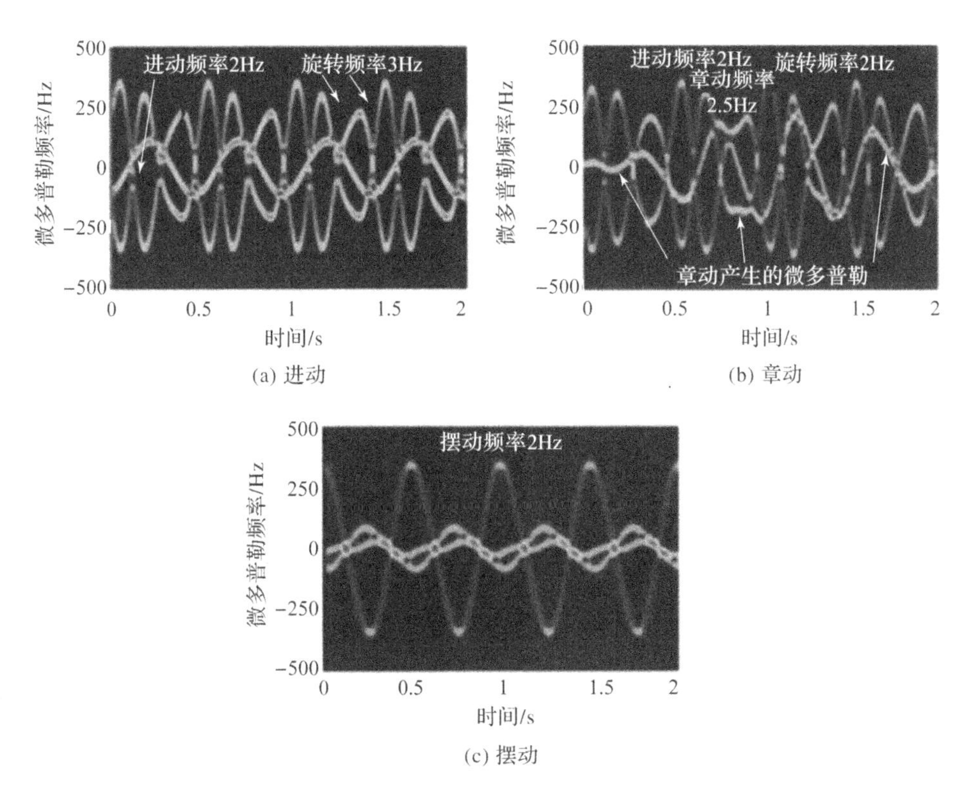

(a) 进动

(b) 章动

(c) 摆动

图1.8 三种不同微动的锥形弹道目标时频图[11]

近二十年里，国内外学者对弹道目标中的微多普勒效应进行了广泛而深入的研究，相关成果主要集中在以下五个方面。

1. 微动模型分析

文献［12］研究了锥形、球形、圆柱形等几种不同结构的目标上存在的不同类型的散射中心，并对各个目标的微动特征进行了分析。文献［13］建立了锥形带翼弹头的章动模型，分析了章动对散射中心微多普勒的调制作用，并采用电磁计算的方法验证了模型的合理性。

随着雷达技术的不断发展，目标的微动特征产生了新的表征。文献［14］研究了太赫兹雷达观测下弹道目标的微多普勒效应，并分析了太赫兹雷达下弹头章动对微多普勒的调制作用。文献［15］研究了涡旋电磁波观测下自旋目标的微多普勒效应，并通过仿真实验对结论进行了验证。

总体来看，对于弹道目标的微动模型研究上，从结构上来讲主要集中于锥形、锥柱形、曲面锥型、椭球型等结构；从运动模式上来看，主要包括旋转、摆动、翻滚、进动以及章动等微动模型；从雷达体制上来看，主要包括窄带雷达信号、宽带线性调频信号以及步进频信号、MIMO 雷达、太赫兹雷达以及涡旋雷达等。

2. 平动补偿技术

当前主流的平动算法都是采用分段处理的方法进行平动补偿。在短时观测的条件下，将平动等效成二阶多项式运动或者三阶多项式运动，采用多项式相位信号参数估计方法实现了平动补偿。文献［16］针对二阶平动，采用分数阶傅里叶变换对平动参数进行搜索，从而实现了平动补偿。文献［17］采用经验模式分解的方法对复合运动的时间－微距离曲线进行分解，根据分解得到的剩余分量拟合出目标的平动信息。

3. 微多普勒提取

文献［18］提出了一种基于 Hough－Iradon 变换的时频图变换方法，用来检测时频图中旋转目标的微多普勒。文献［19］利用骨架提取的方法得到目标的时频骨架，然后利用微多普勒光滑性与自适应分解相结合的方法提取出各散射中心的微多普勒。当散射中心的微动信息不连续或者噪声水平比较高时，低质量的时频图会导致上述算法在提取性能上大打折扣。

4. 微动参数估计

根据采用的观测方法不同，可以将现有的微动参数估计方法分为基于单基地雷达和基于组网雷达两种模式。文献［20］针对流线型进动目标，设计了一种基于遗传算法和时频分析的微动参数估计方法。文献［21］利用进动目标的 ISAR（inverse synthetic aperture radar，ISAR）像序列，通过分析目标参数与 ISAR 像位置的对应关系，求解出了目标的多个运动参数。除了利用单站雷达外，采用雷达组网的模式获取目标信息并进行微动参数估计，也是一种非常重要的方法。文献［22］采用雷达组网观测的方法获取目标的微多普勒，并利用微多普勒估计出锥形目标的几何参数。

5. 基于微多普勒效应的弹道目标识别

根据所依赖的目标特征，可以将分类方法分为基于人工提取特征和基于深度学习的特征提取方法。其中，传统方法大多采用人工定义特征和手动提取目标特征的方法，这些特征存在计算复杂、特征区分度不高的问题。而基于深度学习技术的分类方法可以自适应地学习输入样本的深层特征，从而实现对目标的高效识别，因而得到了广泛应用。

文献［23］将 RCS 序列输入一维卷积神经网络（convolutional neural network，CNN），实现了弹头和诱饵的智能识别。当采用 RCS 作为目标的识别特征时，RCS 序列能反映目标的微动信息非常有限，而且极易受到噪声的影响。文献［24］提取了弹道目标的 HRRP（high－resolution range profile，HRRP）特征，并将这些特征输入到一个 CNN 中，实现了对弹道目标的识别。文献［25］以弹道目标的 HRRP 为输入，分别构建了基于 CNN 和基于长短时记忆网络（long short term memory，LSTM）的弹道目标识别网络。采用 HRRP 作为目标特征虽然可以实现较高精度的识别，但是 HRRP 特征的获取对于雷达的带宽有着较高的要求，因此限制了基于 HRRP 特征方法的广泛使用。作者团队针对弹道目标识别问题，研究了基于贝叶斯优化的弹道目标时频图分类方法和基于迁移学习的弹道目标分类方法等多种弹道目标分类和识别方法。

参考文献

[1] NASIC, DIBMAC. Ballistic and cruise missile threat[R]. Watson: Defense Intelligence Ballistic Missile Analysis Committee, 2020.

[2] 刘继忠, 王晓东, 高磊, 等. 弹道导弹［M］. 北京: 国防工业出版社, 2013.

[3] 宋一凡. 太阳王"重锤"法国 M51 型系列潜射洲际弹道导弹［J］. 舰载武器, 2022, (04): 74－82.

[4] 成闻. 南亚"烈火"的 5 次燃烧——透视印度"烈火"5 弹道导弹［J］. 兵器知识, 2018, (04): 32－35.

[5] 张莹, 佟艳春, 赵昆明. 朝鲜成功发射"火星"17 洲际弹道导弹及分析展望［J］. 中国航天, 2022, (09): 56－59.

[6] 王培美, 陈俊峰. 美军针对高超声速武器的反导预警能力发展态势分析［J］. 国防科技, 2021, 42 (05): 63－68.

[7] 韩明. 美国陆基导弹预警雷达发展研究［J］. 飞航导弹, 2020, (02): 69－75＋79.

[8] 代科学,冯占林,万歆睿. 俄罗斯空间态势感知体系发展综述［J］. 中国电子科学研究院学报, 2016, 11(03): 233－238.

[9] 王芳, 夏牟, 陈亮, 等. 俄罗斯反导系统的发展现状［J］. 航天电子对抗, 2022, 38(02): 53－58.

[10] 安洪若, 董达飞, 王畋锜. 俄罗斯首都地面防空反导体系的建设特点及发展趋势［J］. 飞航导弹, 2021, (12): 30－35.

[11] CHEN V C. Advances in applications of radar micro－Doppler signatures［C］//2014 IEEE Conference on Antenna Measurements & Applications (CAMA). New York: IEEE Press, 2014.

[12] 郭琨毅, 牛童瑶, 屈泉酉, 等. 散射中心的时频像特征研究［J］. 电子与信息学报, 2016, 38(02): 478－485.

[13] 姚汉英, 李星星, 孙文峰, 等. 弹道中段带翼弹头章动微多普勒特性研究［J］. 现代雷达, 2015, 37 (02): 69－74.

[14] MING L, YUE－SONG J. Signature analysis of ballistic missile warhead with micro－nutation in terahertz band[C]//International Symposium On Photoelectronic Detection And Imaging 2013: Terahertz Technologies And Applications. Washington: SPIE－INT SOC OPTICAL ENGINEERING, 2013.

[15] 李瑞, 李开明, 张群, 等. 基于角多普勒效应的自旋目标微动特征提取［J］. 电子与信息学报, 2021, 43(03): 547－554.

[16]郭力仁，胡以华，董骁，等. 运动目标激光微多普勒效应平动补偿和微动参数估计 [J]. 物理学报，2018，67(15)：315 -326.

[17]ZHAO M M，ZHANG Q，LUO Y，et al. Micromotion feature extraction and distinguishing of space group targets [J]. IEEE Geoscience and Remote Sensing Letters，2017，14(2)：174 -178.

[18]FANG X，XIAO G Q. Rotor Blades Micro - Doppler Feature Analysis and Extraction of Small Unmanned Rotorcraft [J]. IEEE Sens J，2021，21(3)：3592 -3601.

[19]彭正红，杨德贵，王行，等. 基于趋势估计的微多普勒分离与特征提取算法 [J]. 系统工程与电子技术，2021，43(12)：3452 -3461.

[20]AI X F，XU Z M，WU Q H，et al. Parametric representation and application of micro - doppler characteristics for cone - shaped space targets [J]. IEEE Sens J，2019，19(24)：11839 -11849.

[21]束长勇，陈世春，吴洪骞，等. 基于 ISAR 像序列的锥体目标进动及结构参数估计 [J]. 电子与信息学报，2015，37(05)：1078 -1084.

[22]CHOI I O，PARK S H，KANG K B，et al. Efficient parameter estimation for cone - shaped target based on distributed radar networks [J]. IEEE Sens J，2019，19(21)：9736 -9747.

[23]CHEN J，XU S Y，CHEN Z P. Convolutional neural network for classifying space target of the same shape by using RCS time series [J]. IET Radar Sonar and Navigation，2018，12(11)：1268 -1275.

[24]向前，王晓丹，李睿，等. 基于 DCNN 的弹道中段目标 HRRP 图像识别 [J]. 系统工程与电子技术，2020，42(11)：2426 -2433.

[25]吕方达. 基于深度学习的真假弹头识别研究 [D]. 哈尔滨：哈尔滨工业大学，2021.

第2章
弹道目标模型构建与分析

中段弹道目标群由弹头、诱饵、碎片以及助推器残骸等组成，不同目标的几何结构存在着显著的差异，如锥形、锥柱形的弹头、椭球形的诱饵、圆台型的助推器等，了解几何形状上的差异并掌握其几何分析方法具有非常重要的意义。此外，弹道目标中段运动是微动和平动的复合，了解轨道平动过程中目标的轨道变化、速度变化等基本信息对于掌握平动的实际影响具有重要的价值。最后，由于弹道目标群中不同目标的微动形式也是不一样的，现有的微动特征分析方法依赖微动样式反演目标的具体信息，因此对于微动样式的建模具有非常重要的价值。总体来看，研究弹道目标的模型构建和分析方法是开展弹道目标微动特性分析的基础。

本章主要对弹道目标模型构建与分析展开研究，主要内容由三部分组成：2.1 节分析了弹头、轻重诱饵以及碎片等目标的几何模型，介绍了散射中心理论以及目标上常见的散射中心类型；2.2 节建立了中段弹道目标的轨道运动模型，结合仿真实验分析了目标的轨道形状、速度和加速度变化情况；2.3 节对自旋、锥旋、进动等几种微动模型进行了分析，并介绍了微动特性的分析方法。

2.1 几何模型与分析

2.1.1 典型弹道目标结构

图 1.2 中的美国两型现役弹道导弹其弹头结构均为圆锥形，采用这样的结构是因为锥形弹头具有 RCS 小、姿态易控制的特点。除此之外，部分锥形弹头会在尾部加上一个裙结构，也是为了确保弹头飞行姿态的稳定。文献 [1] 对主流的弹道导弹弹头结构进行了分析和总结，给出了六种主要的弹头结构，其形状如图 2.1 所示。

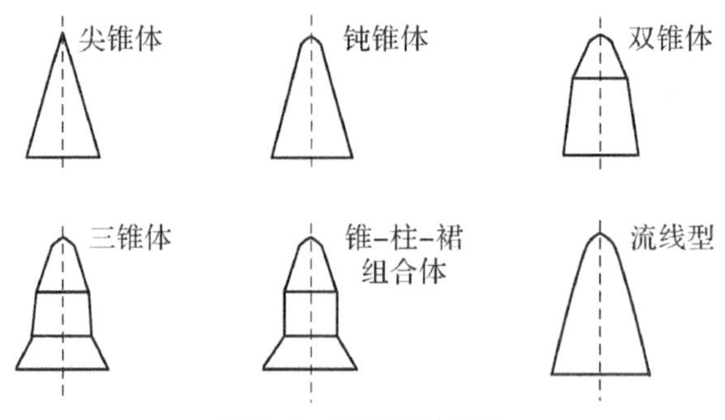

图 2.1 典型弹头结构

轻诱饵往往采用充气的方式形成锥形或者椭球型的目标，以掩护弹头进行突防。图 2.2 给出了民兵三弹道导弹的两个充气型轻诱饵的具体形状。

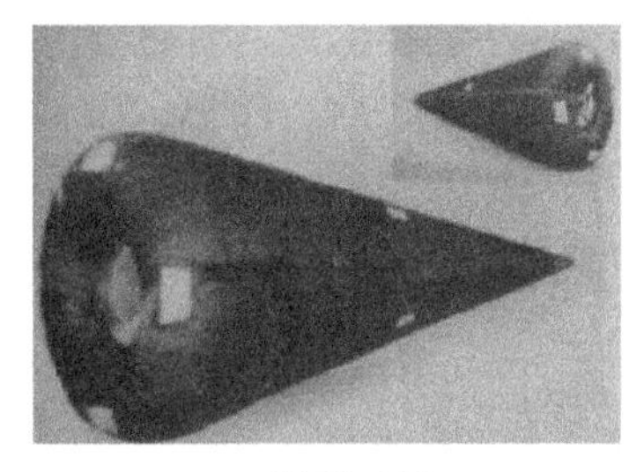

(a) 锥形诱饵

(b) 球形诱饵

图 2.2 民兵三弹道导弹充气型轻诱饵

关于重诱饵的结构特征介绍与分析，目前鲜有公开的报道，但普遍认为重诱饵作为一种高仿诱饵，其在形状上与弹头高度相似。

弹道导弹在释放诱饵时，一般采取引爆爆炸螺栓的方式释放弹头。因此，在弹道目标群中碎片的结构可能是各种不规则的结构，如三角碎片、整流罩、不规则四面体等，文献［3］建立了碎片群结构的几何模型，如图 2.3 所示。

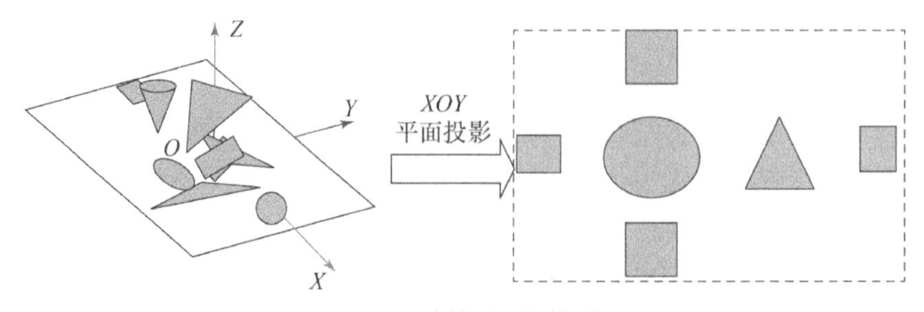

图 2.3 碎片群几何模型

2.1.2　基于散射中心理论的几何建模

在高频区，目标上的雷达回波可以等效为目标上几个点散射源的回波之和，这些等效出的散射源被称为散射中心。在散射中心的模型分析中，理想散射中心、属性散射中心、滑动散射中心等属于常用的目标散射中心模型。

理想散射中心不考虑雷达观测过程中的能量损失情况，忽略由于观测视角以及电磁波特征造成的散射强度变化，散射中心的位置与目标的形状和折射率有关。

滑动散射中心（sliding – type scattering centers generated by edge diffraction，SSCE）位于目标表面上的不连续处，会随着目标与雷达之间的相对位置而发生变换。以锥形目标为例，其锥底与侧面之间存在两个等效的滑动散射中心，其位置位于雷达视线与目标对称轴所组成的平面与锥底的交点上。

属性散射中心模型详细描述了复杂目标的真实雷达散射特性。在属性散射中心理论中，散射场的计算与散射中心的幅度、位置、类型、形状、频率、观察角度有关。属性散射中心包含了两个幅度调制函数，分别对应局部散射中心（localized scattering center，LSC）和分布式散射中心（distributed scattering centers，DSC）。

图 2.4 给出了常见几何结构上 LSC、DSC 和 SSCE 的在目标上的位置分布。

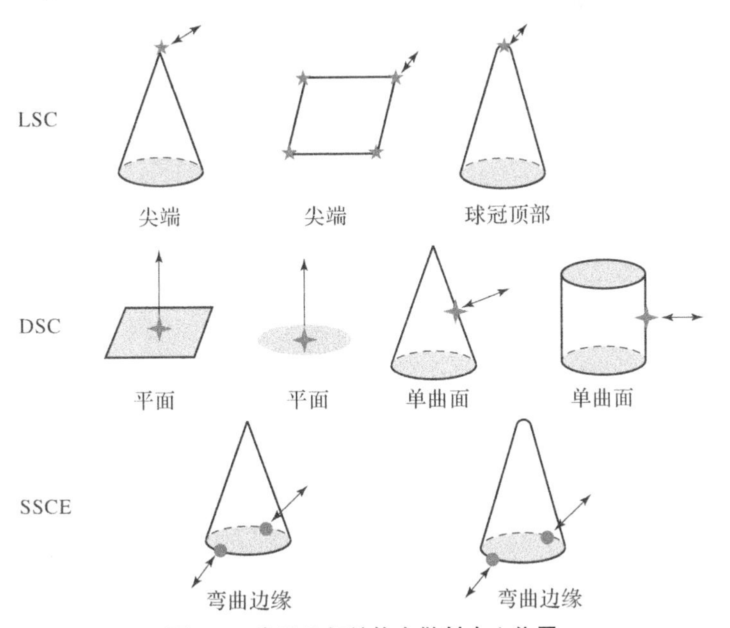

图 2.4　常见几何结构上散射中心位置

从散射机理分析，LSC 是由几何不连续点的衍射波引起的，常见于角点和球冠顶部处，通常可以在较大角度范围内被观测到。DSC 是由平面、单曲面反射波引起的。通常只有当雷达的视距垂直目标表面或边缘，并且分布在整个反射表面或边缘时，它们才能被观测到。在目标观测中，DSC 由于散射幅度较小，通常被忽略。SSCE 是由弯曲边缘衍射引起的，它们的位置沿着曲面或边缘连续滑动，它们可以在更大的角度范围内观测到。

2.2 轨道运动模型与分析

弹道目标在中段飞行时，其飞行区域位于大气层外，此时仅受地球的重力影响。其轨道运动的形状由目标进入中段的飞行速度、地心距离和速度倾角决定。

2.2.1 轨道运动建模

设目标的助推段关机速度为 V_k，速度倾角为 θ_k，取 O_0 表示目标质心与地心连线且与地表交点，将目标飞行进入中段和结束中段的位置分别表示为 A 点和 B 点，建立目标在中段的飞行模型如图 2.5 所示。

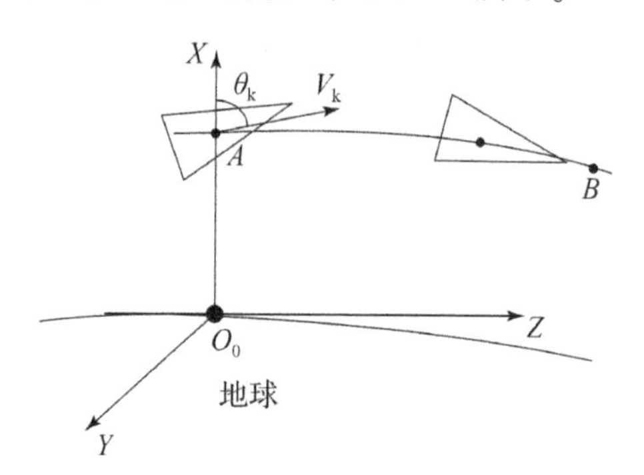

图 2.5 目标轨道运动示意图

根据文献［4］，弹道目标的轨道运动在仅受重力的影响下可以被看作是“二体问题”，即目标在地球坐标系 $O-XYZ$ 坐标系下在平面 $O-XZ$ 内运动，其运动方程满足

$$\begin{cases}\ddot{Z} = -g_0R^2\dfrac{Z}{r^3}\\[2ex]\ddot{X} = -g_0R^2\dfrac{R+X}{r^3}\end{cases}\tag{2.1}$$

式中：$g_0=9.8\mathrm{m/s^2}$ 表示重力加速度；$r=\sqrt{Z^2+(X+R)^2}$；R 表示地球半径；Z 和 X 表示目标在 $O-XZ$ 的坐标；$\ddot{Z}$ 和 $\ddot{X}$ 分别表示两个坐标关于时间的二阶导数。

利用式（2.1）可以求解出弹道目标飞行过程中的轨道形状、速度以及加速度等变化。

2.2.2 轨道运动特性分析

设置助推段运动的关机点坐标为 $A=(150\times10^3,0,0)\mathrm{m}$，关机速度为 $V_k=4\times10^3\mathrm{m/s}$，按照最佳速度倾角飞行。雷达载频 $f_c=10\mathrm{GHz}$，脉冲重复频率 $\mathrm{PRF}=2000\mathrm{Hz}$，观测时间 $T_d=600\mathrm{s}$，对目标的轨道运动特性进行仿真，仿真结果如图2.6所示。

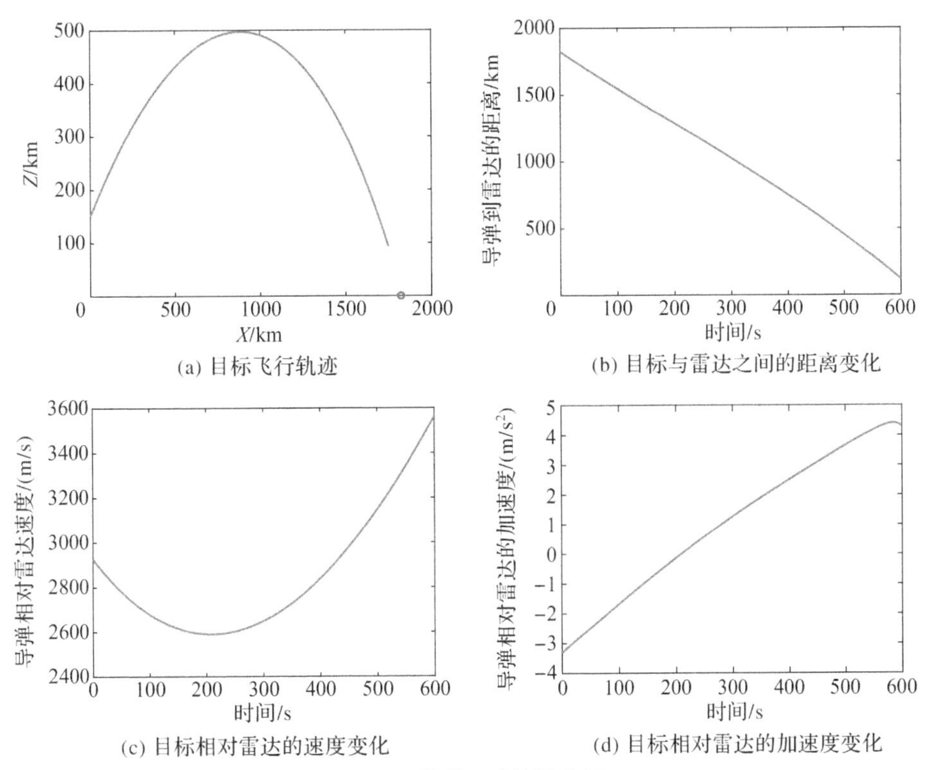

(a) 目标飞行轨迹　(b) 目标与雷达之间的距离变化

(c) 目标相对雷达的速度变化　(d) 目标相对雷达的加速度变化

图2.6 轨道运动特性分析

从图2.6（a）中可以看出，目标的飞行轨迹为一个近似的椭圆轨道；从图2.6（b）中可以看出，目标在飞行过程中与被攻击对象的距离是不断接近的，但是这种距离变化并不是线性的；从图2.6（c）中可以看出，目标相对雷达的速度先减小后增加；与图 2.6（c）相对应，图 2.6（d）给出了目标相对雷达加速度的变化过程。

2.3 微动模型与分析

2.3.1 微动建模

根据分析，弹道目标群中可能存在的微动类型包括自旋、锥旋、进动、章动、摆动、翻滚共六种，其中自旋、锥旋、摆动和翻滚为单一模式运动，进动是由目标自旋与锥旋的复合组成，而章动则是由自旋 + 锥旋 + 摆动组成。

四种常见的单一微动模型如图 2.7 所示。在建立不同微动类型的模型之前，首先建立雷达坐标系 $O-UVW$，该坐标系以雷达所在的位置为坐标原点 O 并根据右手准则建立该坐标系；$o-xyz$ 表示目标的本体坐标系，该坐标系以目标的质心 o 为坐标原点，以 oz 轴为目标的对称轴；$o-x'y'z'$ 表示参考坐标系，该坐标系以目标的质心 o 为坐标原点，坐标指向平行于 $O-UVW$。

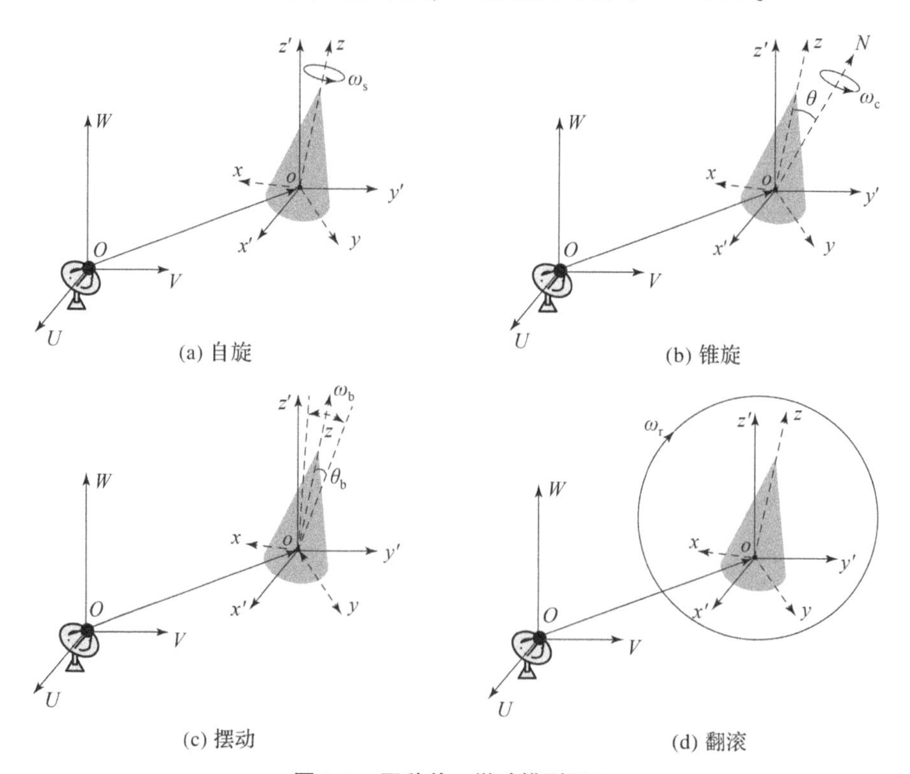

图 2.7 四种单一微动模型展示

在自旋运动中，目标会以角速度 ω_s 沿着对称轴 oz 进行旋转，状态如图 2.7（a）所示；不同于自旋运动，锥旋运动的旋转轴经过目标质心 o 但不与目标对称轴重合，如图 2.7（b）中 oN 所示，其中，θ 为锥旋角（oz 与 oN 之间的夹角）；摆动运动的模型如图 2.7（c）所示，设目标沿着 oz 轴在 oyz 平面内摆动，摆动角速度为 ω_b，摆动角为 θ_b；对于翻滚运动，其模型表示如图 2.7（d）所示，设目标在 oyz 平面内做圆周运动，翻滚角速度为 ω_r。

2.3.2　微动特性分析

2.3.2.1　微多普勒分析

弹道目标的多散射中心特性以及微动的持续性导致回波具有时变频、多分量、非平稳、非线性等特性，傅里叶变换等传统的信号分析方法无法完全获取目标相对于雷达的运动情况。时频分析方法能够揭示信号内部各分量瞬时频率随时间的变化状态，因而被广泛应用于微动信号分析中。时频分析方法可大致分为两类：线性时频分析和双线性时频分析。

短时傅里叶变换（short – time fourier transform，STFT）是最简单、应用最广泛的线性时频分析方法，通过在整个信号持续时间内对滑动窗口上的数据进行傅里叶变换，实现了时频信息的提取，STFT 的表达式为

$$\boldsymbol{X}(t,\omega) = \int s(\tau)w(\tau - t)\mathrm{e}^{\mathrm{j}\omega t}\mathrm{d}\tau \tag{2.2}$$

式中：$w(\cdot)$表示滑动的窗函数。

在 STFT 中，频率分辨率随着时间窗口的增大而变高，而时间分辨率则随着时间窗长的增大而变低，而且不同窗长的处理效果一般不同。因此，在时频分析中窗函数和窗口宽度都必须根据应用情况进行适当的选择，常用的窗函数包括汉宁窗、海明窗和矩形窗等。

典型的非线性时频分析方法包括 Wigner – Ville 变换、Choi – Williams 变换和 Hilbert – Huang 变换等，由于非线性时频分析方法中存在的交叉项抑制问题，因此在一定程度上限制了这类方法的使用。

2.3.2.2　多普勒混叠现象

相干多普勒雷达可以保留发射信号的相位，并在接收信号中跟踪相位的变化，其变化率决定了接收信号的多普勒频移。如果相位变化超过了 $\pm\pi$，则估计的多普勒频率就会出现模糊，称为多普勒混叠[5]。这种现象是由连续时间信号的离散时间采样引起的。

采样过程可以用连续时间信号 $s(t)$ 与一系列脉冲函数 $\delta(t)$ 相乘来表示。对时间采样信号进行傅里叶变换，即通过离散形式的傅里叶变换将离散时间采

样信号变换到频域

$$s(t)\times\sum_{n}\delta(t-n\Delta t)\Rightarrow S(f)\otimes\sum_{m}\delta(f-m/\Delta t)\tag{2.3}$$

式中：Δt 是时间采样间隔。利用频域中的卷积算子⊗能够以 $1/\Delta t$ 为周期复制信号的频谱 $S(f)$。如果信号频谱的带宽大于奈奎斯特频率 $1/(2\Delta t)$，或者采样率低于信号的半带宽，这种复制就会导致信号频谱重叠并产生模糊。

混叠将导致真实频率以 $1/\Delta t$ 的倍数进行偏移，直到它落入奈奎斯特间隔。假设雷达接收信号的最大频率为500Hz，则奈奎斯特频率应为 2×500Hz。图2.8显示了两种不同采样率下信号的频谱图和时频图。图2.8（a）为500Hz采样率下的频谱图。由于信号最大频率是500Hz，则+750Hz的频率值被混叠到+750Hz−2×500Hz=−250Hz，而−750Hz被混叠为−750Hz+2×500Hz=250Hz。在这种情况下，真实频率值偏移了 $1/\Delta t$ 的一倍才落入奈奎斯特间隔。从图2.8（b）中的折叠时频图中可以观察到明显的混叠现象。为了解决混叠模糊，可以提高采样率或采用插值技术来补充缺失数据点。图2.8（c）是以两倍采样率（1000Hz）采样的同一信号的频谱图。图2.8（d）给出了使用两倍采样率得到的完整时频图。

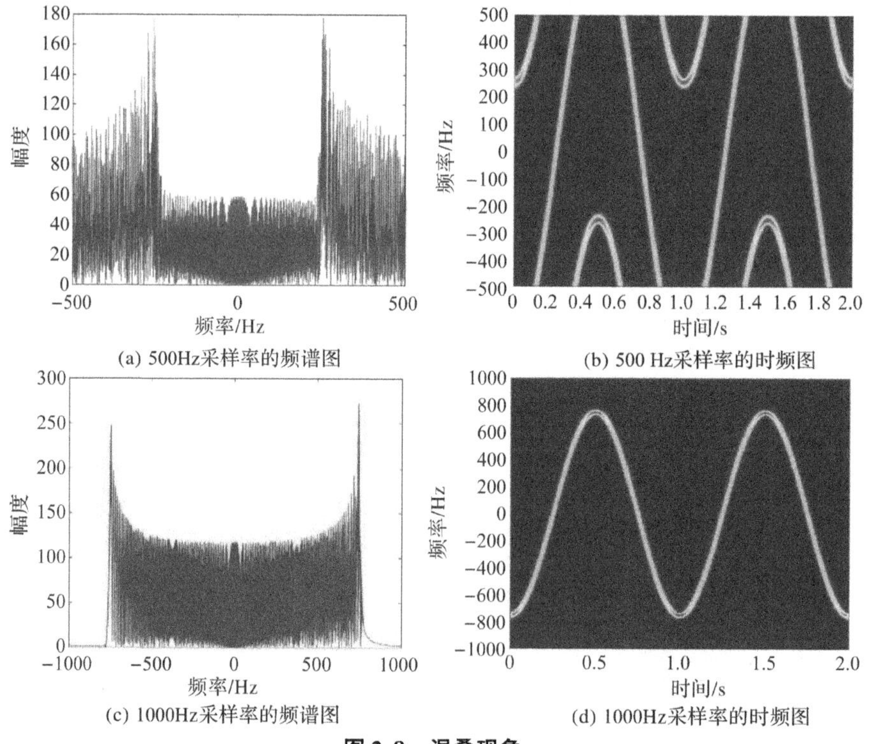

(a) 500Hz采样率的频谱图　(b) 500 Hz采样率的时频图

(c) 1000Hz采样率的频谱图　(d) 1000Hz采样率的时频图

图2.8　混叠现象

通过上述分析可以发现，当目标的微多普勒幅度较大时，为了获取完整的时频图，雷达必须发射高 PRF 信号。

参 考 文 献

[1]王国雄,马鹏飞. 弹头技术[M].2 版.北京：中国宇航出版社，2009.
[2]张艺瀛. 基于静态 RCS 重构的真假弹头识别方法研究［D］. 哈尔滨：哈尔滨工业大学，2016.
[3]唐文博. 复杂场景下弹道中段雷达目标仿真与识别研究［D］. 哈尔滨：哈尔滨工业大学，2020.
[4]瓦弗洛缅也夫科. 弹道式导弹设计和试验［M］. 北京：国防工业出版社，1977.
[5]CHEN V C. The micro – Doppler effect in radar［M］. London：Artech House，2019.

第3章
弹道目标平动补偿

弹道中段的运动是平动和微动的复合，平动和微动会同时对雷达回波的相位信息产生调制，其具体表现为目标的 HRRP 和微多普勒时频图上的脊线会产生平移、扭曲以及折叠等现象。在这样的情况下，目标的微动信息是无法被直接利用的，从而无法实现目标特征的反演。为了获取完整的微动特征信息，必须要对轨道平动产生的相位信息进行必要的补偿，从而使得回波中仅仅包含目标的微动信息。因此，平动补偿是完整微动特征获取前的必要一步。

本章主要对弹道目标平动补偿进行研究，主要内容安排如下：3.1 节提出了一种基于整体信息的平动补偿方法，方法针对微动回波的 HRRP，分别采用包络对齐和相位校正的方法对平动进行了补偿；3.2 节提出了一种双阶段的平动补偿方法，方法设计了平动加速度估计网络和平动速度智能估计网络，实现了平动参数的自适应回归，并利用回归参数构建补偿函数，实现了平动的有效补偿；3.3 节采用了基于图像空间变换的思想，利用空间变换网络实现了平动参数的回归和复合运动图像的空间校正；3.4 针对群目标平动补偿提出了一种基于高阶模糊函数的补偿方法，利用高阶模糊函数逐次估计平动二阶加速度、平动加速度以及平动速度。

3.1 整体信息法

3.1.1 复合运动下的 HRRP 模型

本节采用无翼平底锥弹头模型，具有旋转对称特性，其散射特性只受雷达视角影响。因此，等效散射中心的微动模型可以表示为

$$R_{\mathrm{M\_}k}(t)=x_k\cos\phi(t)+y_k\sin\phi(t) \tag{3.1}$$

式中：(x_k,y_k)为第 k 个等效散射中心相对目标参考中心的坐标；$\phi(t)$为雷达视线方向与旋转对称轴的夹角。

假设宽带雷达的中心频率为 f_c、带宽为 B，通过推导后可得目标回波信号经过脉冲压缩后所得的一维距离像表示为

$$s(r,n) = \sum_{k=1}^{K} \sigma_k T_p \text{sinc}\left\{\frac{2B}{c}(r - R_T(t_n) - R_{M\_k}(t_n))\right\}\exp\left\{-j4\pi f_c \frac{R_T(t_n) + R_{M\_k}(t_n)}{c}\right\} \tag{3.2}$$

式中：j 表示虚数单位，$j=\sqrt{-1}$；n 表示帧数，t_n 表示对应的慢时间；c 为光速；σ_k 表示第 k 个散射中心的散射系数；T_p 表示脉冲宽度；$R_{M_k}(t_n)$表示由微动引起的散射中心空间位移；$R_T(t_n)$表示弹头目标高速平动引起的质心的位移。

3.1.2　整体信息法

对于弹道目标而言，其平动速度很大，一般为 2～3km/s，而其相对雷达的加速度较小，一般小于 10m/s^2[1]。对于一般的反导雷达而言，其测速功能可以测量出一个速度相对准确的值。因此，在实际过程中往往会先用速度测量值对回波进行补偿，从而使补偿后的速度分量在 m/s 这个量级内。现有的数据及仿真实验表明，预补偿后的弹道目标质心平动运动轨迹可用二阶多项式近似表示为

$$R_T(t) = R_0 + vt + \frac{1}{2}at^2 \tag{3.3}$$

式中：R_0 为初始距离；v 为平动速度；a 为平动加速度。式（3.3）以及本章中其他位置中的 v 均表示已利用速度测量值进行预补偿后的残余速度分量。

对于弹道目标而言，在一个进动周期内目标的变化角度越大，距离单元走动越明显，在整个进动周期内目标距离像的相关性的分布范围越大。对于相邻两副距离像而言目标的角度变化很小，相邻距离像的相关系数很大，而且由于目标平动变化大，由于平动导致的散射中心走动明显，因此，可依次对相邻两副距离像的位置走动进行估计，得到平动速度 v_1 及加速度 a_1。此时得到的速度估计精度较差，需要对目标的平动进一步精补偿。

对于锥形弹头而言，由于其旋转对称特性使得其散射特性与方位角无关，而只与俯仰角有关。平动及微动导致目标俯仰角的变化，但是由于进动周期较短，在几个进动周期内目标平动导致的姿态角变化较小，因此，目标俯仰角的变化仍可认为具有周期性。目标俯仰角的周期性变化将导致距离像序列的周期性变化，这也就意味着对应某一角度的距离像会重复出现，因此，可基于此特性对平动参数进行进一步的精确估计。

包络精对齐包含以下四个步骤。

步骤 1：为了保证算法的稳健性，选择距离像序列中能量最大的距离像作为参考距离像。

步骤 2：计算距离像序列中每一副距离像与参考距离像的相关系数及距离延迟。

步骤 3：考虑到参考距离像对应角度附近的距离像与参考距离像的相关性都会很大，选择相关系数前 10% 的 L 个距离像所对应的时间及距离延迟组成序列 $T=[t_{m1},t_{m2},\cdots,t_{mL}]$ 及 $\Delta R=[\Delta r_{m1},\Delta r_{m2},\cdots,\Delta r_{mL}]$。其中，$t_{ml}$为所选择的 l 个距离像的时间，且有 $t_{ml}<t_{m(l+1)}$，Δr_{ml}为其对应的延迟量。

步骤 4：根据 T 和 ΔR 进行二次多项式拟合处理，得到速度和加速度的估计。

$$\Delta R=\hat{R}_0+\hat{v}_2 T+\frac{1}{2}\hat{a}_2 T^2 \tag{3.4}$$

从而可得弹道目标的速度和加速度的估计为

$$\begin{cases}\hat{v}=\hat{v}_1+\hat{v}_2\\ \hat{a}=\hat{a}_1+\hat{a}_2\end{cases} \tag{3.5}$$

为了实现更高精度的相位补偿，采用如下所示的三阶多项式对弹道进行描述

$$R_{\mathrm{T}}(t)=R_0+vt+\frac{1}{2}at^2+\frac{1}{3}\dot{a}t^3 \tag{3.6}$$

式中：$\dot{a}$ 表示二阶加速度。

经包络补偿后假设其速度、加速度误差分别为 Δv、Δa，可知包络补偿后的残余平动分量 $R_{\mathrm{res}}(t)$可以表示为

$$R_{\mathrm{res}}(t)=R_0+\Delta vt+\frac{1}{2}\Delta at^2+\frac{1}{3}\Delta\dot{a}t^3 \tag{3.7}$$

一般的，对于平动估计的速度误差为 0.01m/s，加速度估计误差为 0.02m/s，那么，在一个周期内由于速度和加速度估计误差导致的距离误差约为

$$\Delta vT_{\mathrm{c}}+\frac{1}{2}\Delta aT_{\mathrm{c}}^2 \tag{3.8}$$

式中：T_{c} 表示微动周期。

设 T_{c} 为 3s，可得其估计得由平动导致的位置误差约为 0.03m，长度进似于 X 波段雷达波长。在这样的补偿精度之下，微多普勒中仍然包含着平动分量。如果采用 Hough 变换之类的检测方法，仍然会检测出虚假的峰值，从而导致微多普勒参数的估计误差增大。

因此，需要采用相位信息对平动进行进一步精确补偿。

$$s(r,t_n+T_c)=\sum_{k=1}^{K}\sigma_k T_p \mathrm{sinc}\left\{\frac{2B}{c}(r-R_{\mathrm{res}}(t_n+T_c)-R_{\mathrm{M}\_k}(t_n+T_c))\right\}\cdot \exp\left\{-\mathrm{j}4\pi f_c\frac{R_{\mathrm{res}}(t_n+T_c)+R_{\mathrm{M}\_k}(t_n+T_c)}{c}\right\} \tag{3.9}$$

式中：$R_{\mathrm{M}\_k}(t_n+T_c)=R_{\mathrm{M}\_k}(t_n)$。

经过包络对齐后，采用延迟共轭相乘的方法可以使微动导致的散射中心位置变化得到消除[2]。因此有

$$c(t_n)=s(r,t_n)s^*(r,t_n+T_c)=s_{\mathrm{ct}}(r,t_n)+s_{\mathrm{cct}}(r,t_n) \tag{3.10}$$

式中

$$\begin{cases} s_{\mathrm{cct}}(r,t_n)=\sum\limits_{i=1}^{K}\sum\limits_{j,j\neq i}^{K}\sigma_i T_p\mathrm{sinc}\left\{\frac{2B}{c}(r-R_{\mathrm{res}}(t_n)-R_{\mathrm{M}\_i}(t_n))\right\}\cdot \\ \qquad \sigma_j T_p\mathrm{sinc}\left\{\frac{2B}{c}(r-R_{\mathrm{res}}(t_n)-R_{\mathrm{M}\_j}(t_n+T_c))\right\}\cdot \\ \qquad \exp\left\{-\mathrm{j}4\pi f_c\frac{R_{\mathrm{res}}(t_n)-R_{\mathrm{res}}(t_n+T_c)}{c}\right\} \\ s_{\mathrm{ct}}(r,t_n)=\sum\limits_{k=1}^{K}\sigma_k^2T_p^2\mathrm{sinc}^2\left\{\frac{2B}{c}(r-R_{\mathrm{res}}(t_n)-R_{\mathrm{M}\_k}(t_n))\right\}\cdot \\ \qquad \exp\left\{-\mathrm{j}4\pi f_c\frac{R_{\mathrm{res}}(t_n)-R_{\mathrm{res}}(t_n+T_c)}{c}\right\} \end{cases} \tag{3.11}$$

式中：$s_{\mathrm{cct}}(r,t_n)$表示交叉项，$s_{\mathrm{ct}}(r,t_n)$表示自相关项。

对于交叉项而言，由于散射中心位置不一样，对应的多普勒频率不一样，在时频面上能量分散可忽略不计。对于自相关项，则有

$$\begin{aligned} & R_{\mathrm{res}}(t_n)-R_{\mathrm{res}}(t_n+T_c) \\ &=\Delta vt_n+\frac{1}{2}\Delta at_n^2+\frac{1}{3}\dot{a}t^3-\Delta v(t_n+T_c)-\frac{1}{2}\Delta a(t_n+T_c)2-\frac{1}{3}\dot{a}(t_n+T_c)^3 \\ &=-\Delta vT_c-\Delta aT_ct_n-\frac{1}{2}\Delta aT_c^2-\dot{a}T_ct_n^2-\dot{a}T_c^2t_n-\frac{1}{3}\dot{a}T_c^3 \\ &=-\Delta vT_c-\frac{1}{3}\dot{a}T_c^3-\frac{1}{2}\Delta aT_c^2-(\Delta aT_c+\dot{a}T_c^2)t_n-\dot{a}T_ct_n^2 \end{aligned} \tag{3.12}$$

因此，$R_{\mathrm{res}}(t_n)-R_{\mathrm{res}}(t_n+T_c)$的相位可认为是关于时间$t_n$的二次多项式，将得到的一次系数和二次系数分别用$[b_1,b_2]$表示，可得

$$\begin{cases} \dot{a}=-\frac{b_2}{T_c} \\ \Delta a=\frac{-b_1+b_2T_c}{T_c} \end{cases} \tag{3.13}$$

利用估计得到的 $\hat{v}$、$\hat{a}$、$\dot{a}$ 对回波进行高阶平动补偿，得到

$$s_{\mathrm{r}}(t)=s(t)\cdot\exp\left(\mathrm{j}\frac{4\pi f_{\mathrm{c}}}{c}\left(\hat{v}t+\frac{1}{2}\hat{a}t^{2}+\frac{1}{3}\dot{a}t^{3}\right)\right) \tag{3.14}$$

3.1.3 实验结果及分析

弹头目标为如图 3.1 所示的平底锥，参数为 $r=0.64\mathrm{m}$、$r_{\mathrm{c}}=0.005\mathrm{m}$、$\gamma=12°$。设雷达的频率范围为 9.5～10.5GHz，以 10MHz 为间隔。平动参数与 2.2.2 节中相同，设 $f_{\mathrm{c}}=10\mathrm{GHz}$，$B=1\mathrm{GHz}$，$\mathrm{PRF}=100\mathrm{Hz}$。进动周期设为 2.8s，进动角为 10°。

以图 3.1 所示的锥体弹头为研究对象，以 390～396s 的数据为例对算法的处理过程进行说明。此时间段内弹道平动对应的速度为 −2814.552m/s，加速度为 $3.2544\mathrm{m/s^2}$。对390～396s 时间段内所得原始距离像序列加入噪声直到 SNR 为 0dB，对应的距离像序列如图 3.2 所示。

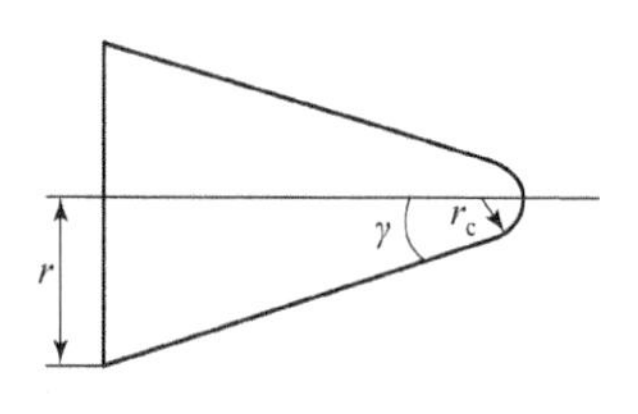

图 3.1 锥体弹头模型

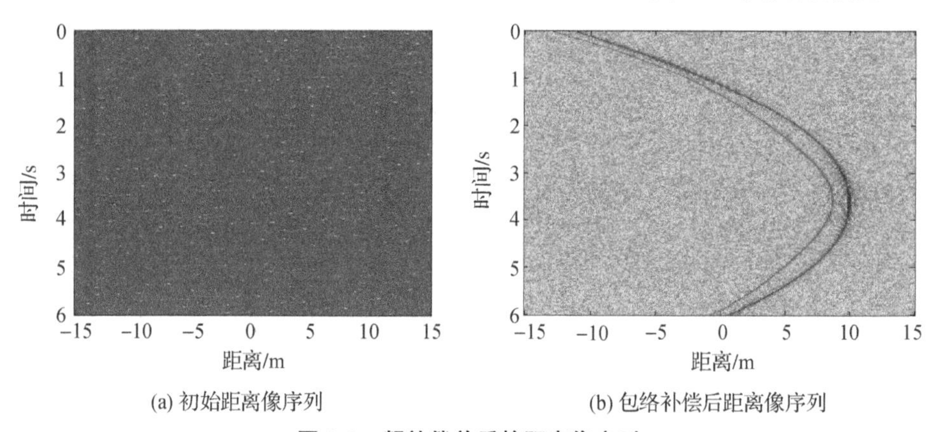

(a) 初始距离像序列　　(b) 包络补偿后距离像序列

图 3.2 粗补偿前后的距离像序列

从图 3.2（a）可以看出目标散射中心走动明显。对相邻两副距离像进行相关处理，对高速平动导致的距离像走动进行初步补偿，得到粗补偿后的距离像序列如下图 3.2（b）所示。从图 3.2（b）可以看出，补偿后散射中心位置走动平滑。

根据精补偿步骤，得到距离像能量最大时刻为 393.59s，以其所对应的距离像作为参考距离像，得到不同时刻距离像相对参考距离单元的相关系数及相关系数最大的前 20% 所对应的延迟距离单元拟合结果如图 3.3 所示。最终得

到估计速度为 $-2925.606\mathrm{m/s}$，加速度估计为 $3.2430\mathrm{m/s^2}$，估计所得速度误差为 $0.0143\mathrm{m/s}$，加速度估计误差为 $-0.0063\mathrm{m/s^2}$。

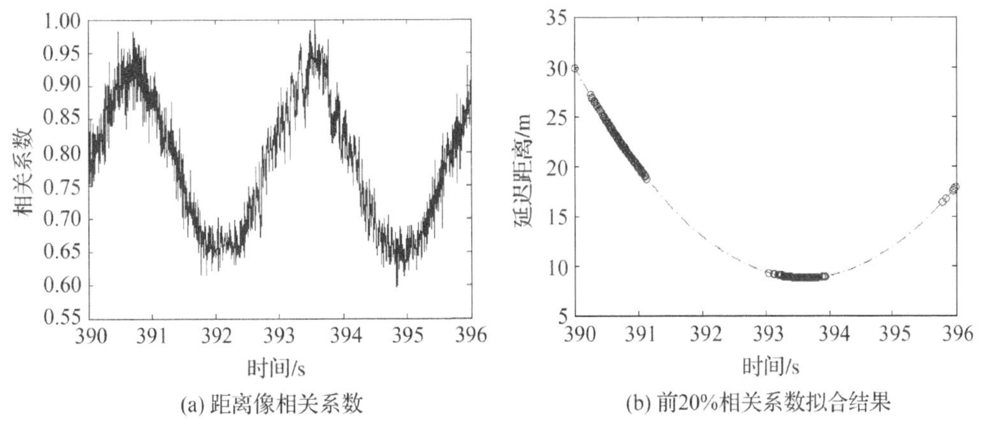

图 3.3　距离像相关系数及对应拟合结果

基于估计的平动参数进行精补偿后的距离像序列如图 3.4 所示。

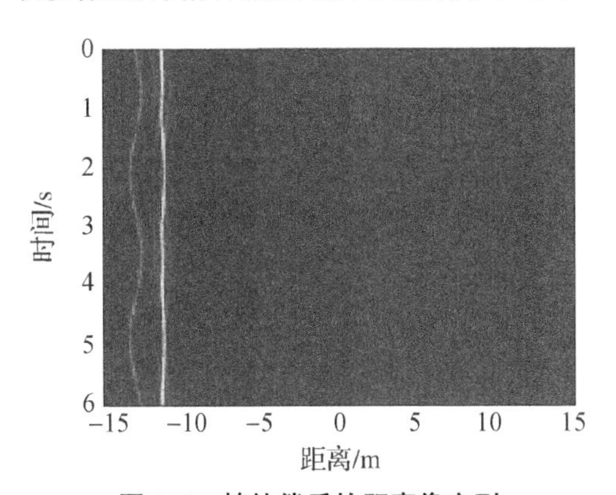

图 3.4　精补偿后的距离像序列

从图 3.4 中可以看出，相比于图 3.2（a），经过补偿后的距离，由于平动产生的距离像散焦可以得到很好的补偿。经过测算，经过本节提出的相位补偿步骤后距离误差甚至可以达到毫米级。

3.2 “双阶段”补偿法

考虑到传统的平动补偿算法在平动参数估计的过程中存在自适应性不强、稳健度不高的问题，本节拟将深度学习理论引入平动参数估计问题中，基于

DCNN 强大的高维特征泛化学习能力设计了一组可以从微多普勒谱图中提取平动参数的回归网络。

3.2.1 平动对微多普勒的调制作用

根据电磁散射理论，雷达目标的回波可以近似等于若干强散射点的回波之和。若目标上包含 K 个强散射中心，对于窄带雷达发射的信号，其基带回波可以表示为

$$x(t) = \sum_{k=1}^{K} \sigma_k \exp(\mathrm{j}4\pi R_k(t)/\lambda) \tag{3.15}$$

式中：k、σ_k、$R_k(t)$分别表示散射中心的序号、散射中心的散射系数以及散射中心在雷达视线上的距离变化；λ 表示雷达工作波长。对于平动–微动复合的目标，$R_k(t)$被认为是微动距离和平动距离共同调制，其可以表示为

$$R_k(t) = R_{\mathrm{M}\_k}(t) + R_{\mathrm{T}}(t) \tag{3.16}$$

式中：$R_{\mathrm{M}_k}(t)$以及 $R_{\mathrm{T}}(t)$分别表示散射中心对应的微距离和目标的平动距离。

因此，式（3.15）可以重写为

$$\begin{aligned} x(t) &= \exp(\mathrm{j}4\pi R_{\mathrm{T}}(t)/\lambda)\left[\sum_{k=1}^{K} \sigma_k(t)\exp(\mathrm{j}4\pi R_{\mathrm{M}\_k}(t)/\lambda)\right] \\ &= x_{\mathrm{T}}(t)x_{\mathrm{M}}(t) \end{aligned} \tag{3.17}$$

式中：$x_{\mathrm{T}}(t)$表示回波中的平动分量；$x_{\mathrm{M}}(t)$表示回波中的微动分量。

$$\begin{cases} x_{\mathrm{M}}(t) = \sum_{k=1}^{K} \sigma_k(t)\exp(\mathrm{j}4\pi R_{\mathrm{M}\_k}(t)/\lambda) \\ x_{\mathrm{T}}(t) = \exp(\mathrm{j}4\pi R_{\mathrm{T}}(t)/\lambda) \end{cases} \tag{3.18}$$

采用2.3.2.1节中的STFT对式（3.17）中的雷达回波进行变换，则有

$$\boldsymbol{X}(t,f) = \boldsymbol{X}_{\mathrm{M}}(t,f) *_{\mathrm{f}} \boldsymbol{X}_{\mathrm{T}}(t,f) \tag{3.19}$$

式中：$\boldsymbol{X}_{\mathrm{T}}(t,f)$表示 $x_{\mathrm{T}}(t)$对应的时频图；$\boldsymbol{X}_{\mathrm{M}}(t,f)$表示 $x_{\mathrm{M}}(t)$对应的时频图；$*_{\mathrm{f}}$表示频域卷积。时频分析会导致信号的频率分量在时频域集中，因此有

$$\boldsymbol{X}_{\mathrm{T}}(t,f) \approx \delta(t,f-f_{\mathrm{T}}(t)) \tag{3.20}$$

式中：$\delta(\cdot)$表示冲击函数。

将式（3.20）代入式（3.19），则有

$$\begin{aligned} \boldsymbol{X}(t,f) &= \boldsymbol{X}_{\mathrm{M}}(t,f) *_{\mathrm{f}} \delta(f-f_{\mathrm{T}}(t)) \\ &= \boldsymbol{X}_{\mathrm{M}}(t,f-f_{\mathrm{T}}(t)) \end{aligned} \tag{3.21}$$

设 Δf_0 为频域采样间隔，PRT 表示脉冲重复周期，式（3.21）对应的离散形式可以表示为

$$\boldsymbol{X}(n,m) = \boldsymbol{X}_{\mathrm{M}}(n,(m-f_{\mathrm{T}}(n)/\Delta f)_M) \tag{3.22}$$

式中：M 表示时频图中频率单元的个数，$m=0,1,\cdots,M-1$，$f=m\Delta f_0$；$(\cdot)_M$ 表示对括号内的值关于 M 取余。此外，N 表示频率单元的个数，$n=0,1,\cdots,N-1$，$t=n\text{PRT}$。

在短时观测的前提下，平动产生距离变化 $R_{\text{T}}(t)$ 近似采用二阶多项式表示[3]，则平动距离以及对应的多普勒可以表示为

$$\begin{cases} R_{\text{T}}(t)=R_0+vt+\dfrac{1}{2}at^2 \\ f_{\text{T}}(t)=\dfrac{2}{\lambda}\dfrac{\mathrm{d}R_{\text{T}}(t)}{\mathrm{d}t}=\dfrac{2}{\lambda}(v+at) \end{cases} \tag{3.23}$$

将式（3.23）代入式（3.22）中，则有

$$\boldsymbol{I}(n,m)=\left|\boldsymbol{X}_{\text{M}}\left(n,\left(m-\frac{2(v+an\text{PRT})}{\lambda\Delta f_0}\right)_M\right)\right| \tag{3.24}$$

式中：$|\cdot|$ 表示求解元素的绝对值。

根据式（3.24）分析平动多普勒对微多普勒的干扰，发现初始径向距离 R_0 不影响微多普勒的分布，平动速度 v 使微多普勒产生上下平移，而平动加速度 a 使微多普勒产生倾斜。因此，为了获得能反映目标真实微动特性的微多普勒谱图，有必要进行平动补偿。

3.2.2　预训练的 DNN

深度学习算法可以从低层级特征中提取出抽象的、不变的高层级属性特征。DCNN 通过在单个神经网络系统中利用多个隐层，不仅获得了提取目标特征的能力，而且能够构造出清晰的分类边界。DCNN 通过输入和输出之间的非线性关系，将浅层的简单特征（如线条）组合成深层的复杂特征（如形状）。虽然 DCNN 在图像分类方面的表现优异，但平动参数估计属于一种回归问题而不是分类问题。为了利用 DCNN 强大的特征自动提取能力，本节考虑将典型的分类 CNN 转换为回归 CNN，在不改变其前端特征提取结构的前提下修改后端分类结构，通过再训练使其适应平动参数估计的任务。

目前有许多公开可用的预训练的图像分类网络，它们已经学会了从自然图像中提取稳健、信息丰富的特征，可以将它们作为学习新任务的起点。这些预训练的网络大都是在 ImageNet 数据库的一个子集上训练的。ImageNet 项目是一个大型的视觉数据库，它对超过 1400 万张图像进行了手工标注，并且对至少 100 万张图像提供了边框注释。2012 年，一个名为 AlexNet 的 CNN 在使用 ImageNet 精简数据库的大规模视觉识别挑战赛（ILSVRC）中达到了 15.3% 的 Top－5 错误率，比第二名低了 10.8% 之多，这是深度学习革命的一个里程碑。

AlexNet 的突破主要归功于训练中使用的图形处理单元。此后，不仅仅是在 AI 领域，整个技术行业的人们都开始关注深度学习。

与从头开始训练网络相比，对预训练的网络使用迁移学习通常会更快、更容易。目前存在很多种预训练的网络可供使用，且每种网络的特性各不相同，需要结合要解决的具体问题来进行选择。网络最重要的特性就是精度、速度和大小，选用一个网络通常要在这些特性之间进行权衡，而一个优良的网络可同时具有较高的精度和较快的速度。为了叙述方便，表 3.1 给出了本节涉及的一些超参数的基本概念。

表 3.1　常用超参数的基本概念

超参数	概念
Iteration	训练数据进行一次前向 – 后向的训练
Batch size	每次 iteration 所用训练数据的数量
Epoch	整个训练集的数据被网络遍历的次数
Learning rate	学习率，即权重更新规则中梯度项的系数

超参数是指机器学习中根据经验设定的控制学习过程的参数，属于在开始训练之前就预设好的变量，而其他参数（如节点权重）的值是通过训练得出的，属于模型参数。预测和训练迭代的确切时间取决于使用的硬件和 batch size。batch size 的大小影响着训练过程中完成单个 epoch 所需的时间和各次 iteration 之间梯度的平滑程度。若 batch size 过小，则训练时间变长，同时梯度震荡严重，导致难以收敛；若 batch size 过大，则不同 batch 之间的梯度方向不存在差异，容易陷入局部极小值。

在使用迁移学习的时候，可以先选择一个速度较快的网络（如 SqueezeNet 或 GoogLeNet），然后进行快速迭代并尝试不同的设置，如数据预处理步骤和训练选项。一旦发现某种设置下效果较好，就可以尝试使用更精确的网络（如 Inception – v3 或 ResNet）来进一步改善结果。为了衡量预训练网络的精度，最常用的方法就是计算它在 ImageNet 验证集上的分类准确率。在 ImageNet 上准确率较高的网络，通过迁移学习或特征提取应用到其他自然图像数据集时往往也能得到较好的结果。这是由于网络从自然图像中学到了信息丰富的特征，而且可以泛化到其他类似的数据集。然而，在 ImageNet 上的高精度并不总能直接转移到其他任务上，还是有必要尝试多种网络。需要注意的是，ImageNet 验证集上分类精度的计算方法有很多种，不同的来源采用不同的方法。有些方法将多个评估模型联合使用，另一些方法使用多个裁剪结果对每幅图像进行多次评估，还有些方法引用 top－5 精度而不是标准（top－1）精度。由于存在这些差异，通常无法直接比较不同来源的精度。

本节选用经典的 AlexNet 作为预训练的 DCNN。AlexNet 由 Alex Krizhevsky 设计，并与其导师 Hinton 联合发表，他们提出了一个影响深远的观点——模型的深度决定了性能的好坏。网络的深度一般定义为从输入层到输出层的路径上卷积层（Convolution）和全连接层（Fully Connected）的最大数目。

AlexNet 的网络结构如图 3.5 所示，深度为 8 层，前 5 层是卷积层，中间

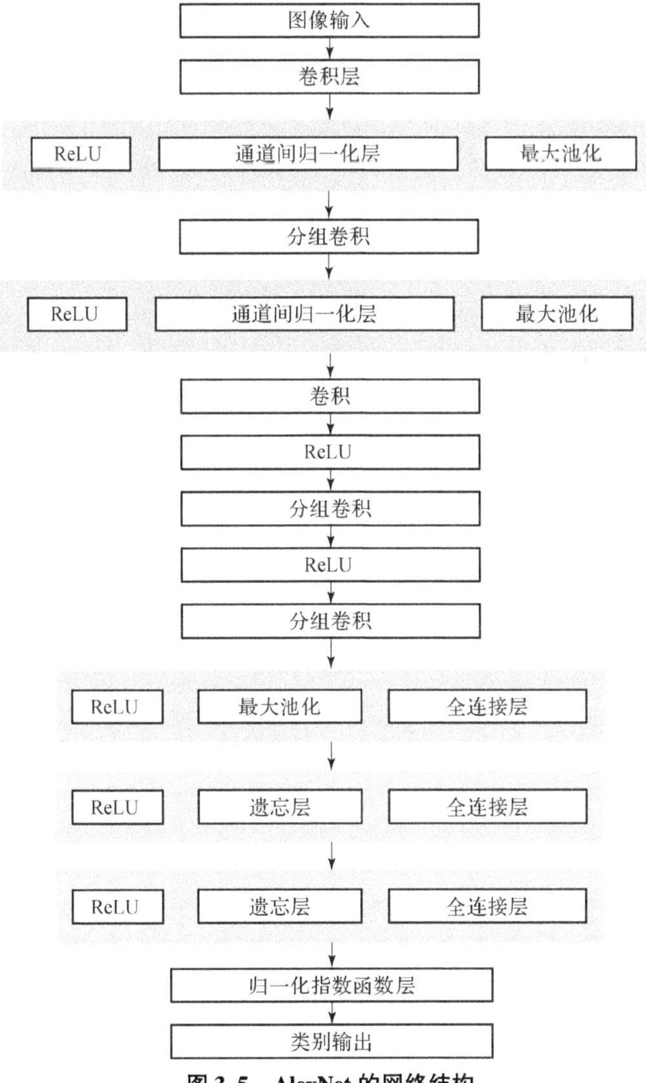

图 3.5　AlexNet 的网络结构

穿插着最大池化层（MaxPooling），最后 3 层是全连接层。它采用了非饱和的修正线性单元（rectified linear unit，ReLU）作为激活函数，相比 tanh 和 sigmoid 两种激活函数取得了更优的训练结果。AlexNet 的图像输入层尺寸为 227×227×3，其中，3 代表通道的数量，输出层给出预测的对象标签（1000 个对象类别中的一个）以及每个对象类别的概率。

此外，图 3.5 中的神经网络层还有通道间归一化层（Cross Channel Normalization）、遗忘层（Dropout）、分组卷机（Grouped Convolution）以及归一化指数函数层（Softmax）。

3.2.3 回归网络构建

利用 STFT 可将复合运动的回波转换为二维微多普勒谱图。这样，通过分别设置平动参数和微动参数，就能够得到特定的时频图像样本，从而构造所需的数据集。以锥形进动目标为例构造时频图像数据集，仿真时假设仅锥顶散射中心和锥底一个散射中心可见。

3.2.3.1 加速度估计

平动速度只影响微多普勒特征在谱图中的上下平移，而平动加速度改变的是微多普勒特征的整体斜率。因此，对于同一目标，当雷达参数不变时，平动参数和微多普勒特征是一一对应的关系。本节所采用的雷达参数如表 3.2 所列，平底锥目标的结构参数和微动参数如表 3.3 所列。

表 3.2 雷达参数

参数	f_c	PRF	雷达视线(α,β)	观测时间 T_d
设定值	10GHz	1000Hz	$(30°, 60°)$	2s

表 3.3 目标参数

参数	锥体高 H	质心高 h_2	底面半径 r	进动角 θ	锥旋角频率 ω_c
设定值	2m	1m	0.5m	20°	2πrad/s

接下来，根据经验设置预补偿后目标的剩余平动速度变化区间为[−5∶0.1∶5]m/s，加速度变化区间为[−10∶0.1∶−5]m/s^2，这样就可以得到一个共包含 5151 幅微多普勒谱图的数据集，称为 DS1。下一步，设置 51 个标签对应于 51 个加速度的离散取值，则每个标签下包含 101 个样本。按照 3∶1∶1 的比例将 DS1 拆分为训练集 Tr1（3111 个样本）、验证集 Va1（1020 个样本）

和测试集 Te1（1020个样本）。需要说明的是，拆分时将每个标签中的样本按设定比例随机分配给各数据集。虽然DS1中包含了上千个样本，但对于从头训练一个DCNN来说样本数目仍是远远不够的。因此，接下来的处理需要借助于迁移学习技术。利用迁移学习只需对网络进行微调，比使用随机初始化权值从头开始训练要方便得多，且使用少量的训练样本就可以将学习到的特征快速转移到新任务中。

迁移学习是机器学习领域的一个研究热点，它可以将解决一个问题时学到的知识存储起来并应用到另一个不同但相关的问题上。迁移学习的定义通常根据域与任务的关系给出。具体来说，假设域 D 由特征空间 X 和边际概率分布 P 组成，其中，$X=\{x_1,x_2,\cdots,x_n\}\in\chi$，则该域可表示为 $D=\{\chi,P(X)\}$；假设任务 T 由标签空间 y 和目标预测函数 $f(\cdot)$ 组成，则该任务可表示为 $T=\{y,f(\cdot)\}$。需要指出的是，T 从成对组成的训练数据中学习，每对数据可表示为 $\{x_i,y_i\}$，其中，$x_i\in X$ 且 $y_i\in y$，函数 $f(\cdot)$ 可用于预测与新实例 x 相对应的标签 $f(x)$。类似地，给定一个源域 D_S 和学习任务 T_S 以及一个目标域 D_T 和学习任务 T_T，则迁移学习旨在利用 D_S 和 T_S 中的知识帮助改善 D_T 中目标预测函数 $f_T(\cdot)$ 的学习能力，其中，$D_S\neq D_T$ 或 $T_S\neq T_T$。在迁移学习的应用研究中，英国阿斯顿大学的Bird利用肌电图（electromyographic，EMG）对CNN进行预训练，并对脑电图（electroencephalographic，EEG）进行分类，然后又反过来利用EEG训练的CNN对EMG进行分类，都实现了较高的准确率，成功地在两个不同的生物信号域上迁移了模型的知识。实验表明，在训练开始之前和训练过程的最后阶段使用迁移学习，可以有效提高CNN的精度，实质上就是通过将模型暴露在另一个域中来改进算法。

下面来构造第一个回归网络RgNet1，用于预测加速度 $\hat{a}$。首先，以预训练的AlexNet作为学习新任务的起点。由于AlexNet是一个分类网络，需要对它进行改造才能执行回归任务。AlexNet的卷积层提取输入图像的特征，最后一个可学习层和最终分类层利用这些特征对图像进行分类。如图3.6所示，AlexNet中的“fc8”和“类别输出层”这两个层负责将前层提取的特征组合为类概率、损失值和预测标签等信息。为了完成参数的回归，需要使用回归网络架构的新层来替换这两个层，并对新网络进行再训练。替换过程如图3.6中的虚线框所示，使用一个大小（响应数）为1的全连接层和一个回归输出层来代替最后的全连接层、softmax层和分类输出层。

接下来就可以使用新的数据集对网络进行重新训练。值得注意的是，在训练之前，可以通过将网络中初始层的学习率置零来“冻结”这些层，这样在训练过程中就不会更新冻结层的参数。由于不需要计算冻结层的梯度，冻结初

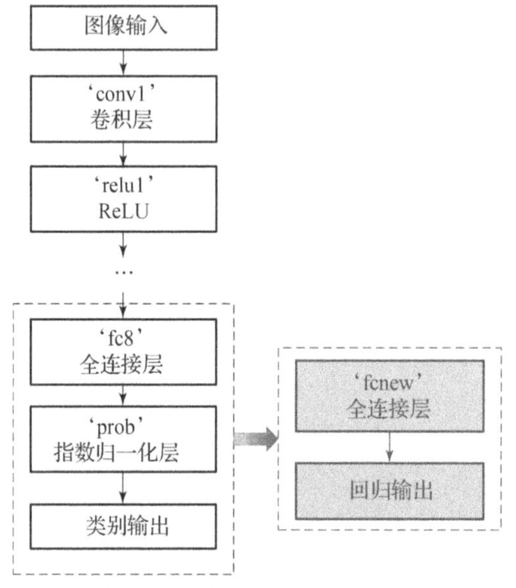

图 3.6　回归网络的构建过程

始层的权重可以显著加快网络的训练速度。此外，如果新的数据集很小，则冻结初始层还可以防止这些层对新数据集发生过拟合现象。设置完成训练选项之后，分别使用 Tr1、Va1 和 Te1 进行训练、验证和测试。最后，训练完毕的 RgNet1 可以输出对应于输入时频图像的加速度估计值。具体的训练流程如图 3.7所示。需要说明的是，数据集中的所有样本在使用前都被调整为与 AlexNet 的输入尺寸一致的分辨率，即 227 × 227。

3.2.3.2　速度估计

接下来，构建预测速度 $\hat{v}$ 的第二个回归网络 RgNet2。RgNet2 的构建过程与 RgNet1 类似，都是先改变 AlexNet 的部分结构，然后通过迁移学习对网络进行再训练，主要的区别在于使用的数据集不同。在加速度 a 已被补偿之后，RgNet2 的主要作用是提取时频图中与平动速度 v 有关的特征。v 影响着微多普勒特征的重心分布，当平动速度完全被补偿时，微多普勒的重心应正好位于零频附近。因此，在生成这部分所需的样本时，加速度都设置为零，速度的变化区间仍设置为[-5 : 0.1 : 5] m/s，雷达参数和目标结构参数采用表 3.2 和表 3.3 的设置不变。此外，对目标的微动参数重新进行设置，设进动角的变化区间为[17 : 1 : 23]°，锥旋频率的变化区间为[0.7 : 0.1 : 1.3] Hz。这样，就得到一个共包含 4949 幅时频图像的数据集，称之为 DS2。下一步，对应于 101 个速度的离散取值，设置 101 个标签，则每个标签下包含 49 个样本。按照

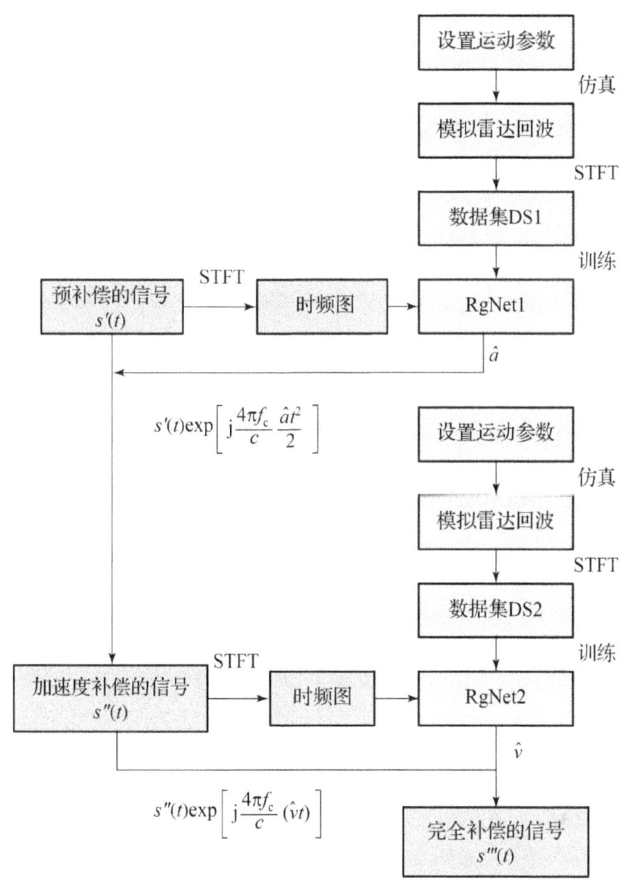

图 3.7　所提方法的具体流程图

3：1：1 的比例将 DS2 拆分为训练集 Tr2（2929 个样本）、验证集 Va2（1010 个样本）和测试集 Te2（1010 个样本），拆分时将每个标签中的样本按设定比例随机分配给各数据集。接下来的步骤与训练 RgNet1 时相同，最终训练完毕的 RgNet2 能够输出对应于输入时频图像的速度估计值。

3.2.4　实验结果及分析

仿真一：无噪声条件下的性能分析

首先使用不含噪声的样本构成的数据集进行仿真实验。图 3.8（a）随机展示了 Tr1 中包含的部分时频图像样本，此时平动加速度和速度都存在，可以观察到微多普勒特征同时发生了平移和倾斜现象。图 3.8（b）随机展示了 Tr2 中包含的部分时频图像样本，此时只存在平动速度，可以观察到微多普勒特征只发生了上下平移现象。

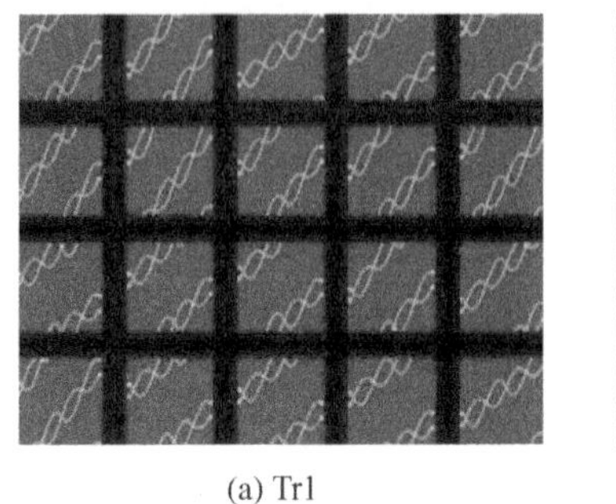

(a) Tr1

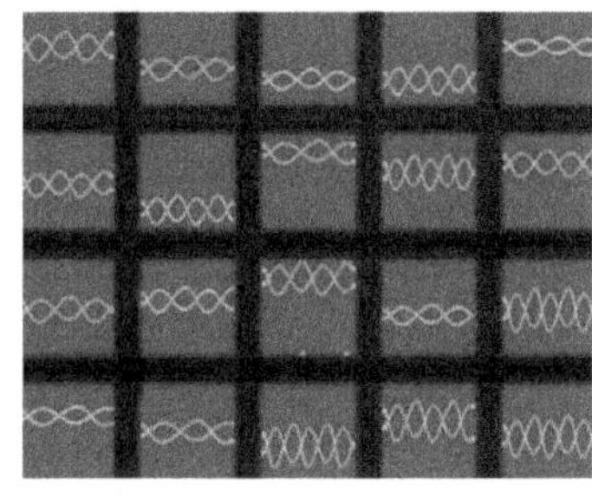

(b) Tr2

图 3.8　随机展示部分样本

根据训练过程中损失值的收敛条件，采用 SGDM 算法对网络进行训练。训练之前，相关超参数的设置如表 3.4 所列，其中，R_1 为初始学习率，每经过 N_e 个 epoch，学习率就乘以下降系数 F_d。也就是说，到了训练过程的最后 5 个 epoch，学习率将会下降到 1.25×10^{-4}。

表 3.4　超参数设置

参数	迭代次数 Epochs	批尺寸 Mini - batch size	初始学习率 R_1	学习率衰减周期 N_e	学习率衰减稀疏 F_d
设定值	20	128	0.001	5	0.5

图 3.9（a）给出了 RgNet1 在训练和验证过程中的均方根误差（root - mean - square error，RMSE）的变化情况。类似地，图 3.9（b）给出了RgNet2 的训练情况。从这两幅图中都可以看出，RMSE 逐渐下降并趋于稳定。

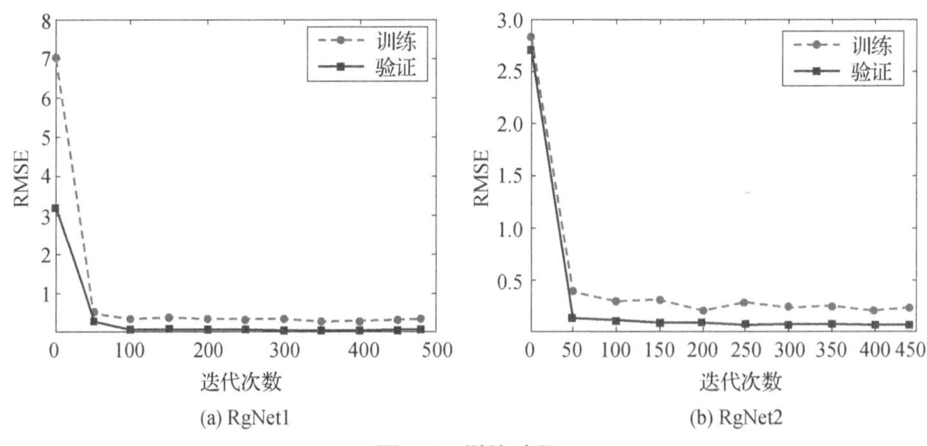

(a) RgNet1　　(b) RgNet2

图 3.9　训练过程

接下来，计算指标 P 来评价回归网络在测试集上的性能。P 定义为预测值落在可接受误差范围 E_a 内的百分比。首先求出每个测试样本输出的预测值与真实值的差，记为 $E=[E_1,E_2,\cdots,E_M]$，其中，M 为测试集中样本的个数。然后将 E 中绝对值小于 E_a 的个数记为 N，则指标 P 可表示为

$$P(E_a)=\frac{N}{M} \tag{3.25}$$

图 3.10 分别给出了 RgNet1 在 Te1 上及 RgNet2 在 Te2 上的预测结果。可以看出，经过训练的两个回归网络都对测试数据表现出了良好的泛化能力。

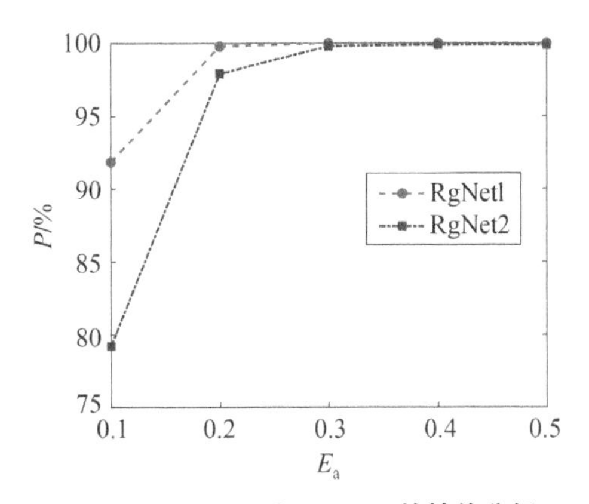

图 3.10　RgNet1 和 RgNet2 的性能分析

仿真二：高斯白噪声条件下的性能分析

雷达的参数设置与仿真一中相同，剩余平动速度的变化区间设置为 $[-5:1:5]$m/s，加速度变化区间为 $[-10:1:-5]$m/s^2。在生成雷达回波时分别加入 -10dB、-5dB、0dB、5dB、10dB 的高斯白噪声，再经过 STFT 变换得到五个对应的数据集 DS3、DS4、DS5、DS6、DS7，其中每个数据集都包含 66 个样本。首先将 DS3 中的一个样本输入到 RgNet1 中，通过输出的加速度估计值 $\hat{a}$ 对信号 $s'(t)$ 进行补偿。然后将加速度补偿后的信号 $s''(t)$ 进行 STFT 变换并作为样本输入 RgNet2。最后利用 RgNet2 输出的速度估计值 $\hat{v}$ 得到完全补偿的信号 $s'''(t)$。同理，对这五个数据集中的其余样本执行相同的操作，计算不同 SNR 下平动参数估计的 RMSE。仿真结果如图 3.11（a）中的 RMSE - SNR 折线图所示。可以看出，当 SNR 高于 5dB 时，两个参数估计的 RMSE 均不超过 1。随着 SNR 的降低，RMSE 也持续增加，表明估计性能逐渐恶化。此外，速度估计的 RMSE 普遍高于加速度估计的 RMSE，这是由于速度的估计精度是基于加速度的补偿精度之上的。

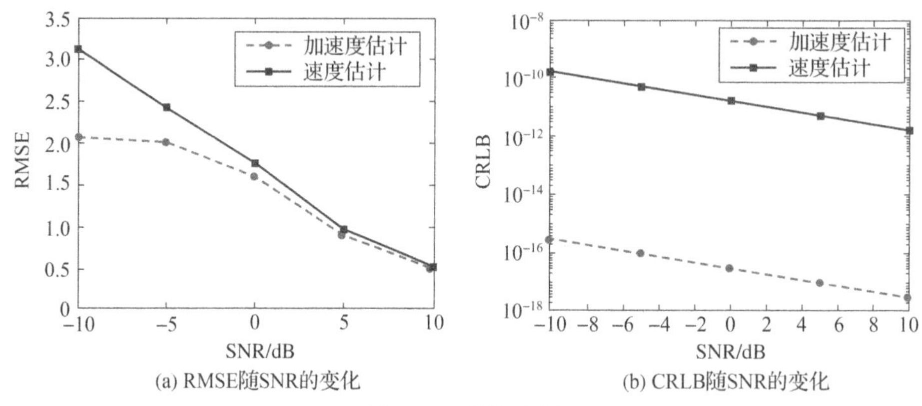

(a) RMSE随SNR的变化　(b) CRLB随SNR的变化

图 3.11　性能分析

图 3.12 展示了一次完整的补偿过程，其中，SNR 为 5dB，加速度为 -9m/s^2，速度为 3m/s。由回归网络预测的加速度为 9.3447m/s^2，速度为 3.0039m/s。

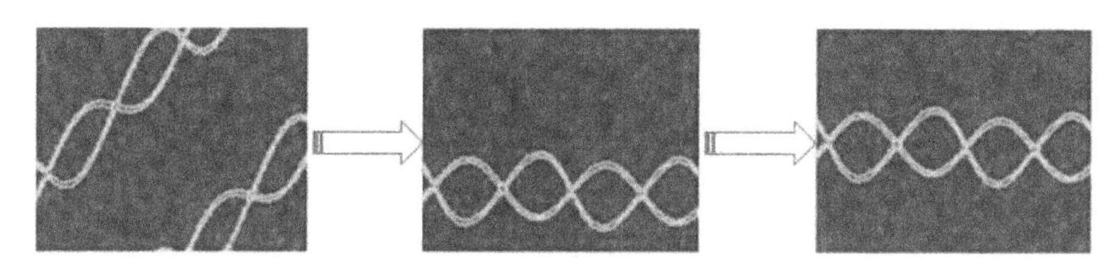

图 3.12　一个完整的补偿过程

仿真三：散射中心不连续条件下的性能分析

目标的姿态变化过程影响着目标的回波特性。微动导致姿态角的变化幅度增大，雷达观测到的目标散射结构在一个微动周期内可能发生较大变化，从而出现不连续的情况[5]。可以推测，在雷达实际获得的时频图像中，微多普勒特征可能存在断点，甚至出现散射中心的成段丢失。因此，有必要分析散射中心的不连续性对所提方法的影响。

参数设置与仿真二中相同，SNR 设为 10dB。在生成雷达回波时，随机丢失 20%（400 个点）、40%（800 个点）、60%（1200 个点）和 80%（1600 个点）的数据。这样，经过 STFT 变换后得到四个对应的数据集，分别为 DS8、DS9、DS10 和 DS11，每个数据集都包含 66 个样本。图 3.13 给出了加速度为 -7m/s^2、速度为 0 时四种不同丢失率情况下的样本。

从图 3.13 可以观察到，回波信号的数据丢失会导致噪声强度的相对增加。接下来的处理流程与仿真一中相同，仿真结果如图 3.14 中的 RMSE－丢失率

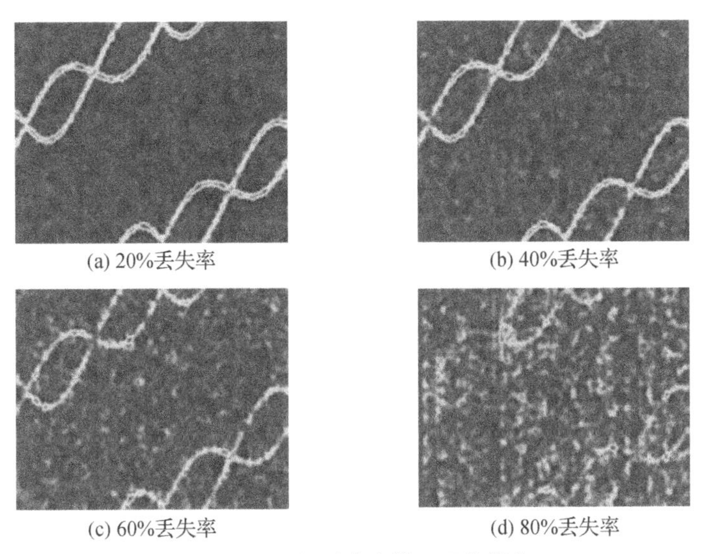

图 3.13 不同丢失率情况下的样本

折线图所示。可以看出，速度估计更容易受到不连续散射中心的影响，这仍可归结于 RgNet2 的输入样本依赖于加速度的估计精度。

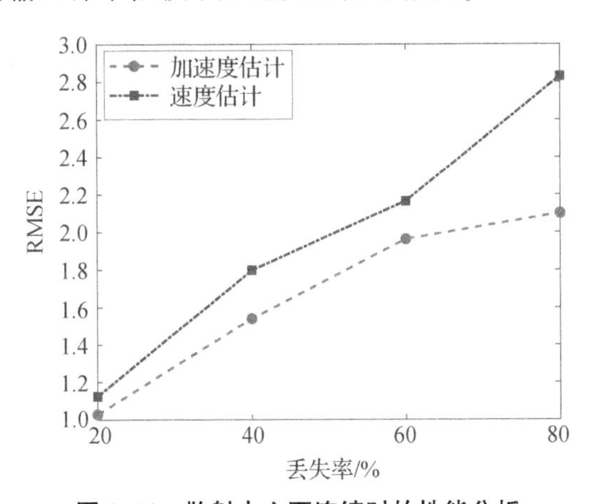

图 3.14 散射中心不连续时的性能分析

RgNet1 和 RgNet2 的训练耗时均约为 7min，而训练好的这两种网络仅需 0.015s 就能对输入的样本做出反应。在实际应用中，所提方法的运行时间主要消耗在两次时频变换上，每次约需要 0.5s。此外，所提方法的估计精度高于依赖微多普勒连续性的平动补偿方法，特别是在低 SNR 和散射中心缺失的情况下。

本节提出了一种空间目标平动补偿方法，实现了分两步先后估计出平动加速度和速度。该方法构造并训练了两个回归网络，用于预测输入时频图像的平动参数，针对不同的仿真条件生成了多个数据集。需要说明的是，上述处理流程要求雷达工作频率、PRF 和驻留时间是预设且固定的，因为这三个参数决定了微多普勒特征的显示范围。也就是说，回归网络估计平动参数的性能依赖于测试集与训练集中样本的分布一致性。构建数据集时采用了点散射模型来生成模拟雷达回波，能够较好地表征具有简单散射特性的空间微动目标。对于电磁散射特性更为复杂的目标，如锥柱或锥柱裙目标，该方法仍能从其微多普勒谱图中提取平动引起的整体趋势变化。

3.3 图像空间变换法

传统的非智能平动补偿算法存在一些显著的缺点：①需要先验信息支撑，如微动周期或者复合运动条件下的时频曲线；②有效补偿范围有限，低 SNR 条件下方法的性能表现不佳；③计算量复杂，需要对平动参数空间进行大规模的搜索。而 3.2 节尽管采用了回归网络进行平动参数估计，但是网络无法解释所回归的参数是平动参数。为了增强智能化平动补偿方法的可解释性，本节提出了基于空间变换网络的平动补偿方法。

3.2.1 节中已经指出，v 与 a 会使得时频图中的微多普勒发生平移与倾斜，从而导致时频图发生变形。因此，本节将平动补偿看作是一种包含图像剪切和图像平移的图像配准任务。

Jaderberg 在 2015 年提出了空间变换网络（spatial transformer networks，STN），旨在提高卷积神经网络的空间不变性[6]。利用 STN 对图像进行空间变换，可以降低图像位置的差异对分类精度的影响。STN 可实现平移、旋转、剪切、缩放等空间变换。基于此，将 STN 引入到平动补偿成为一个很有新意的方法。在对网络进行有效的训练之后，一个深度神经网络可以实现高效、快速的平动补偿。

3.3.1 STN 工作机理分析

STN 可以对特征图进行空间变换，提高输入样本的空间不变形能力，从而提高分类效果[15]，其组成如图 3.15 所示。

根据图 3.15，一个标准的 STN 共有三个模块，它们是参数定位网络、网格生成器以及图像采样（双线性插值）模块。对应的过程主要包括以下三个步骤。

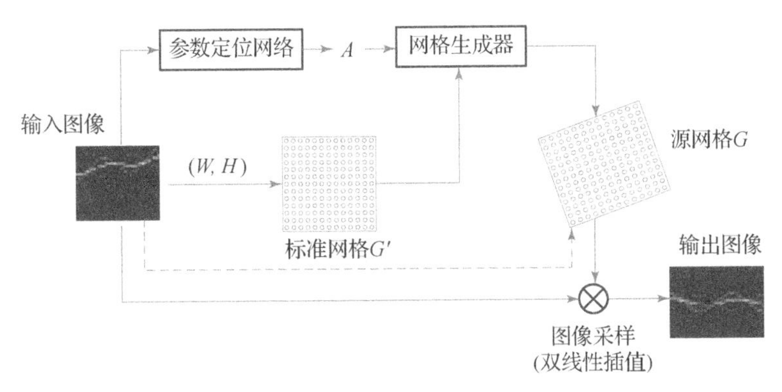

图 3.15　STN 网络工作流程图

步骤 1：利用 CNN 设计一个参数定位网络，输出一个用于空间变换的参数矩阵 $\boldsymbol{A}$，其中包含 6 个元素，可以对图像实施不同类型的空间变换。

$$\boldsymbol{A}=\begin{bmatrix}\theta_{11} & \theta_{12} & \theta_{13}\\ \theta_{21} & \theta_{22} & \theta_{23}\end{bmatrix}\tag{3.26}$$

步骤 2：根据输入图片的大小，构造一个标准网格 $\boldsymbol{G}'$，网格中的每个元素对应的坐标为(x_{t_1},y_{t_1})。采用参数变换矩阵 $\boldsymbol{A}$ 对输入网格中的(x_{t_l},y_{t_l})进行变换，得到了采样网格 $\boldsymbol{G}'$中每一个像素对应的源坐标(x_{s_l},y_{s_l})，其过程可以表示为

$$\begin{pmatrix}x_{s\_l}\\ y_{s\_l}\end{pmatrix}=\boldsymbol{A}\begin{pmatrix}x_{t\_l}\\ y_{t\_l}\\ 1\end{pmatrix}=\begin{bmatrix}\theta_{11} & \theta_{12} & \theta_{13}\\ \theta_{21} & \theta_{22} & \theta_{23}\end{bmatrix}\begin{pmatrix}x_{t\_l}\\ y_{t\_l}\\ 1\end{pmatrix},\ \forall l\in[1,2,\cdots,HW]\tag{3.27}$$

式（3.27）可以看成是一种对图像的仿射变换，可以实现包括旋转、平移、斜切以及缩放等多种空间变换。

步骤 3：将采样网格与输入图像共同输入采样器，采用双线性插值的方法对输入图像进行采样，输出经过空间变换后的图像。该过程为

$$\boldsymbol{G}'(x_{t\_l},y_{t\_l})=\sum_{m=1}^{M}\sum_{n=1}^{N}\boldsymbol{G}(n,m)\max(0,1-|y_{s\_l}-m|)\max(0,1-|x_{s\_l}-n|)\tag{3.28}$$

对于式（3.28）中输出的图像 $\boldsymbol{G}'$，对于两个输入的导数分别为

$$\frac{\partial\boldsymbol{G}'(x_{t\_l},y_{t\_l})}{\partial\boldsymbol{G}(n,m)}=\sum_{m=1}^{M}\sum_{n=1}^{N}\max(0,1-|y_{s\_l}-m|)\max(0,1-|x_{s\_l}-n|)\tag{3.29}$$

$$\frac{\partial \boldsymbol{G}'(x_{t\_l},y_{t\_l})}{x_{s\_l}}=\sum_{m=1}^{M}\sum_{n=1}^{N}\max(0,1-|y_{s\_l}-m|)\begin{cases}0, & x_{s\_l}=n\\1, & x_{s\_l}>n\\-1, & x_{s\_l}<n\end{cases}\tag{3.30}$$

式（3.30）中仅给出了输出图像关于 x_{s_l} 的导数，而输出图像关于 y_{s_l} 的倒数与关于 x_{s_l} 的导数是相似的，因此不在此处给出具体结果。

3.3.2 基于 STN 的平动补偿网络构建

基于 STN 的空间转换能力，引入 STN 进行平动补偿将是一种非常新颖的方法。由于补偿只涉及图像平移和图像剪切，本节设计了一个双分支 CNN 进行参数定位。此外，由于基于图像变换的平动补偿仅改变时频单元的纵坐标，网格生成器和采样器模块也只针对纵坐标的变换做出对应的改进。

综上所述，本节设计了一个基于 STN 的平动补偿网络，其框架如图 3.16 所示。该网络由预处理模块、参数定位模块、网格生成与图像采样器模块以及输出模块四部分组成。

3.3.2.1 预处理模块

预处理模块主要包括两部分，第一部分是对输入图像进行压缩，第二部分是对图像进行归一化处理。

（1）图像压缩：采用 STFT 对长度为 N 的回波信号进行处理，得到大小为 $N\times N$ 的时频矩阵。为了适应网络大小，对时频图 $\boldsymbol{I}$ 进行下采样，将其尺寸调整为 $H\times W$。用 Δt 表示时间间隔，Δf 表示频率间隔，Δt 和 Δf 的表示为

$$\begin{cases}\Delta t=\dfrac{T_{\mathrm{d}}}{W}\\[2ex]\Delta f=\dfrac{\mathrm{PRF}}{H}\end{cases}\tag{3.31}$$

（2）图像归一化：为了确保网络的输入尺度一致，需要对输入的时频图进行标准化处理，标准化处理的过程可以表示为[7]

$$\boldsymbol{I}=\frac{\boldsymbol{I}-m_{\mathrm{x}}(\boldsymbol{I})}{\mathrm{std}(\boldsymbol{I})}\tag{3.32}$$

式中：$m_{\mathrm{x}}(\boldsymbol{I})$ 表示计算时频矩阵的数学期望；$\mathrm{std}(\boldsymbol{I})$ 表示计算时频矩阵的方差。

3.3.2.2 参数定位模块

一般的嵌入式 STN 采用浅层的单分支 CNN 设计局部定位网络，从网络输出六个仿射变换参数对特征图进行空间变换，从而提高分类精度。不同于分类任务，平动补偿对于仿射参数的精度有着相对较高的要求，因此要求定位网络

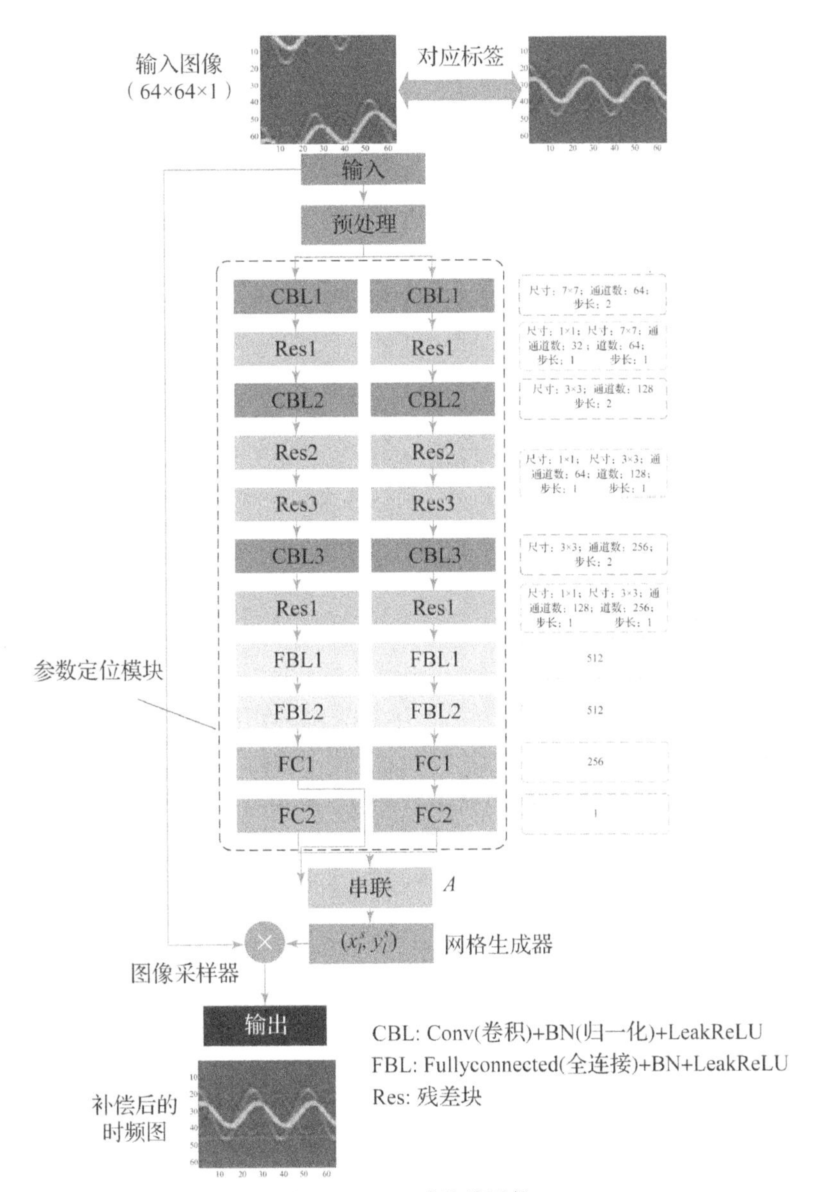

图 3.16　平动补偿网络

的深度应当满足需求。此外，由于平移分量和斜切分量的量级不同，采用单分支网络无法同时回归出两个高精度的图像变化参数。因此，本节设计了一种双分支 CNN 来分别回归平移参数和斜切参数。参数定位模块的具体结构如图 3.16 所示。该网络有以下三个特点。

1）无池化层的 CNN

池化层之所以能在卷积神经网络中得到广泛应用，一方面因为它具有降采样的功能，另一方面则是因为它增强了网络的空间不变性，能够提高分类任务的精度。对于依赖于像素位置的平动补偿网络来讲，采用池化层会对像素的实际位置带来不确定性，不利于平动参数的准确估计。因此，图 3.16 的定位网络仅由若干个卷积层和全连接层组成，不包括 CNN 中常用的池化层。

2）基于残差块的 CNN

残差块结构（图 3.16 中的“Res”）是 CNN 中的一种重要的结构，可以在提高网络深度的同时，避免网络退化。图 3.17 给出了一个典型残差块结构，残差块中的输入和输出的关系表示为

$$z_i = f_i(z_{i-1}, w_i) + z_{i-1} \tag{3.33}$$

式中：z_{i-1}表示第 i 个残差块的输入；$f_i(\cdot)$表示第 i 个残差块中的非线性映射，包括对输入进行卷积、归一、非线性激活等操作；w_i 表示第 i 个残差块中的权值结合。

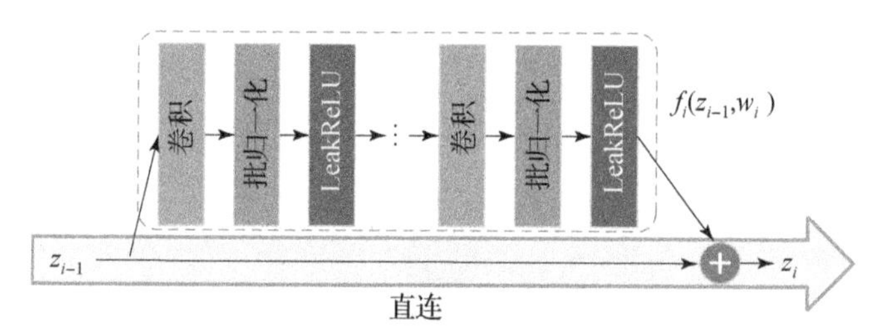

图 3.17　残差块的结构

如果网络中包含 Q 个残差块的级联，则由残差块组成网络的输入输出关系为

$$z_Q = z_0 + \sum_{i=1}^{Q} f_i(z_{i-1}, w_i) \tag{3.34}$$

根据网络中的后向传播规则，网络中第 q 层的梯度可以表示为

$$\begin{cases} \dfrac{\partial \mathrm{loss}}{\partial z_q} = \dfrac{\partial \mathrm{loss}}{\partial z_q}(1 + \mathrm{gr}) \\ \mathrm{gr} = \dfrac{\partial}{\partial z_q} \sum_{i=q}^{Q-1} f_i(z_{i-1}, w_i) \end{cases} \tag{3.35}$$

从式（3.35）中可以看出，无论括号中的 gr 的值多么小，由于括号中 1 的存在，梯度式（3.35）中都有一个值，避免了梯度消失的问题。此外，相比于传统的链式求导网络，括号 gr 的计算采用的是求和而不是阶乘的方法，确保了不会发生梯度爆炸的问题[8]。

3）Leaky ReLU 激活函数。

Leaky ReLU 是 ReLU 的改进，既可以保留输入特征的负值部分，还能缓解网络的梯度消失问题，其表达式为

$$f(x)=\max(0,x)+0.1\times\min(0,x) \tag{3.36}$$

3.3.2.3　网格生成与图像采样模块

1）网格生成器

对于平动补偿任务，假设经过补偿后输出的图像为 $\boldsymbol{G}'$，其每个像素的坐标表示为 (x_{t_l},y_{t_l})。设网络的输入图像为 $\boldsymbol{G}$，对应的坐标表示为 (x_{s_l},y_{s_l})，则两者之间的关系为

$$\begin{pmatrix} x_{s\_l} \\ y_{s\_l} \end{pmatrix}=\boldsymbol{A}_\theta\begin{pmatrix} x_{t\_l} \\ y_{t\_l} \\ 1 \end{pmatrix}=\begin{bmatrix} 1 & 0 & 0 \\ \theta_{21} & 1 & \theta_{23} \end{bmatrix}\begin{pmatrix} x_{t\_l} \\ y_{t\_l} \\ 1 \end{pmatrix} \quad \forall l\in[1,2,\cdots,HW] \tag{3.37}$$

式中：H 和 W 分别表示输入图像的宽度和高度；θ_{21} 表示变换过程中的斜切参数；θ_{23} 表示变换过程中的平移参数；$\boldsymbol{A}$ 表示仿射变换矩阵。对于平动补偿网络，仅仅需要沿频率维进行时频图平移变换和时频图斜切变换，所以 $\boldsymbol{A}$ 仅仅需要两个有效元素即可。

需要补充的是，$\boldsymbol{A}$ 中的两个变换参数与目标的平动参数之间存在着直接的关系。将速度的估计值表示为 $\hat{a}$ 和 $\hat{v}$，这些参数的对应关系表示为

$$\hat{a}=\frac{\lambda\Delta f\theta_{21}}{2\Delta t},\hat{v}=\frac{\lambda\Delta f\theta_{23}}{2} \tag{3.38}$$

2）图像采样器

图像采样器根据输出网格和采样网格之间的关系，利用输入图像中的像素生成输出图像中对应的像素。采用线性插值的方法来近似获取 (x_{t_l},y_{t_l}) 处对应的输出像素，其过程可以表示为

$$\boldsymbol{G}'(x_{t\_l},y_{t\_l})=\sum_{m=1}^{M}\boldsymbol{G}(x_{s\_l},m)\max(0,1-|y_{s\_l}-m|) \tag{3.39}$$

对所有像素执行上述操作，直到产生输出图像。到此为止，时频图中存在的位移和倾斜已经得到了有效的补偿，输出图像只包含目标的微多普勒信息。

考虑到时频图中可能会出现会多普勒模糊，而多普勒模糊会导致时频图多处断裂。如果直接执行所提出的方法，提取的微多普勒是不完整的。为了连接时频图中的裂缝，将时频图沿频率维度堆叠多次。将叠加的时频图放入网格发生器和采样器模块中，可以消除多普勒模糊的影响。从网格发生器和采样器模块的输出中删除多余的时频图部分，将得到完整的微多普勒图像。

相对应地，对式（3.39）中的元素进行重新修正，

$$\begin{cases} \boldsymbol{G}_1 = \mathrm{veec}(\boldsymbol{G}, 2D+1) \\ l \in [DHW+1, \cdots, (D+1)HW] \\ M = DH \end{cases} \tag{3.40}$$

式中：D 时频图的扩张因子；veec(·)表示沿纵向对 $\boldsymbol{G}$ 堆叠 $2D+1$ 次。当采用式（3.39）对 $\boldsymbol{G}_1$ 进行采样时，需要删除 $\boldsymbol{G}'$中多余的部分，因此，对 l 施加的取值范围施加了新的约束，从而保证输出的大小仍为 $\boldsymbol{H} \times \boldsymbol{W}$。

3.3.2.4 输出模块

输出模块选择一个代价函数来度量输出图像与其标签之间的相似度。该网络用于校正可变形的时频图，可视为图像配准任务。归一化交叉相关（NCC）是一种广泛用于描述两幅图像在全局水平上相似度的指标[9]。通过求解 NCC 的相反数，得到了网络的损失函数可以表示为

$$L_{\mathrm{NcC}}(\boldsymbol{G}_0, \boldsymbol{G}') = -\frac{\sum_m \sum_n [(\boldsymbol{G}_0(m,n) - \bar{G}_0)(\boldsymbol{G}'(m,n) - \bar{G}')]}{\sqrt{\sum_m \sum_n (\boldsymbol{G}_0(m,n) - \bar{G}_0)^2} \sqrt{\sum_m \sum_n (\boldsymbol{G}'(m,n) - \bar{G}')^2}} \tag{3.41}$$

式中：$\boldsymbol{G}_0$（不考虑平动时的目标时频图）为 $\boldsymbol{G}$ 的标签；$\bar{G}_0$ 和 $\bar{G}'$分别代表 $\boldsymbol{G}_0$ 和 $\boldsymbol{G}'$的数学期望。

利用上述的网络可以实现对平移运动的高精度补偿。此外，从定位模块中提取的参数可以反演出目标的平动参数，利用这些参数可以预测轨道运动信息，从而为目标轨道特征的提取提供有效的支撑。

3.3.3 实验结果及分析

本节的研究对象为一个锥形目标，其上存在三个散射中心，其在 $o-xyz$ 中的坐标分别为 $P_1(0,0,1.5)$，$P_2(-0.3,-0.4,-0.5)$，$P_3(0.3,0.4,-0.5)$，设目标沿着 oz'进行锥旋运动，锥旋角为 $\theta=[6:1:10]^\circ$，锥旋角频率 $\omega_c=[1:0.5:2.5]\times 2\pi\mathrm{rad/s}$。取 $f_c=8\mathrm{GHz}$，$T_d=1\mathrm{s}$，PRF = 1024Hz。设置目标的平动速度和平动加速度的范围分别为 $v=[-8:0.5:8]\mathrm{m/s}$，$a=[-6:0.2:6]\mathrm{m/s^2}$，网络的扩张因子设置为 $D=1$。

本节所提的网络在一台显卡为 NVIDIA Quadro GV1000、内存为 32GB 的服务器上进行训练，网络超参数的设置如表 3.5 所列。

表 3.5　超参数设置

求解器	批大小	学习率	学习率衰减因子	训练次数	数据集组成
Adam	256	0.001	0.5/10epoch	150	训练集（60%），验证集（20%），测试集（20%）

第一个实验展示出一组基于本节所提网络的平动补偿过程。图 3.18（a）为一组未补偿的时频图，其中前两行的时频图包含多普勒模糊，第三行时频图没有多普勒模糊。从图 3.18（a）可以看出，当目标的运动中存在平动时，时频图上的微多普勒曲线存在扭曲、折叠以及断裂等情况，这些情况导致现有的微多普勒特征分析方法不可用，因此需要开发出有效的平动补偿方法。

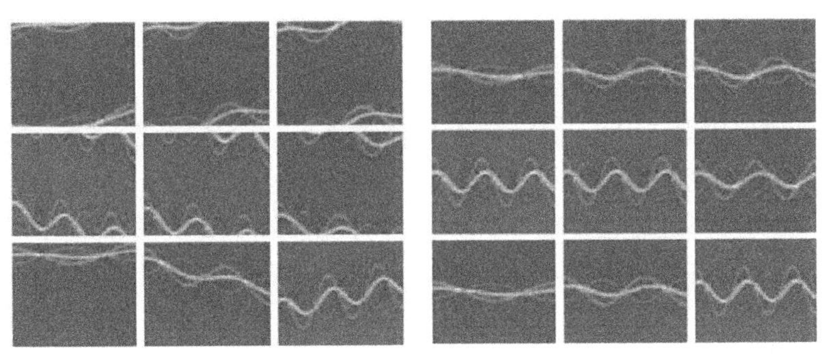

(a) 平动未补偿　　(b) 平动补偿后

图 3.18　平动补偿实验

采用本节所提网络对图 3.18（a）中所呈现出的时频图进行平动补偿处理，其结果如图 3.18（b）所示。经过补偿后，时频图上所有的平移、倾斜以及断裂都得到了有效的校正，网络最终输出一组完整的时频图。

第二个实验用于分析不同损失函数对补偿效果的影响。在图像校正过程中，L_1 损失和 L_2 损失也是广泛采用的损失函数。以这两种损失函数作为对照实验，以补偿前后两幅图像的 NCC、均方根误差（root mean square error，RMSE）、峰值信噪比（peak signal noise ratio，PSNR）、平均绝对误差（mean absolute error，MAE）和结构相似度（structural similarity，SSIM）作为补偿效果的评价标准，得到网络的补偿性能如表 3.6 所列。

表 3.6　不同损失函数对补偿网络补偿性能的影响

	NCC	RMSE	MAE	PSNR	SSIM
L_{NCC} 损失	0.9718	0.1878	0.0595	16.3732	0.9506
L_2 损失	0.9536	0.2176	0.0710	15.8381	0.9372
L_1 损失	0.9675	0.2038	0.0642	15.6432	0.9459

对于 NCC，PSNR，SSIM 这三种指标而言，其数值越大，表明两幅图像之间的相似性越强，说明网络的工作性能越好。相反地，RMSE 和 MAE 的数值越小，表示图像之间的差别越小，说明网络的工作性能越好。根据表 3.6 可以看出，本节所采用的 L_{NCC} 损失在三种损失函数中是表现最好的，在这五种性能评估指标中利用 L_{NCC} 损失得到的图像比 L_1 损失和 L_2 损失得到的图像与原图像的相似度更高。此外，当比较 L_1 损失和 L_2 损失时，L_1 损失的五个指标明显好于 L_2 损失，这意味着采用 L_1 损失得到的补偿效果优于 L_2 损失。整体来看，这五种指标分布规律，没有出现不一致的情况。本组实验结果表明，选择 NCC 损失作为目标函数是一项合理的选择。

第三个实验用来对比本节算法与其他平动补偿算法的平动补偿效果。现有的方法大多基于 v 和 a 的估计，然后构造回波补偿分量来对平动进行补偿。因此，在本次试验中，根据式（3.38）中变换参数和平动参数关系，对网络中串联层输出的两个变换参数进行处理，求解两个估计参数的 MSE 来评估不同算法的性能。其结果如图 3.19 所示。

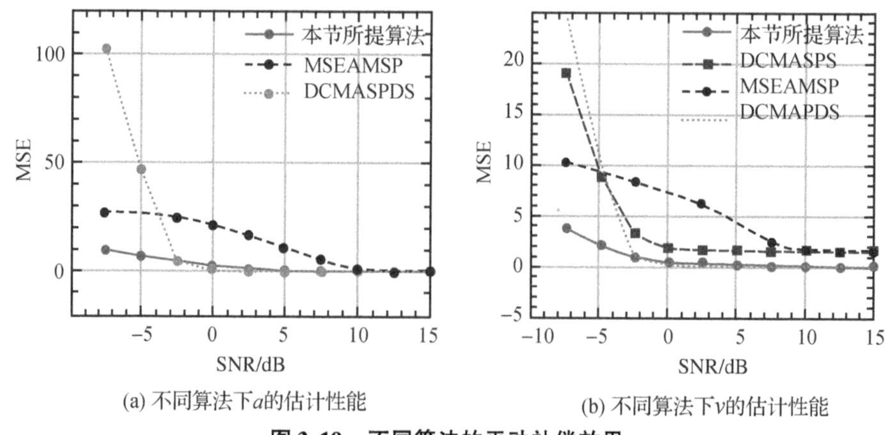

(a) 不同算法下a的估计性能　　(b) 不同算法下v的估计性能

图 3.19　不同算法的平动补偿效果

从图 3.19（a）可以得出以下的结论：对于加速度的估计，在这三种算法中，延迟共轭相乘与参数字典搜索（delayed – conjugated multiplication and parameter dictionary search，DCMPDS[10]）在 SNR > -2.5dB 条件下表现的是最好的，而当 SNR≤ -2.5dB 时，该算法的性能快速下降，这说明 DCMAPDS 对于加速度的估计稳健性不强。相比之下，最小谱熵与最大谱峰（Minimization spectrum entropy and maximum spectrum peak，MSEAMSP[3]）的性能相对较差，在高 SNR 条件下与两种算法存在明显的差异，在低 SNR 时在三种算法中性能居中。而本节所提出的算法尽管在 SNR > -2.5dB 的条件下不如 DCMAPDS，但是其精度与 DCMAPDS 的差距较小，MSE 曲线基本重合。但是 SNR≤ -2.5dB 时，本节的算法的性能下降速度缓慢，而 DCMAPDS 的 MSE 曲线快速增大，这意味着其补偿性能迅速下降。由此可以看出，本节所提的算法对于加速度的估计具有较高的精度和稳健性。

从图3.19（b）可以看出，在四种速度估计算法中（延迟共轭相乘与谱峰搜索（dclaycd conjugatcd multiplication and TF spectrum peak search，DCMASPS[11]）)，本节所提算法的性能变化趋势与加速度估计性能表现基本一致，对于平动速度的估计，本节算法在高 SNR 精度相对较高，而在低 SNR 下精度最好。

需要说明的是，上述实验中采用的训练样本没有加噪声，而测试样本则添加不同 SNR 的噪声进行性能测试。为了进一步分析网络的稳健性，本节设计了第二种训练方式，在保持训练集总数不变的前提下，给训练样本添加不同 SNR 的噪声，分析网络的补偿性能。不同 SNR 下的训练样本对补偿效果的影响结果分析如表3.7 所列。

表3.7 不同的 SNR 下的训练样本对补偿效果的影响

训练样本 SNR 水平/dB	NCC	RMSE
15	0.6606	0.6528
10	0.6903	0.6077
5	0.7805	0.5103
0	0.8277	0.4786
-5	0.7470	0.6042
-5 ~ 15 随机添加	0.8925	0.3570

在表3.7 中，前五组试验采用的是固定 SNR 的训练样本，所得到的 NCC 和 MSE 是对测试集添加不同 SNR 噪声得到的结果进行平均。当添加固定 SNR 水平从 15dB 降到 0dB 时，网络的总体补偿性能逐渐提高，在 0dB 时网络的性

能达到了最高。随后当 SNR 变为 -5dB 时，网络的性能迅速下降。这一过程表明，对样本适当添加噪声，有利于提高网络对含噪样本的学习能力。但是当噪声过大时，图像的特征被掩盖，反而导致网络无法学习样本的特征。此外，在保持样本数目不变的前提下，采用随机添加 SNR 的方法对样本添加噪声，得到了最好的平动补偿效果。这是因为采用随机添加噪声的方法，样本的 SNR 分布更加均匀，在相同的数目下表示的特征更加丰富，因此可以获得更好的补偿性能。

3.4 高阶模糊函数法

前三节的研究针对的弹道目标补偿问题都是单一目标平动补偿问题，而在实际过程中，雷达的观测视野中可能会存在多个目标。因此，群目标平动补偿也是一个需要研究的问题。考虑到弹道目标的平动补偿问题实际上是一个多项式参数估计过程，而高阶模糊函具有运算量小、估计阶数高及精度高等优势，因此可被应用于多目标平动补偿问题中。

3.4.1 高阶矩与高阶模糊函数

将质心的平动 $R_{\mathrm{T}i}(t)$ 近似为精度更高的三阶多项式进行描述，即

$$R_{\mathrm{T}i}(t) = R_{i0} + v_i t + a_i t^2/2 + \dot{a}_i t^3/6 \tag{3.42}$$

式中：R_{i0}、v_i、a_i、$\dot{a}_i$ 分别为第 i 个目标的初始径向距离、速度、一阶加速度以及二阶加速度。

信号 $x(t)$ 的 M 阶矩定义为[12]

$$P_M(t,\tau) = \prod_{q=0}^{M-1} \left[x^{(*q)}(t + q\tau) \right]^{C_{M-1}^{q}} \tag{3.43}$$

式中：$x^{(*q)}(t)$ 的具体表达式为

$$x^{(*q)}(t) = \begin{cases} x(t), & q \text{ 为偶数} \\ x^{*}(t), & q \text{ 为奇数} \end{cases} \tag{3.44}$$

对 $P_M(t,\tau)$ 进行傅里叶变换得到信号的 M 阶模糊函数可以表示为

$$X_M(f,\tau) = \int_{-\infty}^{+\infty} P_M(t,\tau)\exp(-\mathrm{j}2\pi f t)\,\mathrm{d}t \tag{3.45}$$

3.4.2 基于高阶模糊函数的平动补偿

为便于分析，不妨假设雷达回波只含有一个目标，此时

$$s_{\mathrm{r}}(t) = \exp\left[-\mathrm{j}\frac{4\pi}{\lambda}R_{\mathrm{T}}(t)\right]\sum_{k=1}^{K}\sigma_k \exp\left[-\mathrm{j}\frac{4\pi}{\lambda}R_{\mathrm{M\_}k}(t)\right] \tag{3.46}$$

回波的三阶矩函数可表示为

$$\begin{aligned}P_3(t,\tau) &= s_r(t)\times[s_r^*(t+\tau)]^2\times s_r(t+2\tau)\\ &= F_3(t,\tau)\times[G_3(t,\tau)+H_3(t,\tau)+Q_3(t,\tau)]\end{aligned}\tag{3.47}$$

式中：$F_3(t,\tau)$为平动项；$G_3(t,\tau)$为微动自项；$Q_3(t,\tau)$和$H_3(t,\tau)$为微动交叉项[13]。当延迟时间为微动周期时，散射点自项为常数，交叉项能量相互分散，其能量和在频域很小。因此模糊函数将在延迟时间为微动周期处出现峰值。此外，$F_3(t,\tau)$经过三阶矩处理后，其形式变成伪一个单频信号，频率仅与目标的二阶加速度有关。经过傅里叶变换后得到三阶模糊函数，其峰值的位置同时包含着目标的二阶加速度和微动周期的信息。

同理，当雷达回波中含有多个目标时，虽然相互之间存在干扰，但其回波三阶模糊函数$X_3(f,\tau)$仍会在相应的目标微动周期处出现峰值。因此，可以通过i次"峰值搜索－去除峰值"操作估计处第i个目标的微动周期$\hat{T}_i$及平动二阶加速度$\hat{a}_i$，其过程可以表示为

$$\begin{cases}(f_{ci},\tau_i)=\operatorname{argmax}\{|X_3(f,\tau)|\}\\ \hat{T}_i=\tau_i\\ \hat{a}_i=\lambda f_{ci}/2\tau_i^2\end{cases}\tag{3.48}$$

式中：f_{ci}和τ_i分别表示搜索到的第i个峰值的频率和延迟时间。

利用$\hat{a}_i$对目标回波分别进行"一次补偿"，第i个二阶加速度补偿后的目标雷达回波为

$$\tilde{s}_{ri}^{1}(t)=s_r(t)\exp\left(\mathrm{j}\frac{2\pi}{3\lambda}\hat{a}_i t^3\right)=H_i(t)+G_i(t)\tag{3.49}$$

式中：$H_i(t)$和$G_i(t)$的具体表达式见文献［13］。

利用第i个目标微动周期$\hat{T}_i$对其$\tilde{s}_{ri}(t)$进行延迟共轭相乘处理，则有

$$\begin{aligned}\tilde{s}_{ri}(t)\cdot\tilde{s}_{ri}^{*}(t+\hat{T}_i) &= H_i(t)H_i^*(t+\hat{T}_i)+H_i(t)G_i^*(t+\hat{T}_i)+\\ &\quad G_i(t)H_i^*(t+\hat{T}_i)+G_i(t)G_i^*(t+\hat{T}_i)\end{aligned}\tag{3.50}$$

当二阶加速度估计误差很小即$\dot{a}_i-\hat{a}_i\approx 0$时，式（3.50）中的第一项可以表示为

$$\begin{aligned}H_i(t)H_i^*(t+\hat{T}_i) &= \exp\left[\mathrm{j}\frac{4\pi}{\lambda}\left(v_i\hat{T}_i+a_i\hat{T}_i t+\frac{1}{2}a_i\hat{T}_i^2\right)\right]\cdot\\ &\quad\left(\sum_{k_1=1}^{K}\sum_{k_2=1}^{K}\sigma_{ik_1}\sigma_{ik_2}^*\exp\left\{-\mathrm{j}\frac{4\pi}{\lambda}[R_{\mathrm{M}i\_k_1}(t)-R_{\mathrm{M}i\_k_2}(t+\hat{T}_i)]\right\}\right)\end{aligned}\tag{3.51}$$

因为 $\hat{T}_i \approx T_i$，所以式（3.51）中的自项可以表示为

$$H_i'(t) = \sum_{k=1}^{K} \sigma_k{}^2 \exp\left[\mathrm{j}\frac{4\pi}{\lambda}\left(v_i\hat{T}_i + a_i\hat{T}_i t + \frac{1}{2}a_i\hat{T}_i{}^2\right)\right] \tag{3.52}$$

观察式（3.52）可知，$H_i'(t)$是一个单频函数，对其进行傅里叶变换可得

$$H_i(f) = \mathrm{FFT}[H_i'(t)] = \sum_{k=1}^{K} \sigma_k{}^2 \exp\left[\mathrm{j}\frac{4\pi}{\lambda}\left(v_i\hat{T}_i + \frac{1}{2}a_i\hat{T}_i{}^2\right)\right]\cdot \mathrm{sinc}\left(f - \frac{2a_i\hat{T}_i}{\lambda}\right) \tag{3.53}$$

由其频谱峰值位置f_i可估计出一阶加速度表示为

$$\hat{a}_i = f_i\lambda/2\hat{T}_i \tag{3.54}$$

交叉项在能量分散，对局部峰值位置影响不大。同理，对式（3.50）进行傅里叶变换，其余项频域能量分散，频谱峰值保持位置不变，即在多目标多散射点的情况下，其频谱仅是对应噪声基底增加，但局部峰值仍然明显。

利用估计的$(\hat{a}_i,\hat{\dot{a}}_i)$对目标回波进行“二次补偿”，补偿后的目标回波可以表示为

$$\tilde{s}_{\mathrm{r}i}^{\,2}(t) = s_{\mathrm{r}}(t)\exp\left[\mathrm{j}\frac{4\pi}{\lambda}\left(\frac{1}{2}\hat{a}_i t^2 + \frac{1}{6}\hat{\dot{a}}_i t^3\right)\right] \tag{3.55}$$

在补偿后的$i \times j$条目标回波时频图曲线中，将会表现为某一目标散射点对应的j条曲线被“拉平”，而其他目标散射点对应的曲线将会有不同程度的倾斜；被“拉平”的j条曲线一个周期内存在两个能量较大的交点，且交点处曲线趋势变化快。

基于以上分析，将补偿后的回波时频曲线沿着时间横坐标进行累加处理。但由于时频曲线中存在其他能量强点，如j条曲线的极值点位置附近的点、其他时频曲线的交点，这些点的存在将会对直接累加后的效果产生干扰。在整个观察周期内，j条曲线交点处所对应的这一行时频矩阵，具有多个能量强点，且交点处曲线斜率更大，使得能量强点的持续时间短。相比之下，其他曲线交点仅是个别强点，而单曲线极值点位置附近的点能量相对较低，且曲线平缓，强点持续时间更长。或者说，j条曲线交点所对应位置处的时频矩阵数据，因具有多个持续时间短的能量强点，将会在其频谱上表现为：在更多的分频通道上分布能量较大的点。因此，将不同分频通道上的能量进行累加，该交点所对应的纵坐标处会出现最大值，从而实现对第i个目标的平动速度的估计。具体操作为

$$\begin{cases} S_{\mathrm{r}i}'(\varepsilon,f) = \mathrm{FFT}_2[\,|\mathrm{STFT}(\tilde{s}_{\mathrm{r}i}^{\,2}(t))|\,] \\ S_{\mathrm{r}i}(f) = \sum\limits_{\varepsilon} S_{\mathrm{r}i}'(\varepsilon,f) \end{cases} \tag{3.56}$$

式中：$\mathrm{FFT}_2(\cdot)$表示对第二维度进行快速傅里叶变换。

对多通道能量累加后进行最大值搜索

$$\begin{cases} f_i' = \operatorname{argmax}\{S_{ri}(f)\} \\ \Delta\hat{v}_i = \lambda f_i'/2 \end{cases} \tag{3.57}$$

至此，完成N个目标的平动参数$(\hat{\dot{a}}_i, \hat{a}_i, \hat{v}_i)$$(1 \leqslant i \leqslant N)$的估计，从而分别实现目标平动补偿。高阶模糊函数法方法实质上是利用了微动信号的周期性，因此可用于分析两个以上的目标，但多目标回波信号的延迟共轭将会导致处理后的回波SNR降低，致使噪声稳健性变弱，且更多的时频曲线交点也会影响平动速度估计的效果。

3.4.3 实验结果及分析

设雷达目标回波中包含一个锥体弹头和一个锥体诱饵。①目标平动参数为：弹头，$v_1 = -4\mathrm{m/s}$，$a_1 = 1.5\mathrm{m/s^2}$，$\dot{a}_1 = 0.5\mathrm{m/s^3}$；诱饵，$v_2 = -1.5\mathrm{m/s}$，$a_2 = 0.8\mathrm{m/s^2}$，$\dot{a}_2 = 0.25\mathrm{m/s^3}$；②锥体目标结构参数为：质心到锥顶、锥顶的距离分别为$h_1 = 1.125\mathrm{m}$、$h_2 = 0.375\mathrm{m}$，底面半径$r = 0.252\mathrm{m}$，目标散射数据由物理光学法获得；③微动参数为：进动角$\theta = 10°$，锥旋角速度$\omega_c = 6\mathrm{rad/s}$，初始锥旋角$\varphi_0 = 10°$，雷达LOS与锥旋轴夹角$\alpha = 45°$，摆动角振幅为10°，初始摆动角为30°，摆动角速度$\omega_b = 8\mathrm{rad/s}$；④雷达参数：$f_c = 10\mathrm{GHz}$，PRF = 1000Hz，$T_d = 4\mathrm{s}$，SNR为5dB。

图3.20（a）为雷达目标回波的时频图，图3.20（b）为目标回波的三阶模糊函数。

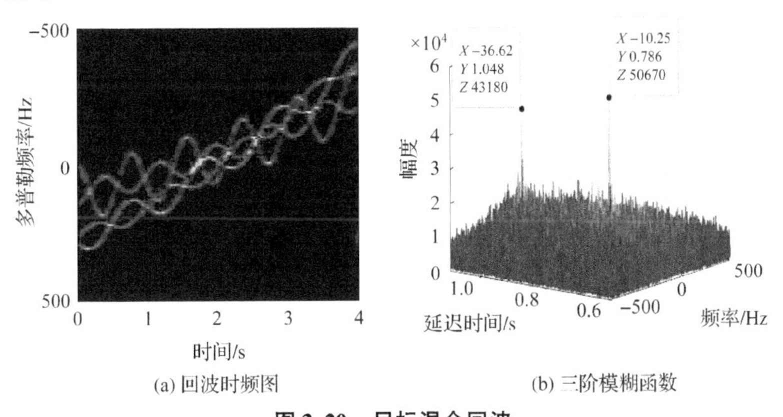

(a) 回波时频图　　(b) 三阶模糊函数

图3.20 目标混合回波

由图3.20（b）可得到明显的两个独立峰值。考虑到弹头的进动周期明显比诱饵的摆动周期长，因此可在“峰值搜索 - 去除峰值”过程中，以第一个

目标“主峰值”为圆心，以$\Delta r'$为半径，将此圆范围内的点进行置零处理。设置搜索的时间步长为$\Delta t'=2/\mathrm{PRF}$，$\Delta r'=50$（局部峰值数量）。回波三阶模糊函数中两个峰值位置，代入式（3.48）可得$\hat{\hat{a}}_1=0.5001\ \mathrm{m/s^3}$、$\hat{T}_1=1.0480\mathrm{s}$，$\hat{\hat{a}}_2=0.2490\ \mathrm{m/s^3}$、$\hat{T}_2=0.7860\mathrm{s}$。

将$\hat{\hat{a}}_1$、$\hat{\hat{a}}_2$分别代入式（3.49）得“一次补偿”后的$\tilde{s}^1_{\mathrm{r1}}(t)$、$\tilde{s}^1_{\mathrm{r2}}(t)$（混合信号1、2），然后利用$\hat{T}_1$、$\hat{T}_2$分别代入式（3.50）对$\tilde{s}^1_{\mathrm{r1}}(t)$、$\tilde{s}^1_{\mathrm{r2}}(t)$进行延迟共轭相乘，频谱如图3.21所示。峰值坐标分别为$f_1=41.99$、$f_2=105$，最后代入式（3.54）计算得$\hat{a}_1=1.5026\ \mathrm{m/s^2}$、$\hat{a}_2=0.8014\ \mathrm{m/s^2}$。

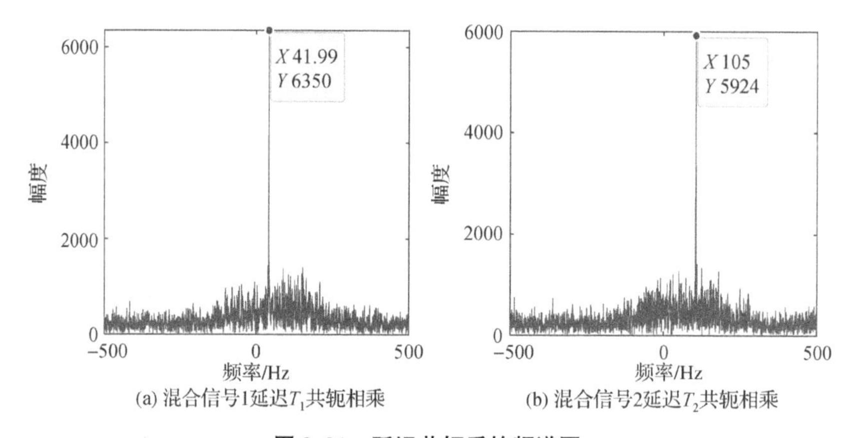

(a) 混合信号1延迟T_1共轭相乘　(b) 混合信号2延迟T_2共轭相乘

图3.21　延迟共轭后的频谱图

利用$(\hat{\hat{a}}_1,\hat{a}_1)$、$(\hat{\hat{a}}_2,\hat{a}_2)$结合式（3.55）、式（3.56），加权累加处理后的结果如图3.22所示。结合式（3.57）得$\hat{v}_1=-4.1250\mathrm{m/s}$、$\hat{v}_2=-1.4063\mathrm{m/s}$。最后利用$(\hat{\hat{a}}_1,\hat{a}_1,\hat{v}_1)$、$(\hat{\hat{a}}_2,\hat{a}_2,\hat{v}_2)$分别补偿目标回波，从而完成目标1、2的平动补偿。

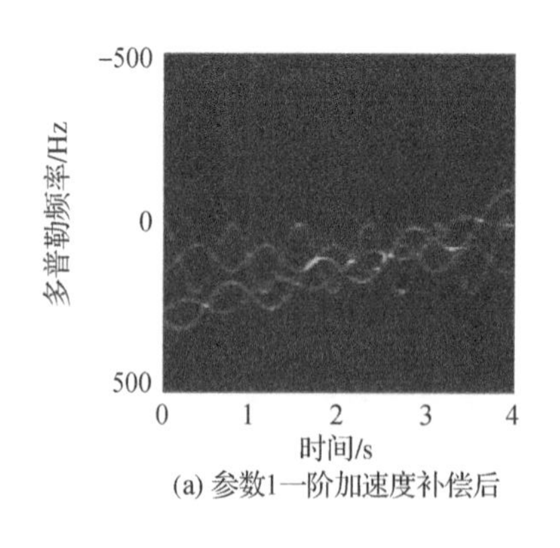

(a) 参数1一阶加速度补偿后

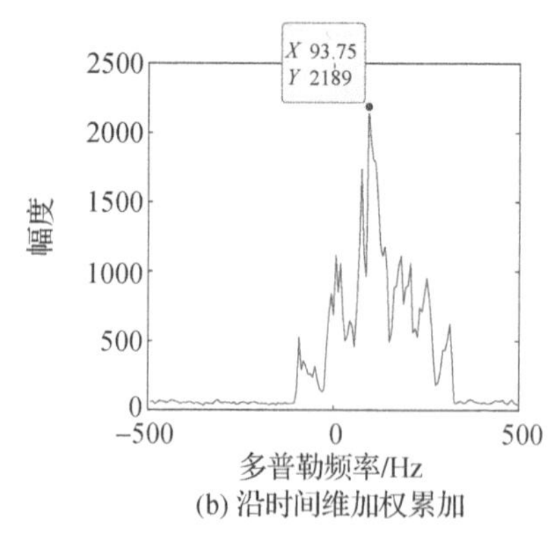

(b) 沿时间维加权累加

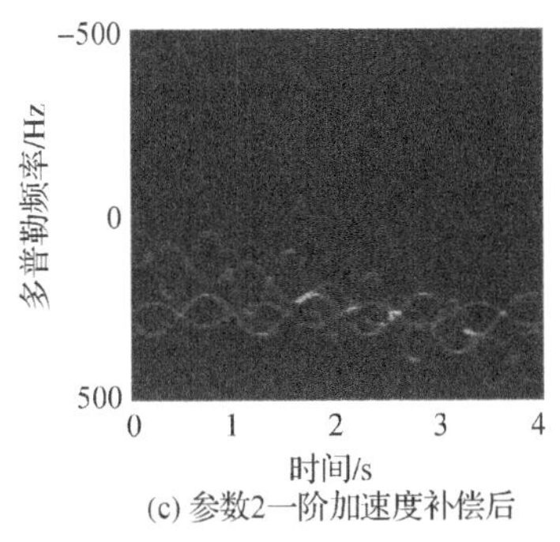

(c) 参数2一阶加速度补偿后

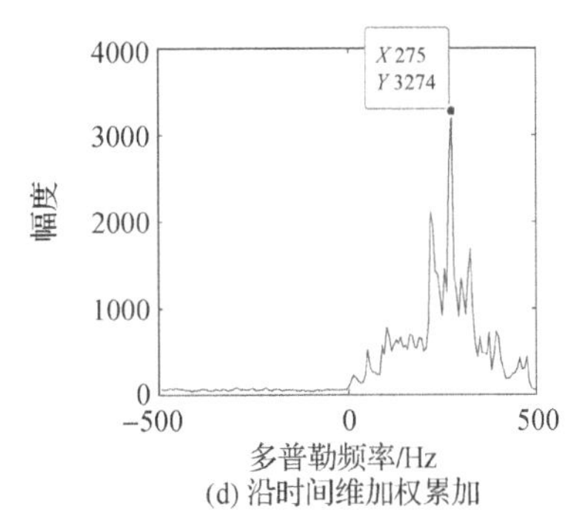

(d) 沿时间维加权累加

图 3.22　剩余平动速度估计

需要说明的是，模糊函数的时间搜索步长 $\Delta\tau$ 对参数的估计影响较大，原因在于当被估计周期不是 $\Delta\tau$ 的整数倍时，该周期处的峰值将会被搜索“跳过”，从而产生较大误差。本节经过多次仿真实验表明：仿真时间相差不大的前提下只要保持 $\Delta\tau \leqslant 0.004\mathrm{s}$，估计参数仍然有效。因此，可以选择较小的 $\Delta\tau$ 来减小估计误差，本节选取 $\Delta\tau = 2/\mathrm{PRF}$。

接下来，对 SNR 条件下的估计值进行 100 次蒙特卡罗仿真。定义归一化均方根误差（normalized root mean square error，NRMES）为

$$\Delta = \sqrt{\frac{1}{D}\sum_{d=1}^{D}\left[\left(\hat{X}(d) - X(d)\right)^2 / X(d)^2\right]} \tag{3.58}$$

式中：D 为仿真次数；$\hat{X}(d)$ 为估计值；$X(d)$ 为真实值。

不同参数在 SNR 条件下的 NRMES 如图 3.23 所示。分析知：①SNR≥3dB 时，平动参数估计精度高；②SNR≤3dB 时，由于噪声干扰增大，导致一个目标的峰值搜索出现较大误差，但另一个目标参数仍能实现有效估计；③由于其他时频曲线交点的干扰，目标的平动速度估计误差相对较大。

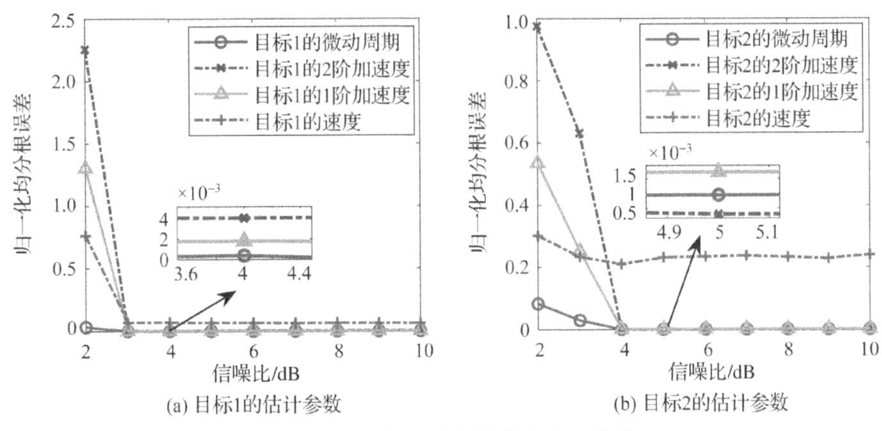

(a) 目标1的估计参数　　(b) 目标2的估计参数

图 3.23　参数估计值的蒙特卡罗仿真

下面对高阶模糊函数法（方法一）、Radon 变换法（方法二）[14]、角点检测法[15]（方法三）进行多目标、单目标同平动参数估计对比，表 3.8、表 3.9 分别给出 100 次蒙特卡罗仿真的 NRMES 对比结果，图 3.24、图 3.25 及图 3.26 为对应方法所展示的效果图。

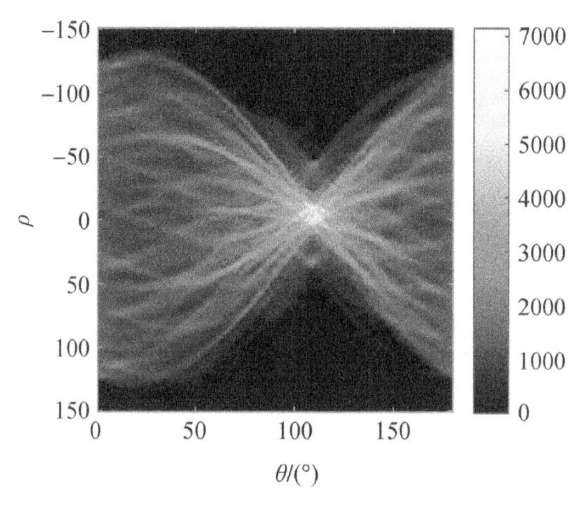

图 3.24 Radon 变换

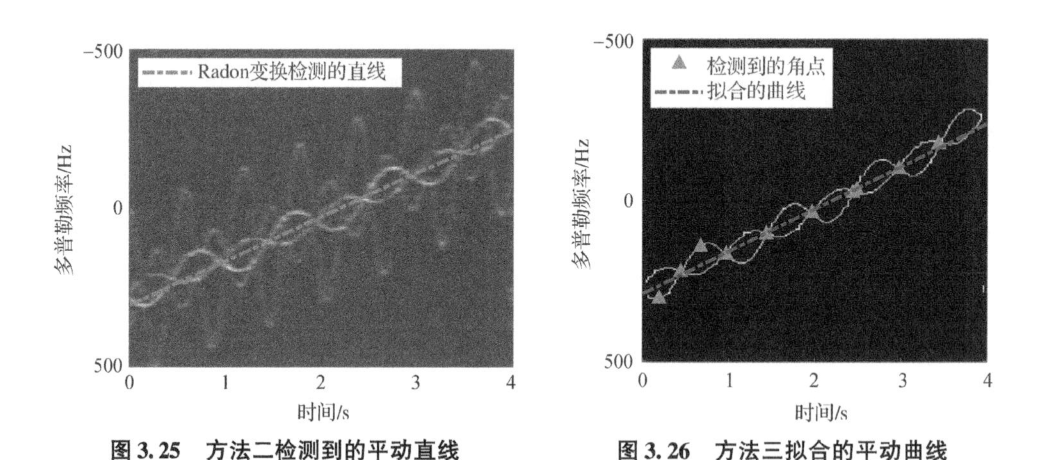

图 3.25 方法二检测到的平动直线

图 3.26 方法三拟合的平动曲线

由表 3.8、表 3.9 可知，①当 SNR≥5dB 时，高阶模糊函数法比 Radon 变换法精度更高，但随着 SNR 的继续降低，高阶模糊函数法对于一阶加速度的估计误差会超过 Radon 变换法；②当 SNR≥ −3dB 时，高阶模糊函数法比角点检测法精度更高。

表 3.8　多目标同平动参数的估计性能

SNR	一阶加速度估计的 NRMES		速度估计的 NRMES	
	方法一	方法二	方法一	方法二
7dB	0.0010	0.3623	0.1173	0.8714
6dB	0.0333	0.3619	0.1097	0.6768
5dB	0.1770	0.3598	0.1112	1.0582
4dB	0.5476	0.3595	0.1768	3.6794

表 3.9　单目标平动参数的估计性能

SNR	二阶加速度估计的 NRMES		一阶加速度估计 NRMES		速度估计的 NRMES	
	方法一	方法三	方法一	方法三	方法一	方法三
1dB	0.0039	1.8364	0.0010	0.5536	0.0658	0.1380
0dB	0.0038	2.0779	0.0010	0.6453	0.0837	0.1952
-1dB	0.0039	3.4399	0.0012	1.3139	0.0855	0.5301
-2dB	0.0042	4.2443	0.0025	1.4386	0.0901	0.4458
-3dB	3.1124	5.4506	0.7631	1.7945	0.2575	0.6589

原因分析如下：①Radon 变化仅能对整体时频图趋势进行直线拟合，这与实际曲线产生较大误差，而高阶模糊函数法采用高阶多项式进行估计，因此在一定 SNR 条件下精度更高；但是多目标回波信号的延迟共轭将会导致处理后的回波 SNR 降低，致使该方法噪声稳健性变弱；②角点检测存在个别错误角点而影响最终的拟合效果，并且当 SNR 降低时角点检测错误率更高，而高阶模糊函数法是利用信号延迟共轭相乘后自项能量高的特性，能更好地降低 SNR 的影响，稳健性更强。

参考文献

[1] CHEN R, FENG C Q, HE S S, et al. A new method of translational compensation for spatial precession targets with rotational symmetry [J]. IEICE Transactions on Fundamentals of Electronics Communications and Computer Sciences, 2017, E100A (12): 3061 -3066.

[2] 贺思三，赵会宁，张永顺．基于延迟共轭相乘的弹道目标平动补偿 [J]．雷达学报，2014，3 (05)：505 -510.

[3] ZHANG W P, LI K L, JIANG W D. Micro - motion frequency estimation of radar targets with complicated translations [J]. Aeu - Int J Electron C, 2015, 69 (6): 903 - 914.

[4] BAKER N, LU H, ERLIKHMAN G, et al. Deep convolutional networks do not classify based on global object shape [J]. PLOS Computational Biology, 2018, 14 (12): e1006613.

[5] ZHOU Y, CHEN Z, ZHANG L, et al. micro - doppler curves extraction and parameters estimation for cone - shaped target with occlusion effect [J]. IEEE Sens J, 2018, 18 (7): 2892 - 2902.

[6] JADERBERG M, SIMONYAN K, ZISSERMAN A. Spatial transformer networks [J]. Advances in neural information processing systems, 2015, 2: 2017 - 2025.

[7] PARK H, YOO C D. CNN - Based learnable gammatone filterbank and equal - loudness normalization for environmental sound classification [J]. IEEE Signal Proc Let, 2020, 27: 411 - 415.

[8] JIA Y, GUO Y, SONG R Y, et al. ResNet - Based counting algorithm for moving targets in through - the - wall radar [J]. IEEE Geoscience and Remote Sensing Letters, 2021, 18 (6): 1034 - 1038.

[9] KANG H, JIANG H, ZHOU X, et al. An Optimized registration method based on distribution similarity and DVF smoothness for 3D PET and CT images [J]. IEEE Access, 2020, 8: 1135 - 1145.

[10] ZHAO M M, ZHANG Q, LUO Y, et al. Micromotion feature extraction and distinguishing of space group targets [J]. IEEE Geoscience and Remote Sensing Letters, 2017, 14 (2): 174 - 178.

[11] LI J Q, HE S S, FENG C Q, et al. Method for compensating translational motion of rotationally symmetric target based on local symmetry cancellation [J]. J Syst Eng Electron, 2017, 28 (1): 36 - 39.

[12] WANG Y, ABDELKADER A C, ZHAO B, et al. Imaging of high - speed manoeuvering target via improved version of product high - order ambiguity function [J]. IET Signal Processing, 2016, 10 (4): 385 - 394.

[13] 冯存前，李江，黄大荣，等. 弹道中段不同平动多目标的平动参数估计方法 [J]. 电子与信息学报，2021，43 (03)：564 - 571.

[14] 胡晓伟，童宁宁，董会旭，等. 弹道中段群目标平动补偿与分离方法 [J]. 电子与信息学报，2015，37 (02)：291 - 296.

[15] 韩立珣，田波，冯存前，等. 进动弹道目标平动补偿与分离 [J]. 北京航空航天大学学报，2019，45 (07)：1459 - 1466.

第4章 弹道目标微动特征提取

根据散射中心理论，弹道目标上往往会存在多个散射中心，由此导致的雷达回波是多个散射中心反射的回波之和。多个散射中心的微动特征反映在时频图和距离像中，具体表现为散射中心的微多普勒和微距离曲线的重叠和交叉等现象。为了利用目标的微动特征信息，需要建立散射中心和微动特征之间的一一对应关系。因此，需要将每个散射中心的微动特征进行提取。

本章主要针对弹道目标微动特征提取展开研究，主要内容安排如下：4.1节针对单个锥形目标的微多普勒分离问题，从图像分离的思想出发，提出了一种基于 NMF 的锥形目标微多普勒提取方法；4.2 节针对群目标的微动特征提取问题，设计了一种基于三维雷达立方体的群目标微动特征提取方法；4.3 节考虑到遮挡或者不完全观测等原因导致的微动信息缺失问题，研究了基于压缩感知和矩阵填充的微动信息修复算法。

4.1 基于 NMF 的锥形目标微多普勒提取

NMF 是一种重要的图像分解方法，已经广泛应用于光谱解混、声源分离及信号降噪等领域。根据目标任务类型，对标准的 NMF 施加不同的约束，形成了稀疏 NMF、图 NMF 以及广义 NMF 等诸多算法。考虑到 NMF 在单通道语音信号分离上已经取得广泛应用，将 NMF 应用于雷达图像分离成为一种创新性的方法。

因此，本节提出一种基于约束 NMF 的微多普勒提取方法。将锥形目标的微多普勒分离问题等效为双源时频图分离，对标准非负矩阵分解引入时间连续性、模糊聚类性以及稀疏性三种约束，形成基于 NMF 的时频图分离方法。对分离后的时频图，采用形态学处理、微多普勒凝聚以及微多普勒拟合等方法，提取散射中心的微多普勒。

4.1.1 微动模型分析与 NMF 基本理论

图 4.1 所示为锥形进动目标，由于目标为旋转对称结构，因此自旋对于微

多普勒的影响可以忽略不计，此时仅需考虑锥旋对目标维多普勒的影响。图 4.1 中锥形目标三个散射中心对应的微多普勒表示为

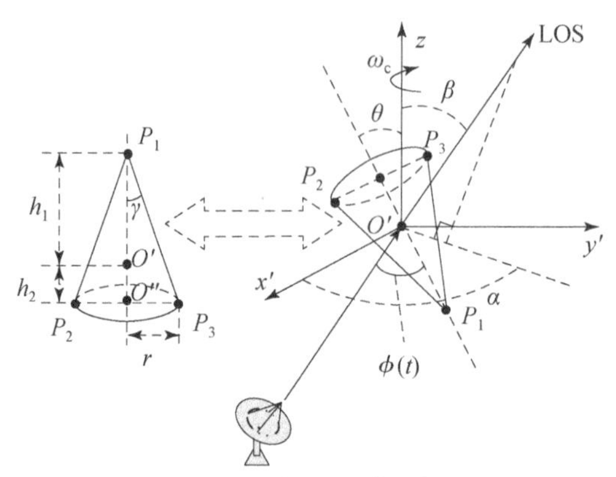

图 4.1　锥形进动目标

$$\begin{cases} f_1 = -2h_1\omega_c\sin\theta\sin\beta\cos(\omega_c t-\alpha)\sin(\phi(t))/\lambda \\ f_{2/3} = 2\omega_c\sin\theta\sin\beta\cos(\omega_c t-\alpha)[h_2\sin(\phi(t)) \pm r\cos(\phi(t))]/\lambda \end{cases} \tag{4.1}$$

式中：f_1 表示散射中心 P_1 对应的微多普勒频率；$f_{2/3}$表示散射中心 P_2 和 P_3 对应的微多普勒频率。

对于在中段飞行的锥形弹头目标，平均视界角 $\phi(t)$满足 $\gamma<\phi(t)<\pi/2$，从而导致了散射中心的遮挡效应，因此 P_3 不能有效地反射回波。因此回波的形式可以改写为

$$x(t) = \sum_{k=1}^{2}\sigma_k\exp\left(\mathrm{j}2\pi\int_0^t f_k(t)\,\mathrm{d}t\right) \tag{4.2}$$

采用 STFT 对锥形目标回波 $x(t)$进行分析，得到回波的时频图可以表示为

$$\boldsymbol{X}(t,f) = \left|\int_{-\infty}^{\infty} x(t+\tau)w(\tau)\mathrm{e}^{-\mathrm{j}2\pi f\tau}\mathrm{d}\tau\right|^2 \approx \boldsymbol{X}' = \boldsymbol{S}_1(t,f)+\boldsymbol{S}_2(t,f) \tag{4.3}$$

在式（4.3）中，目标的时频图可以被近似认为是两个散射中心对应的时频图的线性叠加，从而为基于 NMF 的微多普勒分离奠定了基础。

针对非负矩阵 $\boldsymbol{X}_{M\times N}$（矩阵中每一个元素都是非负的而且是实数），寻找两个矩阵 $\boldsymbol{W}_{M\times K}$和 $\boldsymbol{H}_{K\times N}$，使得 3 个矩阵的关系满足

$$\boldsymbol{X}_{M\times N} \approx \hat{\boldsymbol{X}} = \boldsymbol{W}_{M\times K}\boldsymbol{H}_{K\times N} \quad \text{s. t. } W,H\geqslant 0 \tag{4.4}$$

式中：M 和 N 分别表示行数和列数；K 表示特征数，且 $K\ll\min(M,N)$。将 $\boldsymbol{W}_{M\times K}$理解为基矩阵，每一列表示为一个基向量，$\boldsymbol{H}_{K\times N}$表示为系数矩阵，$\boldsymbol{X}_{K\times N}$

中的每一列为 $\boldsymbol{W}_{M\times K}$ 中基向量的线性组合，系数为 $\boldsymbol{H}_{K\times N}$ 中每一列，式（4.4）的求解过程称为 NMF。

利用 $\|\cdot\|_{\mathrm{F}}$ 作为约束，式（4.4）中的问题可以表示成一个优化问题，其目标函数可以表示为

$$\min_{W,H\geqslant 0}(\boldsymbol{X}\parallel\boldsymbol{WH})=\frac{1}{2}\|\boldsymbol{X}-\boldsymbol{WH}\|_{\mathrm{F}}^{2} \tag{4.5}$$

式中：$\|\cdot\|_{\mathrm{F}}$ 表示求解矩阵的 F 范数。在求解过程中，对 $\boldsymbol{W}$ 进行迭代时固定 $\boldsymbol{H}$，对 $\boldsymbol{H}$ 进行迭代时固定 $\boldsymbol{W}$，称为交替乘法更新准则，是一种计算速度较快的方法。利用这种方法可以得到

$$\begin{cases} w_{m,k}\leftarrow w_{m,k}\dfrac{(\boldsymbol{XH}^{\mathrm{T}})_{m,k}}{(\boldsymbol{WHH}^{\mathrm{T}})_{m,k}} \\ h_{k,n}\leftarrow h_{k,n}\dfrac{(\boldsymbol{W}^{\mathrm{T}}\boldsymbol{X})_{k,n}}{(\boldsymbol{W}^{\mathrm{T}}\boldsymbol{WH})_{k,n}} \end{cases} \tag{4.6}$$

标准的 NMF 由于约束有限，因此其解不唯一。例如，若存在 $\boldsymbol{W}$ 和 $\boldsymbol{H}$ 为式（4.5）的解，则有 $\hat{\boldsymbol{X}}=\boldsymbol{WH}=(\boldsymbol{WS})(\boldsymbol{S}^{-1}\boldsymbol{H})$。也就是说存在可逆矩阵 $\boldsymbol{S}$，使得 $\boldsymbol{W}'=\boldsymbol{WS}$，$\boldsymbol{H}'=\boldsymbol{S}^{-1}\boldsymbol{H}$ 也为式（4.5）的解。

4.1.2　基于约束 NMF 的时频图分离

如式（4.3）所示，STFT 是一种线性时频分析方法，经过 STFT 得到的谱图满足线性叠加，即可近似等于两个散射中心的谱图之和。此外，锥形弹头一般采取底重头轻的设计，因此 P_1 的微多普勒频率一般大于 P_2，P_2 所占据的微多普勒频带包含于 P_1 之中。这两个特点为 NMF 应用与微多普勒的分离奠定了基础。

4.1.2.1　设计理念

当直接应用 NMF 进行微多普勒分离时，需要考虑以下几个问题。

（1）式（4.5）中给出的标准 NMF 算法其解空间不唯一，需要引入额外的约束条件对目标函数进行约束，进而缩小解空间。

（2）当利用时频图进行微多普勒分离时，需要充分考虑时间连续性，从而确保微多普勒的完整性。

（3）隶属于两个不同散射中心的微多普勒在时频图上是相互交叉的，需要考虑交叉点处隶属性的不唯一，从而避免关联错误。

在标准 NMF 的基础上，本节从基矩阵的稀疏性约束、微多普勒连续性约束以及交叉点处的隶属度 3 个角度出发，对 NMF 增加了必要的约束条件，从

而形成了一种约束 NMF 的方法。

(1) 基的稀疏性约束。基矩阵的稀疏性是 NMF 算法中的一个普遍的要求，会直接影响矩阵求解过程中的迭代速度。L_0 范数约束是一个 NP - hard 问题，难以求解。因此普遍采用 L_1 范数来对 L_0 范数进行近似。此外，一些学者提出的分数范数 $L_q(0<q<1)$，可以产生比 L_1 更加稀疏的解。当 $q\to 0$ 时，它越接近于 L_0 约束；$L_q(1/2<q<1)$ 对应的稀疏性随着 q 的增加逐渐下降。本节采用与 $L_{1/2}$ 相似的 $L_{3/2}$ 作为基矩阵稀疏性的约束，其表示为

$$J(\boldsymbol{W}) = \frac{1}{2}\lambda_1 \|\boldsymbol{W}\|_{3/2} = \frac{1}{2}\Big(\sum_{m,n=1}^{M,N} |w_{i,j}|^{3/2}\Big)^{2/3} \tag{4.7}$$

(2) 时间连续性约束。微多普勒是时间连续性信号，标准的 NMF 认为相邻时刻是不相关的，没有考虑这种时间连续性。文献 [1] 采用 $\boldsymbol{H}$ 差分矩阵的 L_2 范数来约束时间连续性。在此基础上，本节利用 $L_{2,1}$ 范数以期实现更强的列稀疏约束，构造时间连续性约束如式 (4.8) 所示：

$$J_1(\boldsymbol{H}) = \frac{1}{2}\lambda_2 \sum_{n=2}^{N}\sum_{m=1}^{M} \sqrt{(h_{m,n} - h_{m,n-1})^2} = \frac{1}{2}\|\boldsymbol{H\Gamma}\|_{2,1} \tag{4.8}$$

式中：$\boldsymbol{\Gamma}$ 为矩阵列差分变换矩阵，可以表示为

$$\boldsymbol{\Gamma} = \begin{bmatrix} -1 & & \\ 1 & \ddots & \\ & \ddots & -1 \\ & & 1 \end{bmatrix}_{N\times(N-1)} \tag{4.9}$$

此外，对于任意大小矩阵 $\boldsymbol{A}_{M\times N}$，其对应的 $L_{2,1}$ 范数具体表示为

$$\|\boldsymbol{A}_{M\times N}\|_{2,1} = \sum_{n=1}^{N}\sqrt{\sum_{m=1}^{M} a_{m,n}^2} \tag{4.10}$$

(3) 系数矩阵的正交性约束。对式 (4.5) 中基矩阵 $\boldsymbol{W}$ 施加正交约束 ($\boldsymbol{W}^{\mathrm{T}}\boldsymbol{W}=\boldsymbol{I}$)，相当于在求解过程中对 $\boldsymbol{X}$ 进行 K - Means 行聚类；对式 (4.5) 中系数矩阵 $\boldsymbol{H}$ 施加正交约束($\boldsymbol{H}^{\mathrm{T}}\boldsymbol{H}=\boldsymbol{I}$)，相当于在求解过程中对 $\boldsymbol{X}$ 进行列 K - Means 聚类。这两种约束下的 NMF 统称为正交非负矩阵分解。微多普勒分离是对每一时刻的频率进行提取，等效为列聚类问题，因此在分离过程中应当对 $\boldsymbol{H}$ 施加正交约束。对于矩阵 $\boldsymbol{H}$，严格正交约束要求 $\boldsymbol{H}$ 中的列向量满足 $\boldsymbol{h}_m^{\mathrm{T}}\boldsymbol{h}_n=1$ 和 $\boldsymbol{h}_m^{\mathrm{T}}\boldsymbol{h}_n=0$。然而，严格正交约束认为每个聚类样本只能属于一个类，而在实际问题中，每个样本应该在所有类中以隶属度的形式来显示类别关系。文献 [2] 提出了近似正交的概念，即要求 $\boldsymbol{H}$ 的列向量仅仅满足 $\boldsymbol{h}_m^{\mathrm{T}}\boldsymbol{h}_n=0$，这种方法可以控制正交程度，相当于采用了模糊聚类的思想。因此，构造近似正交约束为

$$J_2(\boldsymbol{H}) = \sum_{n=1}^{N} \sum_{m \neq n} h_m^{\mathrm{T}} h_n = \frac{1}{2}\lambda_3 \mathrm{tr}(\boldsymbol{H}^{\mathrm{T}}\boldsymbol{Q}\boldsymbol{H}) \tag{4.11}$$

式中：$\boldsymbol{Q} = \boldsymbol{1}_K\boldsymbol{1}_K^{\mathrm{T}} - \boldsymbol{I}$，$\boldsymbol{1}_K$ 是一个长度为 K 的全1列向量，其长度为 $\boldsymbol{H}$ 矩阵的特征个数。

文献［3］采用了聚类分析的方法对谱图进行处理，用来分离信号中的噪声和有用信息。当SNR逐渐增大时，聚类数目越来越小，这表示正交性的约束越来越强。换而言之，λ_3 的值应该越来越大。因此，λ_3 被设置为一个与SNR有关的指数函数。经过少量实验，λ_3 被设置为

$$\lambda_3 = 0.3 + 1.2\mathrm{e}^{-0.2\rho} \tag{4.12}$$

式中：ρ 表示回波的SNR。

4.1.2.2　约束NMF

为了实现基于NMF的微多普勒分离方法，将上述三个约束条件应用于式（4.5），得到改进的NMF目标函数如式（4.13）所示。

$$\min_{W,H\geqslant 0}(\boldsymbol{X} \parallel \boldsymbol{W}\boldsymbol{H}) = \frac{1}{2}\parallel \boldsymbol{X} - \boldsymbol{W}\boldsymbol{H} \parallel_{\mathrm{F}}^2 + \frac{\lambda_1}{2}\parallel \boldsymbol{W} \parallel_{3/2}^{3/2} + \frac{\lambda_2}{2}\parallel \boldsymbol{H}\boldsymbol{T} \parallel_{2,1} + \frac{\lambda_3}{2}\sum_{j=1}^{N}\sum_{i\neq j} h_j^{\mathrm{T}} h_i \tag{4.13}$$

本节采用交替乘子法对式（4.13）进行求解。将式（4.13）中的目标函数由矩阵的迹进行表示，令 $\boldsymbol{W}$，$\boldsymbol{H}$ 对应的拉格朗日乘子分别为 $\boldsymbol{\Phi} = [\phi_{m,n}]$，$\boldsymbol{\varphi} = [\varphi_{ij}]$，得到拉格朗日函数 F 为

$$\begin{aligned} F &= \frac{1}{2}\mathrm{tr}((\boldsymbol{X} - \boldsymbol{W}\boldsymbol{H})(\boldsymbol{X} - \boldsymbol{W}\boldsymbol{H})^{\mathrm{T}}) + \frac{1}{2}\lambda_1\Big(\sum_{i,j=1}^{M,N} |\boldsymbol{w}_{i,j}|^{3/2}\Big) + \\ &\quad \frac{1}{2}\lambda_2 \mathrm{tr}((\boldsymbol{H}\boldsymbol{\Gamma})\boldsymbol{D}(\boldsymbol{H}\boldsymbol{\Gamma})^{\mathrm{T}}) + \frac{1}{2}\lambda_3\mathrm{tr}(\boldsymbol{H}^{\mathrm{T}}\boldsymbol{Q}\boldsymbol{H}) + \mathrm{tr}(\boldsymbol{\Phi}\boldsymbol{W}^{\mathrm{T}}) + \mathrm{tr}(\boldsymbol{\varphi}\boldsymbol{H}) \\ &= \frac{1}{2}\mathrm{tr}(\boldsymbol{X}\boldsymbol{X}^{\mathrm{T}}) - \mathrm{tr}(\boldsymbol{X}\boldsymbol{H}^{\mathrm{T}}\boldsymbol{W}^{\mathrm{T}}) + \frac{1}{2}\mathrm{tr}(\boldsymbol{W}\boldsymbol{H}\boldsymbol{H}^{\mathrm{T}}\boldsymbol{W}^{\mathrm{T}}) + \frac{1}{2}\lambda_1\Big(\sum_{i,j=1}^{M,N} |w_{i,j}|^{3/2}\Big) + \\ &\quad \frac{1}{2}\lambda_2\mathrm{tr}(\boldsymbol{H}\boldsymbol{\Gamma}\boldsymbol{D}\boldsymbol{\Gamma}^{\mathrm{T}}\boldsymbol{H}^{\mathrm{T}}) + \frac{1}{2}\lambda_3\mathrm{tr}(\boldsymbol{H}^{\mathrm{T}}\boldsymbol{Q}\boldsymbol{H}) + \mathrm{tr}(\boldsymbol{\Phi}\boldsymbol{W}^{\mathrm{T}}) + \mathrm{tr}(\boldsymbol{\varphi}\boldsymbol{H}) \end{aligned} \tag{4.14}$$

式中：$\mathrm{tr}(\cdot)$表示求解矩阵的迹。对 F 分别关于 $\boldsymbol{W}$，$\boldsymbol{H}$ 求导，可得

$$\begin{cases} \dfrac{\partial F}{\partial \boldsymbol{W}} = -\boldsymbol{X}\boldsymbol{H}^{\mathrm{T}} + \boldsymbol{W}\boldsymbol{H}\boldsymbol{H}^{\mathrm{T}} + \dfrac{3}{4}\lambda_1 W^{1/2} + \boldsymbol{\Phi} \\ \dfrac{\partial F}{\partial \boldsymbol{H}} = -\boldsymbol{W}^{\mathrm{T}}\boldsymbol{X} + \boldsymbol{W}^{\mathrm{T}}\boldsymbol{W}\boldsymbol{H} + \lambda_2\boldsymbol{H}\boldsymbol{\Gamma}\boldsymbol{D}\boldsymbol{\Gamma}^{\mathrm{T}} + \lambda_3\boldsymbol{Q}\boldsymbol{H} + \boldsymbol{\varphi}^{\mathrm{T}} \end{cases} \tag{4.15}$$

根据KKT条件，取 $\phi_{m,k}w_{m,k} = 0$，$\varphi_{k,n}h_{k,n} = 0$，因此有

$$\begin{cases} -(\boldsymbol{XH}^{\mathrm{T}})_{m,k}w_{m,k}+(\boldsymbol{WHH}^{\mathrm{T}})w_{m,k}+\dfrac{3}{4}\lambda_1(W^{1/2})_{m,k}w_{m,k}=0 \\ -(\boldsymbol{W}^{\mathrm{T}}\boldsymbol{X})_{k,n}h_{k,n}+(\boldsymbol{W}^{\mathrm{T}}\boldsymbol{WH})_{k,n}h_{k,n}+\lambda_2(\boldsymbol{H\Gamma D\Gamma}^{\mathrm{T}})_{k,n}h_{k,n}+\lambda_3(\boldsymbol{QH})_{k,n}h_{k,n}=0 \end{cases} \tag{4.16}$$

因此，得到 $h_{k,n}$的更新准则为

$$h_{k,n}\leftarrow h_{k,n}\frac{(\boldsymbol{W}^{\mathrm{T}}\boldsymbol{X})_{k,n}}{(\boldsymbol{W}^{\mathrm{T}}\boldsymbol{WH})_{k,n}+\lambda_2(\boldsymbol{H\Gamma D\Gamma}^{\mathrm{T}})_{k,n}+\lambda_3(\boldsymbol{QH})_{k,n}} \tag{4.17}$$

在式（4.16）求解的基础上，为了解决分解过程中存在的尺度问题[4]，对 $\boldsymbol{W}$ 进行归一化处理，最终 $w_{m,k}$的迭代方程表示为

$$\begin{cases} w_{m,k}\leftarrow w_{m,k}\dfrac{(\boldsymbol{XH}^{\mathrm{T}})_{m,k}}{(\boldsymbol{WHH}^{\mathrm{T}})+\dfrac{3}{4}\lambda_1(\boldsymbol{W}^{1/2})_{m,k}} \\ w_k\leftarrow\dfrac{w_k}{\|w_k\|} \end{cases} \tag{4.18}$$

4.1.3 微多普勒提取方法

如果不依赖于任何先验信息，直接对两个时频重叠的图像进行分离是非常困难的，需要多次迭代而且难以收敛。在前文提出的约束 NMF 的基础上，充分利用回波的时频信息，本节设计的基于约束 NMF 的微多普勒分离流程主要包含以下两个步骤：一是利用回波时频信息，设计参考信号，利用约束 NMF 算法生成两个散射中心对应的基矩阵；二是在基矩阵固定的前提下，利用式（4.17）中的迭代方法，迭代得到系数矩阵，并重构不同散射中心的时频图。

4.1.3.1 基矩阵的构造

在目标类型和运动模式已知的前提下，选择合适的基矩阵可以有效提高分离效率。因此，首先需要根据回波频谱分布，确定两个散射中心对应的最大微多普勒$\hat{f}_{1\max}$,$\hat{f}_{2\max}$。接着，构建两个基信号 $r_1(t)$和 $r_2(t)$，使得基信号的频带能覆盖待分离信号的频带。最后，采用式（4.3）分别进行短时傅里叶变换得到谱图 $\boldsymbol{S}_{\mathrm{b1}}(t,f)$和 $\boldsymbol{S}_{\mathrm{b2}}(t,f)$。利用式（4.17）和式（4.18）迭代得到

$$\boldsymbol{S}_{\mathrm{b}i}\approx\boldsymbol{W}_{\mathrm{b}i}\boldsymbol{H}_{\mathrm{b}i},\quad i=1,2 \tag{4.19}$$

不考虑 $\boldsymbol{H}_{\mathrm{b1}}$、$\boldsymbol{H}_{\mathrm{b2}}$，保留 $\boldsymbol{W}_{\mathrm{b1}}$、$\boldsymbol{W}_{\mathrm{b2}}$作为两个散射中心对应的基矩阵，为下一步系数矩阵的求解奠定基础。

需要说明的是，在迭代过程中，需要设置初始矩阵基矩阵和系数矩阵。根据文献［5］，初始基矩阵和系数矩阵一般采用对时频图进行奇异值分解

(singular value decomposition, SVD)的方法，将分解后的两个矩阵的 K_1 和 K_2 个左奇异分量构成初始基矩阵，与之对应的右奇异分量构成初始系数矩阵。

4.1.3.2 系数矩阵的迭代

在 $\boldsymbol{W}_{b1}$ 和 $\boldsymbol{W}_{b2}$ 固定的前提下，式（4.13）中的目标函数可以修正为

$$(\boldsymbol{H}_1,\boldsymbol{H}_2)=\mathrm{argminF}(\boldsymbol{X}\parallel\boldsymbol{W}_{b1}\boldsymbol{H}_1+\boldsymbol{W}_{b2}\boldsymbol{H}_2) \tag{4.20}$$

与之相对应，对式（4.17）进行修正可得

$$\begin{aligned}\boldsymbol{H}_1\leftarrow\boldsymbol{H}_1\frac{\boldsymbol{W}_{b2}^{\mathrm{T}}\boldsymbol{X}}{(\boldsymbol{W}_{b1}^{\mathrm{T}}(\boldsymbol{W}_{b1}\boldsymbol{H}_1+\boldsymbol{W}_{b2}\boldsymbol{H}_1))+\lambda_2(\boldsymbol{H}_1\boldsymbol{\Gamma}\boldsymbol{D}_1\boldsymbol{\Gamma}^{\mathrm{T}})+\lambda_3(\boldsymbol{Q}_1\boldsymbol{H}_1)}\\ \boldsymbol{H}_2\leftarrow\boldsymbol{H}_2\frac{\boldsymbol{W}_{b1}^{\mathrm{T}}\boldsymbol{X}}{(\boldsymbol{W}_{b2}^{\mathrm{T}}(\boldsymbol{W}_{b1}\boldsymbol{H}_1+\boldsymbol{W}_{b2}\boldsymbol{H}_1))+\lambda_2(\boldsymbol{H}_2\boldsymbol{\Gamma}\boldsymbol{D}_2\boldsymbol{\Gamma}^{\mathrm{T}})+\lambda_3(\boldsymbol{Q}_2\boldsymbol{H}_2)}\end{aligned} \tag{4.21}$$

利用式（4.21）重构得到 $\boldsymbol{H}_1$，$\boldsymbol{H}_2$，结合基矩阵 $\boldsymbol{W}_{b1}$ 和 $\boldsymbol{W}_{b2}$，根据式（4.22）分别重构出时频图 $\hat{\boldsymbol{S}}_1$ 和 $\hat{\boldsymbol{S}}_2$，则相当于实现了两个散射中心对应的时频图的分离

$$\hat{\boldsymbol{S}}_i=\boldsymbol{W}_{bi}\boldsymbol{H}_i,\quad i=1,2 \tag{4.22}$$

4.1.3.3 微多普勒提取

在得到散射中心的谱图之后，利用谱图提取散射中心对应的微多普勒成为下一个任务。在提取微多普勒的过程中需要考虑两个问题：一是要降低噪声对于信号的影响，二是尽可能准确地提取每一时刻的微多普勒信息。因此，主要采用以下三个步骤对重构后的谱图进行处理。

步骤1：形态学处理。形态学处理是一种广泛应用的图像特征表达和描述的方法。本节中主要采用二值化、最小连通域去除以及图像膨胀三种形态学处理方法对 $\hat{\boldsymbol{S}}_1$ 和 $\hat{\boldsymbol{S}}_2$ 进行处理。其中，二值化的目的是用来消除图像中的微弱噪声的影响，最小连通域去除用来移除信号中孤立的强噪声分量，图像膨胀用来弥补由于上述操作造成的时频图断裂现象。

步骤2：微多普勒凝聚。利用上述步骤可以得到仅仅包含微多普勒信息的时频单元，对上述图像中的时频单元进行凝聚处理，可以提取出每一时刻的有效的微多普勒频率 $\hat{f}(u)$。

在时频图降噪的基础上，根据时频图上真实频率的质心分布特性，采用式（4.23）对每一个时刻对应的时频图进行凝聚，即可提取到目标该时刻的微多普勒。

$$f_{\mathrm{md}}=\sum_m f_m\times\frac{v_{f_m}}{\sum_m v_{f_m}} \tag{4.23}$$

式中：f_m 表示第 m 个频率单元对应的频率值；v_{f_m} 表示该频率单元的幅值．

步骤 3：微多普勒拟合。经过二值化处理后，时频图的部分位置出现比较大的断裂，采用谱图膨胀都无法修复这些区域。这意味着采用式（4.23）仅能提取一部分时刻的微多普勒。从式（4.1）可以看出，$\hat{f}_1(n)$为标准的正弦形式，$\hat{f}_2(n)$则可以近似表示成二阶傅里叶级数。因此，采用傅里叶级数拟合的方法对步骤 2 中得到的有效频率进行拟合，得到最终的微多普勒：

$$\begin{cases}\hat{f}_1(n)=\mathrm{fit}(f_1(u_1),\mathrm{fourier}_1)\\ \hat{f}_2(n)=\mathrm{fit}(f_2(u_2),\mathrm{fourier}_2)\end{cases} \tag{4.24}$$

式中：“fit”表示拟合处理；“$\mathrm{fourier}_1$”表示一阶傅里叶拟合函数；“$\mathrm{fourier}_2$”表示二阶傅里叶拟合函数。至此，本节实现了两个散射中心微多普勒的有效提取。

根据上述的分析，本节中基于约束 NMF 的微多普勒提取方法的流程如图4.2 所示。

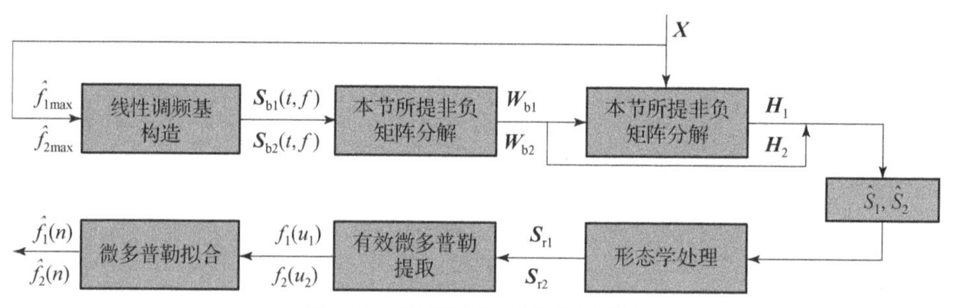

图 4.2　微多普勒提取提流程图

4.1.4　实验结果及分析

设置观测的目标为图 4.1 所示的锥形进动目标，参数值如表 4.1 所列。

表 4.1　仿真参数设置

符号	数值	符号	数值	符号	数值
h_1/m	2	进动角 θ/(°)	10	σ_1	1.4
h_2/m	0.5	ω_c/(rad/s)	5π	σ_2	1
r/m	0.4	PRF/Hz	2000	ρ/dB	10
雷达视线方位 α/(°)	30	载频 f_c/GHz	8	PRT/s	5×10^{-4}
雷达视线俯仰 β/(°)	45	观测时 T_d/s	1	t_r/s	[−0.5 : PRT : 0.5]

根据表4.1所述参数，仿真得到回波的时频图如图4.3所示。

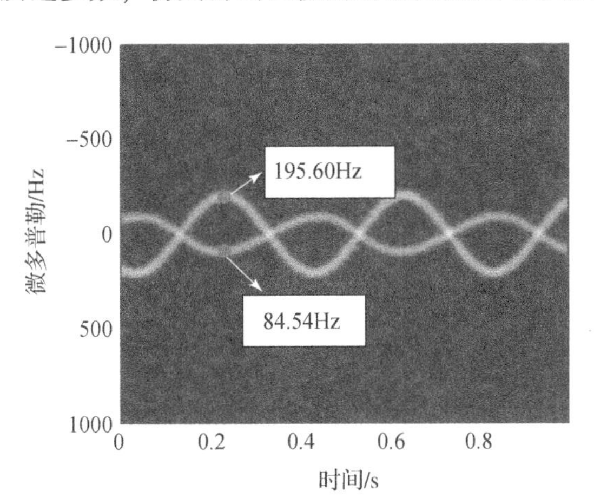

图4.3 锥形目标回波谱图

通过频谱分析，得到两个散射中心对应最大频率$\ddot{f}_{1\max}\approx 195.60\text{Hz}$，$f_{2\max}\approx 84.54\text{Hz}$。因此，构建两个线性调频信号$r_1(t)=\exp(-\text{j}600\pi t_r^{\ 2})$，$r_2(t)=\exp(-\text{j}220\pi t_r^{\ 2})$，$t_r\in[-0.5:\text{PRT}:0.5]$，采用STFT得到两个对应的时频图$\boldsymbol{S}_{r1}(t,f)$和$\boldsymbol{S}_{r2}(t,f)$。设置$K_1=64$，$K_2=32$，采用NMF对两个参考时频图进行分解，得到一组基矩阵$\boldsymbol{W}_{b1}$和$\boldsymbol{W}_{b2}$，其结果如图4.4所示。图4.4上“第一部分基矩阵”表示$\boldsymbol{W}_{b1}$，“第二部分基矩阵”表示$\boldsymbol{W}_{b2}$。

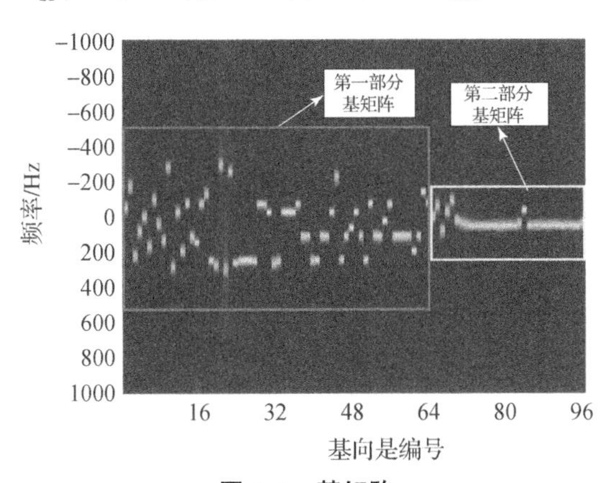

图4.4 基矩阵

在$\boldsymbol{W}_{b1}$和$\boldsymbol{W}_{b2}$保持不变的基础上，采用式（4.21）分别对$\boldsymbol{X}$执行约束NMF。得到$\boldsymbol{H}_1$、$\boldsymbol{H}_2$后，利用式（4.22）对两个散射中心的时频图进行重构，得到重构结果如图4.5所示。

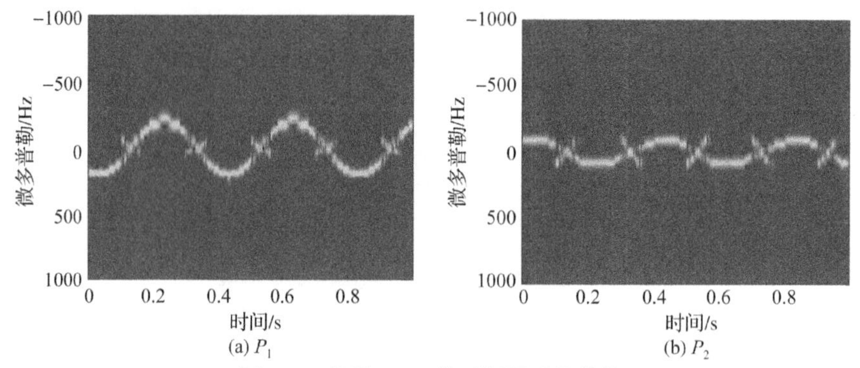

图 4.5　基于 NMF 的时频图重构结构

从图 4.5 可以看出，基于本节所提出的约束 NMF 算法，两个散射中心的时频图得到了较好分离。此外，重构后的时频图上噪点极少，这表明本节的约束 NMF 算法还具备一定的噪声抑制能力。

为了分析本节所提出的约束 NMF 的优势，采用标准 NMF、***H*** 正交 NMF、双正交 NMF 以及稀疏 NMF 等算法对目标的时频图进行分离，结果如图 4.6 至图 4.9 所示。

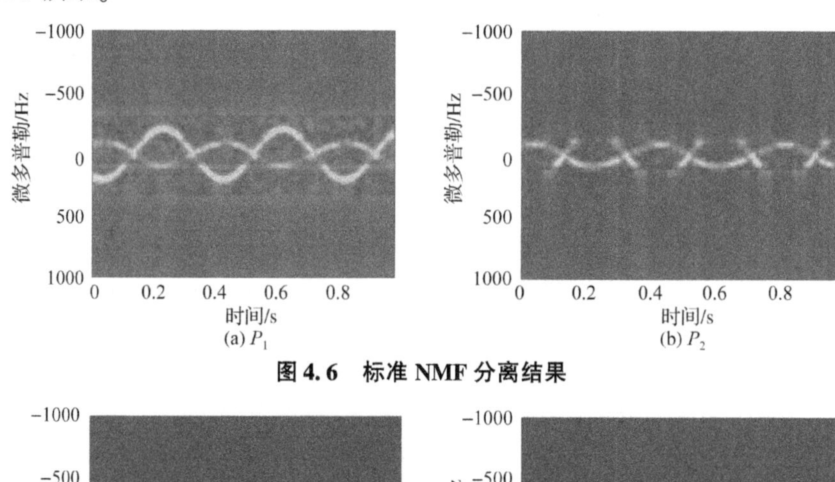

图 4.6　标准 NMF 分离结果

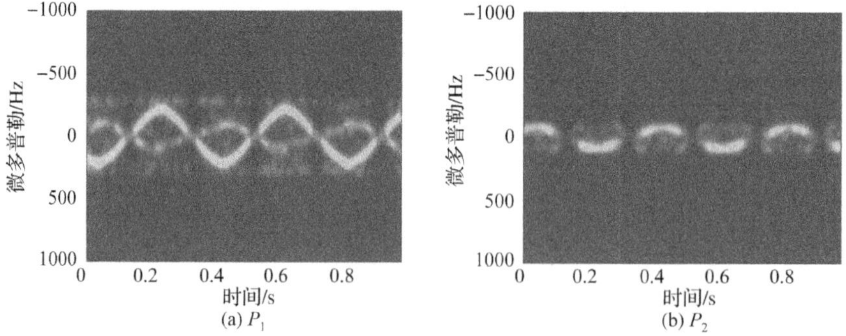

图 4.7　*H* 正交 NMF 分离结果

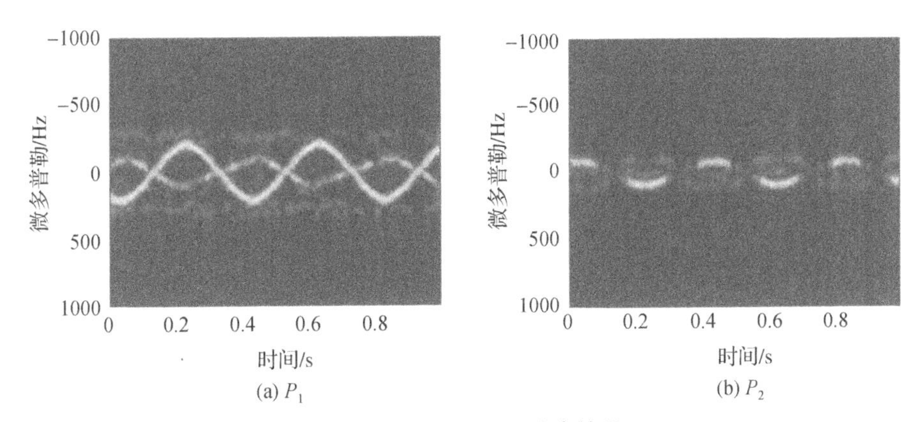

(a) P_1　　(b) P_2

图4.8　双正交NMF分离结果

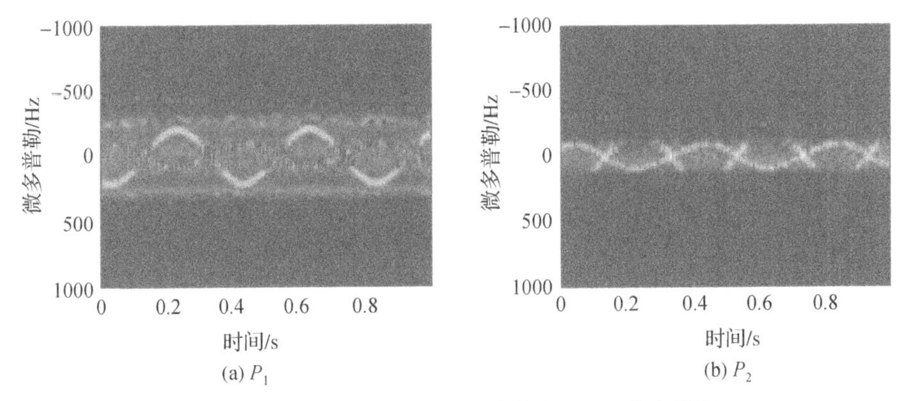

(a) P_1　　(b) P_2

图4.9　稀疏约束NMF（$\boldsymbol{H}$约束为0.4）分离结果

从图4.6至图4.9中的重构结果中，可以得到如下的结论：标准NMF的分离效果最差，重构后的两个谱图中都包含着另一个散射中心的谱图残余分量；$\boldsymbol{H}$正交NMF和双正交NMF的性能类似。散射中心P_1的重构时频图中存在着P_2的残余谱图。散射中心P_2的重构时频图的交叉点处存在明显的断裂现象。因此，这两种方法的分离效果都有待提高；稀疏NMF在分离过程中，P_1多普勒谱范围内重构出大量的噪声。对于P_2，虽然其微多普勒谱图非常完整，但是其中出现了大量的P_1的残差分量。

从上述几种典型NMF算法的分解效果可以看出，标准的NMF及其主流的改进方法无法适应微多普勒谱图的分离。在分离的结果中，有的分离结果产生的谱图是不连续的，如$\boldsymbol{H}$正交和双正交约束，有的则出现了不连续和噪声问题，如稀疏约束NMF。而本节中的算法通过施加相应的约束，较好地解决了上述方法存在的问题。这也说明了本节中三个设计思路的合理性。

虽然主体分量得到了有效的分离，但是在时频点交叉处还存在其他分量的干扰。其中干扰分量的强度较弱，且以孤立点的形式存在。因此，需要对谱图进行进一步处理，从而提取有效的微多普勒信息。采用形态学处理、最小连通域去除以及微多普勒拟合，得到最终的结果如图4.10所示。

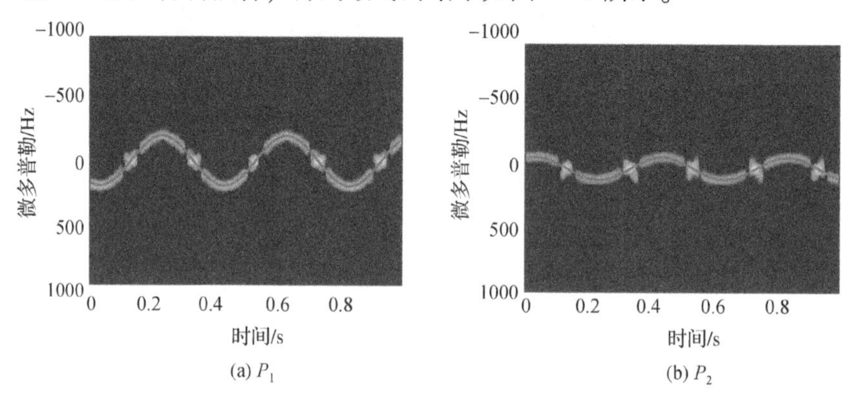

(a) P_1　(b) P_2

图4.10　微多普勒提取结果

图4.10中，两幅图像中的背景表示形态学处理后得到的谱图，其中的实曲线表示拟合出的微多普勒。与图4.5相比，图4.10中表明经过形态学处理后，时频图中的噪声分量和一些干扰分量得到了有效去除，时频图中仅包含散射中心的主体时频脊线。

本节中对NMF提出了相应的约束，而且每种约束都有对应的权值。因此，本节对这些权值对应的图像分离结果的影响进行了分析。设置 $\lambda_2=0$，然后分析 λ_1 对算法性能的影响，其结果如图4.11（a）所示。同样地，令 $\lambda_1=0$，分析 λ_2 对于算法性能的影响，结果如图4.11（b）所示。

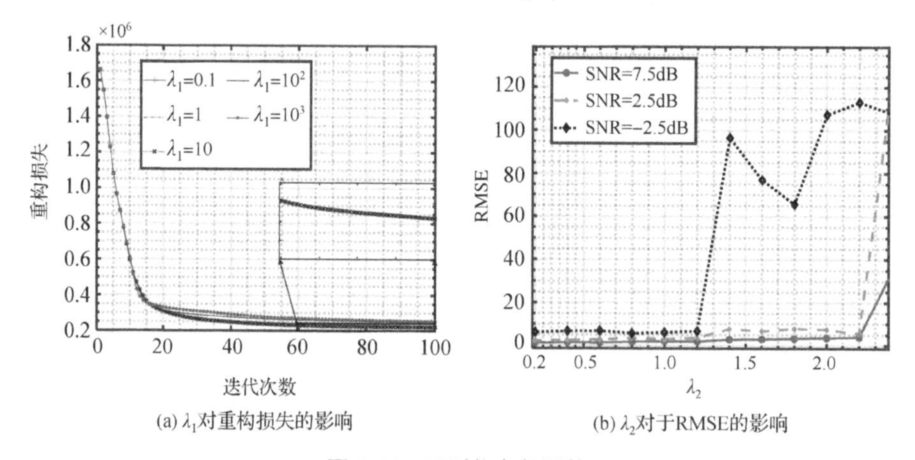

(a) λ_1对重构损失的影响　(b) λ_2对于RMSE的影响

图4.11　正则化参数调整

从图4.11（a）中可以看出，当 λ_1 处于0.1～10时，经过80次迭代以后，提出算法的重构损失基本保持稳定；当 λ_1 处于 $10^2 \sim 10^3$ 时，算法的重构损失相对较大，而且收敛速度相对较慢。因此在本节的算法中设置 $\lambda_1 = 0.2$。同理，分析了 λ_2 对于提取结果的影响结果如图4.11（b）所示，当 $\lambda_2 > 0.2$ 时，在高SNR条件下RMSE的波动较小，在低SNR条件下RMSE的变化非常不规律。根据 λ_2 的变化情况，在本节的算法中设置 $\lambda_2 = 0.6$。

为了进一步分析算法的性能，将本节所提出的算法同两种算法进行对比。这两种算法分别是基于时频脊线重排和本征线性调频分量分解（ridge path regrouping and intrinsic chirp component decomposition，RPRG－ICCD）的瞬时频率提取[6]、基于拟最大似然估计－随机一致性（quasi maximum likelihood－random samples consensus，QML－RANSAC）[7]的瞬时频率提取方法以及与Iradon变换的瞬时频率提取[8]。

以RMSE和重构信噪比（reconstructed signal to noise rate，RSNR）为指标，分别在不同的SNR条件下采用本节所提出的算法、RPRG－ICCD、Iradon和RANSAC对目标时频图的微多普勒进行提取，其结果如图4.12所示。

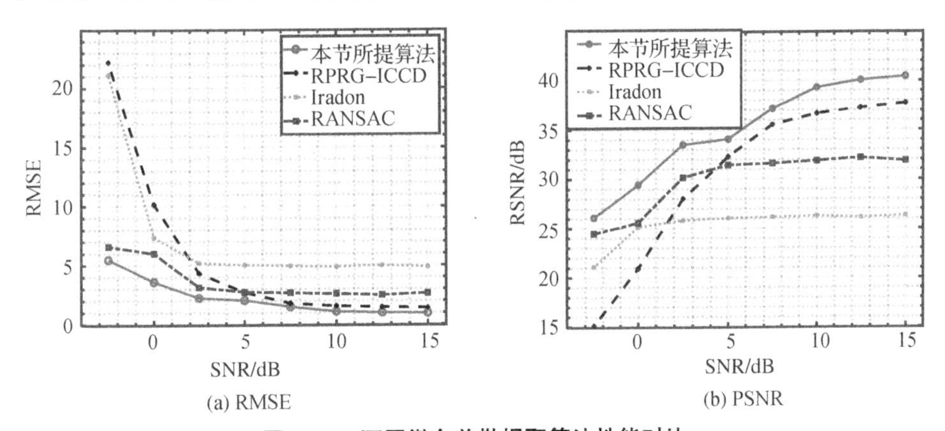

(a) RMSE　　(b) PSNR

图4.12　不同微多普勒提取算法性能对比

当 $5\text{dB} < \rho \leq 15\text{dB}$，无论是从RSNR上进行对比还是从RMSE上进行对比，本节所提出的微多普勒提取方法是4种方法中最好的。Iradon算法的表现较差是因为它与散射中心 P_2 的微多普勒参数不匹配。由于高精度的时频脊线检测，RPRG－ICCD算法的提取性能也非常好，而且性能优于RANSAC算法。当SNR的范围为 $-2.5\text{dB} < \rho \leq 5\text{dB}$，随着SNR的下降各种算法出现了不同程度上的性能下降。特别是对于PRPG－ICCD算法，在强噪声环境下脊线几乎无法准确检测。RANSAC算法在一定程度上不受噪声单元的影响，因此其性能优于PRPG－ICCD算法。相比之下，本节所提的算法也具备一定的噪声抵抗能力，

因此在低 SNR 条件下也具有相对较好的微多普勒提取性能。总体来看，尽管本节所提算法需要对矩阵进行多次迭代，存在一定的计算负担，但是算法具有较好的微多普勒提取性能，而且稳健性相对较高。

4.2 基于三维雷达立方体的群目标特征提取

弹道目标在飞行时会释放大量的诱饵、假目标等干扰，形成复杂的目标群。图 4.13 为多个锥形目标的微动模型。假设目标 1 为锥旋诱饵目标，目标 2 为进动弹头目标，目标 3 为模拟进动弹头运动的诱饵目标，但其运动参数与目标 2 不同。

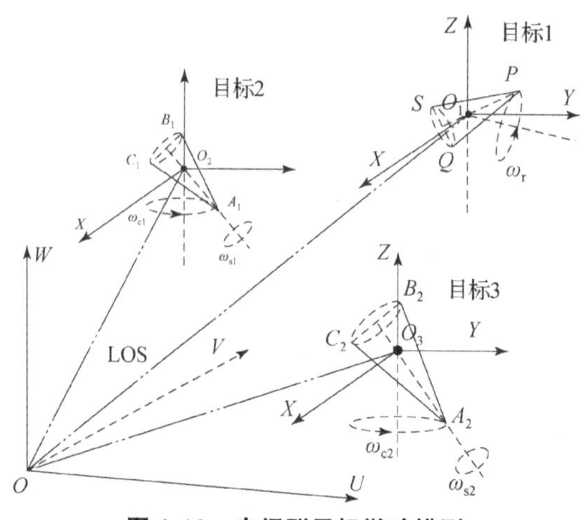

图 4.13　空间群目标微动模型

对于目标 1，根据电磁散射理论，锥形诱饵目标的散射总场近似等于 P、S 和 Q 三个 LSC 的叠加。在分析中，以 P 点为例。图 4.13 中符号的定义如下：$O-UVW$ 和 O_1-XYZ 是满足右手螺旋定则的坐标系。将通过 O_1 点的直线作为目标的旋转轴，目标对称轴与坐标轴 O_1-X 和 O_1-Y 之间的夹角分别是 α 和 β，O_1-XYZ 和 LOS 之间的方位和俯仰角分别为 α' 和 β'。锥旋角速度大小定义为 ω_r。

在时间 t 时，散射中心 P 的微距离 r_P 和微多普勒 f_{dP} 可以表示为

$$\begin{cases} r_P(t) = r_s + A_s \sin(\omega_r t + \varphi_s) \\ f_{dP}(t) = \dfrac{2}{\lambda}\dfrac{dr_p(t)}{dt} = \dfrac{2\omega_r A_s \cos(\omega_r t + \varphi_s)}{\lambda} \end{cases} \tag{4.25}$$

式中：r_s、A_s、φ_s 为等效出的初始距离、振幅以及相位；λ 为雷达信号波长。

从式（4.25）中可以看出，目标 1 局部散射中心的微距离及微多普勒符合正弦调制规律。

对于目标 2 和目标 3，根据电磁散射理论，进动状态下锥形战斗部的散射总场近似等于 SSCE 和 LSC 的总和。在模型中，A_1 和 A_2 点都位于目标的顶部，均可认定为 LSC，而 B_1、B_2、C_1、C_2 位于目标的底部边缘，这四个等效散射中心均可认定为随着目标的运动在底部滑动。为了便于分析，将战斗部的质心设置在坐标系的原点。下面以目标 2 为例进行分析，假设目标锥旋角速度为 ω_{c1}，自旋角速度为 ω_{s1}，目标对称轴与 O_2-X 和 O_2-Y 之间的夹角分别是 α 和 β，O_2-Z 与 LOS 之间的夹角为 θ_0。

由此得到 A_1 点的微距离和微多普勒可以表示为[9]

$$\begin{cases} r_{A_1}=h_1F(t) \\ f_{A_1\mathrm{d}}=\dfrac{2\omega_{c1}h_1\sin\gamma\sin\theta_0\cos(\omega_{c1}t+\alpha)}{\lambda} \end{cases} \tag{4.26}$$

式中：h_1 为锥顶到目标质心的高度；t 是时间变量；$F(t)$ 为平均视线角的余弦表达式，具体可以写为

$$F(t)=\sin\gamma\sin\theta_0\sin(\omega_{c1}t+\alpha)+\cos\gamma\cos\theta_0 \tag{4.27}$$

由式（4.27）可知，锥形目标 LSC 的微多普勒特性也符合正弦调制规律。

对于 SSCE，微距离和微多普勒可以改写为

$$\begin{cases} r_{B_1/C_1}=-h_2F(t)\pm r\sqrt{1-F^2(t)} \\ f_{B_1\mathrm{d}/C_1\mathrm{d}}=-\dfrac{2\omega_{c1}\sin\gamma\sin\theta_0\cos(\omega_{c1}t+\alpha)}{\lambda}\left\{h_2\pm r\dfrac{F(t)}{\sqrt{1-F^2(t)}}\right\} \end{cases} \tag{4.28}$$

式中：h_2 表示目标质心到锥底的高度；r 为底面半径。

由式（4.28）可知，锥形目标中滑动型散射中心的微多普勒是周期性的，但不符合正弦调制规律。

群目标回波可以等效为单个目标信号在时间 - 距离域和时频域上的叠加，根据式（4.25）、式（4.26）和式（4.28）可以推导出群目标整体回波的微距离及微多普勒变化，具体表达式为

$$\begin{cases} r_{\mathrm{group}}(t)=\sum\limits_{i=1}^{n_1}[r_{si}+A_{si}\sin(\omega_{ri}t+\varphi_{si})]+\sum\limits_{j=1}^{n_2}h_{1j}F_j(t)+ \\ \qquad\sum\limits_{q=1}^{n_3}\left[-h_{2q}F_q(t)\pm r_q\sqrt{1-F_q^{\,2}(t)}\right] \\ f_{\mathrm{group}}(t)=\sum\limits_{i=1}^{n_1}\left[\dfrac{2\omega_{ri}A_{si}\cos(\omega_{ri}t+\varphi_{si})}{\lambda}\right]+\sum\limits_{j=1}^{n_2}\left[\dfrac{2\omega_{cj}h_{1j}\sin\gamma_j\sin\theta_{0j}\cos(\omega_{cj}t+\alpha_j)}{\lambda}\right]+ \\ \qquad\sum\limits_{q=1}^{n_3}\left[-\dfrac{2\omega_{cq}\sin\gamma_q\sin\theta_{0q}\cos(\omega_{cq}t+\alpha_q)}{\lambda}\left\{h_{2q}\pm r_q\dfrac{F_q(t)}{\sqrt{1-F_q^{\,2}(t)}}\right\}\right] \end{cases} \tag{4.29}$$

式中：n_1 表示锥旋、摆动、翻滚目标的 LSC 数量；n_2 表示进动目标的 LSC 数量；n_3 表示进动目标的 SSCE 数量。

由式（4.29）可知，群目标雷达回波信号中的微距离和微多普勒受单个目标的几何外形、LOS 与目标运动轴之间的夹角、目标运动频率、雷达载频、雷达波长等因素调制。

4.2.1 基于压缩感知的空间群目标 RD 序列生成

为了准确获取距离 – 频率 – 时间雷达数据立方体，实现具有高聚焦的 RD 成像至关重要。在雷达应用中，为了获取高分辨率的 RD 像，广泛采用较长的相干处理间隔（coherent processing interval，CPI）和宽带信号。但是，相应地，雷达数据量也会显著增加。通常，RD 像视为一个稀疏的二维矩阵，因此可以合理地使用稀疏重构算法实现 RD 成像。

此外，一些文献提出了二维稀疏重构方法，例如二维平滑 L0（two – dimensional smoothed L0，2D SL0）算法[10]和二维连续块原始对偶有效集（two – dimensional group primal dual active set with continuation，2D GPDASC）算法[11]，这些算法可以实现直接在二维域重建稀疏矩阵。

4.2.1.1 RD 序列

如图 4.14 所示，可以对雷达回波信号进行以下处理得到 RD 序列。

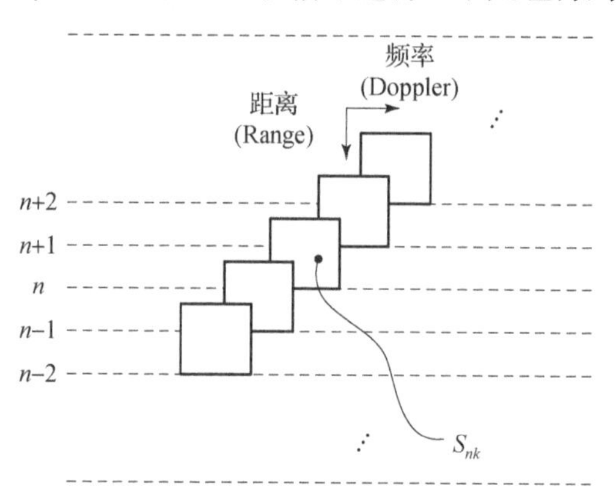

图 4.14　RD 序列示意图

假设雷达发射 LFM 信号，第 k 个散射中心在第 n 个 RD 序列帧中的回波信号可以表示为

$$s_{nk}(\hat{t},t_n) = \sum_k \sigma_k \mathrm{rect}\left(\frac{\hat{t} - 2R_k(t_n)/c}{T_\mathrm{p}}\right)\cdot \exp\left(\mathrm{j}2\pi\left(f_\mathrm{c}\left(t - \frac{2R_k(t_n)}{c}\right) + \frac{1}{2}\mu\left(\hat{t} - \frac{2R_k(t_n)}{c}\right)^2\right)\right) \tag{4.30}$$

式中：$\hat{t}$ 代表快时间；t_n 代表第 n 个 RD 序列帧中的慢时间；c 为光速；μ 是信号调频率；f_c 为载波频率；T_p 代表脉冲宽带；σ_k 是第 k 个散射中心的散射系数；$R_k(t_n)$代表在慢时间 t_n 时目标与雷达之间的距离。

参考信号可以表示为

$$s_{ref}(\hat{t},t_n) = \mathrm{rect}\left(\frac{\hat{t}-2R_{ref}/c}{T_p}\right)\exp\left\{\mathrm{j}2\pi\left(f_c\left(\hat{t}-\frac{2R_{ref}}{c}\right)+\frac{1}{2}\mu\left(\hat{t}-\frac{2R_{ref}}{c}\right)^2\right)\right\} \tag{4.31}$$

式中：R_{ref}代表雷达与参考点之间的距离。

经过“dechirp”处理后，信号可以表示为

$$\begin{aligned} s_{nk}(\hat{t},t_n) = & \sum_k \sigma_k \mathrm{rect}\left(\frac{\hat{t}-t_k}{T_p}\right)\cdot\exp\left\{-\mathrm{j}\frac{4\pi\mu}{c}\left(\hat{t}-\frac{2R_{ref}}{c}\right)R_{\Delta k}(t_n)\right\}\cdot \\ & \exp\left\{-\mathrm{j}\frac{4\pi f_c}{c}R_{\Delta k}(t_n)\right\}\exp\left\{\mathrm{j}\frac{4\pi\mu}{c^2}R_{\Delta k}^2(t_n)\right\} \end{aligned} \tag{4.32}$$

式中：$R_{\Delta k}(t_n) = R_k(t_n) - R_{ref}$。

将$(\hat{t}-2R_{ref}/c)$替换为 $\hat{t}'$，再对式（4.32）关于 $\hat{t}'$进行傅里叶变换，即可获得目标的 HRRP 为

$$s_{nkf}(f,t_n) = \sum_k \sigma_k T_p \mathrm{sinc}\left[\tau\left(f+\frac{2\mu}{c}R_{\Delta k}(t_n)\right)\right]\exp\left\{-\mathrm{j}\frac{4\pi f_c}{c}R_{\Delta k}(t_n)\right\} \tag{4.33}$$

传统 RD 算法表明，通过对式（4.33）进行快速傅里叶变换[12]，可以得到目标的 RD 序列像。然而，对于传统 RD 算法，由于空间目标的旋转速度比普通转台模型快得多，脉冲数量不足会给方位角压缩带来困难。因此，采用稀疏重构方法对目标信号进行重构。

4.2.1.2　基于自适应正则化参数的二维平滑 L0 算法

假设一个已知的一维信号向量 $s \in \mathbb{C}^{M\times 1}$，可以表示为

$$\boldsymbol{s} = \boldsymbol{\Phi x} \tag{4.34}$$

式中：$\boldsymbol{\Phi} \in \mathbb{C}^{M\times N}$代表冗余字典矩阵，且满足 $M<N$。$\boldsymbol{x} \in \mathbb{C}^{N\times 1}$为未知的稀疏向量。

可通过以下优化问题求解

$$\min \|\boldsymbol{x}\|_0 \text{s. t. } \boldsymbol{s} = \boldsymbol{\Phi x} \tag{4.35}$$

式中：$\|\cdot\|_0$ 代表向量的 L_0 范数。

由于 L_0 范数的最小化是非凸的，故求解这个优化问题是 NP（Non - Polynomial）困难的。为克服这一困难，非凸优化算法使用一系列非凸函数来逼近 L_0 范数。例如，在 SL0 算法中使用以下函数族进行近似 $\|\boldsymbol{x}\|_0$，即

$$f_\vartheta(x) = \sum_{n=1}^{N}\exp\left(-\frac{{x_n}^2}{2\vartheta^2}\right) \tag{4.36}$$

式中：ϑ 用于确定函数的逼近程度。即 ϑ 的值越大，$f_\vartheta(\boldsymbol{x})$ 越平滑，但逼近 L_0 范数的效果越差。选择一个较小值的 ϑ，可以通过最大化 $f_\vartheta(\boldsymbol{x})$ 找到最小 L_0 范数的解。

文献［13］表明，SL0 算法近似于不连续的 L_0 范数，并通过连续函数的最小值算法进行求解。从 $\boldsymbol{s} \in \mathbb{C}^{M \times 1}$ 中重构出 $\boldsymbol{x} \in \mathbb{C}^{N \times 1}$，SL0 算法具有比传统竞争算法更快的求解速度。

根据文献［14］，获取目标的 RD 像可以转化为一个稀疏矩阵重构问题。假设 $\boldsymbol{X} \in \mathbb{R}^{\bar{M} \times \bar{N}}$ 是一个未知的 2D 稀疏 RD 矩阵，$\boldsymbol{S} \in \mathbb{R}^{M \times N}$ 为一个已知的信号矩阵，并且 M、N、$\bar{M}$、$\bar{N}$ 代表矩阵维度，则雷达回波信号可以表示为

$$\boldsymbol{S} = \boldsymbol{A}\boldsymbol{X}\boldsymbol{B}^{\mathrm{T}} \tag{4.37}$$

式中：$(\cdot)^{\mathrm{T}}$ 代表矩阵的转置；$\boldsymbol{A} \in \mathbb{R}^{M \times \bar{M}}$ 和 $\boldsymbol{B} \in \mathbb{R}^{N \times \bar{N}}$ 分别代表距离和方位向的部分傅里叶矩阵，可以由下式给出

$$\boldsymbol{A} = \begin{bmatrix} 1 & 1 & \cdots & 1 \\ 1 & \varpi & \cdots & \varpi^{(\bar{M}-1)} \\ \vdots & \vdots & & \vdots \\ 1 & \varpi^{(M-1)} & \cdots & \varpi^{(M-1)(\bar{M}-1)} \end{bmatrix}_{M \times \bar{M}}, \varpi = \exp\left(-\mathrm{j}\frac{2\pi}{\bar{M}}\right) \tag{4.38}$$

$$\boldsymbol{B} = \begin{bmatrix} 1 & 1 & \cdots & 1 \\ 1 & \nu & \cdots & \nu^{(\bar{N}-1)} \\ \vdots & \vdots & & \vdots \\ 1 & \nu^{(N-1)} & \cdots & \nu^{(N-1)(\bar{N}-1)} \end{bmatrix}_{N \times \bar{N}}, \nu = \exp\left(-\mathrm{j}\frac{2\pi}{\bar{N}}\right) \tag{4.39}$$

当满足 $M < \bar{M}$ 和 $N < \bar{N}$ 时，式（4.37）是欠定的，没有唯一解。可以将二维信号转换为一维稀疏模型得到式（4.37）的解，具体表达式为

$$\mathrm{vec}(\boldsymbol{S}) = (\boldsymbol{B} \otimes \boldsymbol{A})\,\mathrm{vec}(\boldsymbol{X}) = \boldsymbol{\Phi}\boldsymbol{x} \tag{4.40}$$

式中：$\otimes$代表克罗内克积；$\mathrm{vec}(\cdot)$为矩阵的向量化操作。

接着，可以使用传统的一维稀疏重建算法（如 OMP 和 SL0）实现信号的重构。然而，由于此时的冗余字典矩阵 $\boldsymbol{\Phi} = (\boldsymbol{B} \otimes \boldsymbol{A}) \in \mathbb{R}^{MN \times \bar{M}\bar{N}}$ 的维度远远大于 $\boldsymbol{A} \in \mathbb{R}^{M \times \bar{M}}$ 和 $\boldsymbol{B} \in \mathbb{R}^{N \times \bar{N}}$，一维稀疏重建算法需要极大的内存和计算量，会导致算法的计算时间显著增加。为减少计算量，提出了一种对 RD 矩阵直接重构的稀疏重构算法。

对于二维稀疏矩阵，SL0 中的非凸函数可以表示为

$$F_{\vartheta}(\boldsymbol{X}) = \sum_{\bar{m}=1}^{\bar{M}} \sum_{\bar{n}=1}^{\bar{N}} \exp\left(-\frac{\boldsymbol{X}_{\bar{m}\bar{n}}^{2}}{2\vartheta^{2}}\right) \tag{4.41}$$

与一维连续函数族$f_{\vartheta}(x)$相似，ϑ 的值越大，$F_{\vartheta}(\boldsymbol{X})$越平滑，但逼近 L0 范数的效果越差。

下面首先对稀疏矩阵的初始化进行推导。假设$\hat{\boldsymbol{X}}_0$ 是初始稀疏矩阵，式（4.40）可以表示为

$$\mathrm{vec}(\hat{\boldsymbol{X}}_0) = \boldsymbol{\Phi}^{+}\mathrm{vec}(\boldsymbol{S}) = (\boldsymbol{B}^{+} \otimes \boldsymbol{A}^{+})\mathrm{vec}(\boldsymbol{S}) = \mathrm{vec}(\boldsymbol{A}^{+}\boldsymbol{S}(\boldsymbol{B}^{+})^{\mathrm{T}}) \tag{4.42}$$

式中：$(\cdot)^{+}$代表矩阵的伪逆。

基于式（4.42），可以得到稀疏矩阵的初始化为：$\hat{\boldsymbol{X}}_0 = \boldsymbol{A}^{+}\boldsymbol{S}(\boldsymbol{B}^{+})^{\mathrm{T}}$。

对于2D SL0 算法，稀疏重建问题可转化为求解下式

$$\max_{\boldsymbol{X}} F_{\vartheta}(\boldsymbol{X})\ \mathrm{s.t.}\ \|\boldsymbol{AXB}^{\mathrm{T}} - \boldsymbol{S}\|_{\mathrm{F}} \leqslant \delta \tag{4.43}$$

式中：δ 是可接受误差值；$\|\cdot\|_{\mathrm{F}}$ 代表矩阵范数。在实际应用中，δ 的取值是噪声水平的上界。

与 SL0 算法类似，基于自适应正则化参数的二维平滑 L0 算法（two - dimension adaptive regularized smoothed L0 norm algorithm，2D AReSL0）也由两个迭代组成，分别称为外部循环和内部循环。这两个循环相互关联嵌套，从而获得全局最优解。外部循环是 ϑ 的递减序列。内循环的目的是在固定 ϑ 值后，找到 $\mathrm{F}_{\vartheta}(\boldsymbol{X})$的最大值。

$\mathrm{F}_{\vartheta}(\boldsymbol{X})$的最大化在每个内循环中由两个步骤组成：梯度上升和到可行集的投影。

梯度上升步骤可以表示为

$$\hat{\boldsymbol{X}} = \boldsymbol{X} + \rho\vartheta^{2}\nabla F_{\vartheta}(\boldsymbol{X}) \tag{4.44}$$

式中：$\hat{\boldsymbol{X}}$ 代表 $\boldsymbol{X}$ 的更新值；ρ 是一个小的常数；$\nabla F_{\vartheta}(\boldsymbol{X})$为 $F_{\vartheta}(\boldsymbol{X})$的梯度。

同时，为了减少计算成本，梯度上升步骤的重复次数通常固定并取一个较小的常数 $\bar{K}$。

假设 $\boldsymbol{X}^{(j)}$代表 $\vartheta = \vartheta_j$ 时的重构矩阵，对可行集进行投影是为了解决下面的问题：

$$\min_{\boldsymbol{X}^{(j)}} \|\boldsymbol{X}^{(j)} - \hat{\boldsymbol{X}}\|_{\mathrm{F}}\ \mathrm{s.t.}\ \|\boldsymbol{AX}^{(j)}\boldsymbol{B}^{\mathrm{T}} - \boldsymbol{S}\|_{\mathrm{F}} \leqslant \delta \tag{4.45}$$

为了求解近似解，根据文献［13］，式（4.45）的拉格朗日形式可以表示为

$$\hat{\boldsymbol{X}}^{(j)}=\arg\min_{\boldsymbol{X}^{(j)}}(\|\boldsymbol{X}^{(j)}-\hat{\boldsymbol{X}}\|_{\mathrm{F}}^{2}+\lambda\|\boldsymbol{A}\boldsymbol{X}^{(j)}\boldsymbol{B}^{\mathrm{T}}-\boldsymbol{S}\|_{\mathrm{F}}^{2}) \tag{4.46}$$

式中：$\lambda>0$ 代表正则化参数。

式（4.46）中的第一项表示$\hat{\boldsymbol{X}}^{(j)}$的稀疏性，第二项表示残差最小化的近似，$\lambda$在式（4.46）中起平衡作用。实际上，稀疏信号的重构性能会受到噪声的影响。因此，在考虑未知噪声影响的情况下，如何选择合适的正则化参数λ是一个关键问题。

式（4.46）中的$\|\boldsymbol{X}^{(j)}-\hat{\boldsymbol{X}}\|_{\mathrm{F}}^{2}+\lambda\|\boldsymbol{A}\boldsymbol{X}^{(j)}\boldsymbol{B}^{\mathrm{T}}-\boldsymbol{S}\|_{\mathrm{F}}^{2}$可以改写为

$$G(\boldsymbol{X}^{(j)},\lambda)=\|\boldsymbol{X}^{(j)}-\hat{\boldsymbol{X}}\|_{\mathrm{F}}^{2}+\lambda\|\boldsymbol{A}\boldsymbol{X}^{(j)}\boldsymbol{B}^{\mathrm{T}}-\boldsymbol{S}\|_{\mathrm{F}}^{2} \tag{4.47}$$

$G(\boldsymbol{X}^{(j)},\lambda)$的导数可以表示为

$$\frac{\partial G(\boldsymbol{X}^{(j)},\lambda)}{\partial \boldsymbol{X}^{(j)}}=2[(\boldsymbol{X}^{(j)}-\hat{\boldsymbol{X}})+\lambda(\boldsymbol{A}^{\mathrm{H}}\boldsymbol{A}\boldsymbol{X}^{(j)}\boldsymbol{B}^{\mathrm{H}}\boldsymbol{B}-\boldsymbol{A}^{\mathrm{H}}\boldsymbol{S}\boldsymbol{B})] \tag{4.48}$$

矩阵$\boldsymbol{A}\in\mathbb{R}^{M\times\overline{M}}$和$\boldsymbol{B}\in\mathbb{R}^{N\times\overline{N}}$作为局部傅里叶矩阵，即分别满足$\boldsymbol{A}\boldsymbol{A}^{\mathrm{H}}=\boldsymbol{I}$，$\boldsymbol{B}\boldsymbol{B}^{\mathrm{H}}=\boldsymbol{I}$。因此，将式（4.48）置零，可以得到如下结果：

$$(\boldsymbol{X}^{(j)}-\hat{\boldsymbol{X}})+\lambda(\boldsymbol{X}^{(j)}-\boldsymbol{A}^{\mathrm{H}}\boldsymbol{S}\boldsymbol{B})=0 \tag{4.49}$$

取式（4.49）的矩阵范数可得

$$\lambda=\|\hat{\boldsymbol{X}}-\boldsymbol{X}^{(j)}\|_{\mathrm{F}}/\|\boldsymbol{X}^{(j)}-\boldsymbol{A}^{\mathrm{H}}\boldsymbol{S}\boldsymbol{B}\|_{\mathrm{F}} \tag{4.50}$$

根据式（4.50），正则化参数λ取决于$\boldsymbol{X}^{(j)}$的结果。然而，$\boldsymbol{X}^{(j)}$的值无法在这个迭代过程中获取。为了简化计算，将从上一个迭代$\vartheta=\vartheta_{j-1}$中获取的$\hat{\boldsymbol{X}}^{(j-1)}$来替代式（4.50）分子上的$\boldsymbol{X}^{(j)}$，从上一个梯度上升步骤中得到的$\hat{\boldsymbol{X}}$来替代式（4.50）分母上的$\boldsymbol{X}^{(j)}$，式（4.50）可以改写为

$$\hat{\lambda}=\|\hat{\boldsymbol{X}}-\hat{\boldsymbol{X}}^{(j-1)}\|_{\mathrm{F}}/\|\hat{\boldsymbol{X}}-\boldsymbol{A}^{\mathrm{H}}\boldsymbol{S}\boldsymbol{B}\|_{\mathrm{F}} \tag{4.51}$$

式中：λ代表正则化参数的估计值。

根据式（4.51）可以看到，正则化参数可以在迭代过程中自适应更新，这有助于更有效地平衡$\hat{\boldsymbol{X}}$的拟合解和残差。

将得到的正则化参数的估计值$\hat{\lambda}$代入式（4.49），二维稀疏信号的精确估计定义如下

$$\hat{\boldsymbol{X}}^{(j)}=[(1+\hat{\lambda})\boldsymbol{I}]^{-1}(\hat{\boldsymbol{X}}+\hat{\lambda}\boldsymbol{A}^{\mathrm{H}}\boldsymbol{S}\boldsymbol{B}) \tag{4.52}$$

根据上述分析，可以得到2D AReSL0算法的完整流程如下：

步骤1：初始化。

令初始稀疏矩阵为$\hat{\boldsymbol{X}}_0=\boldsymbol{A}^{+}\boldsymbol{S}(\boldsymbol{B}^{+})^{\mathrm{T}}$。

步骤 2：设置参数 ϑ。

为参数 ϑ 设置一个递减序列 $\vartheta=[\vartheta_1,\vartheta_2,\cdots,\vartheta_J]$。

步骤 3：循环迭代。

（1）设置 $j=1,2,\cdots,J$，令 $\vartheta=\vartheta_j$；

（2）初始化赋值：$\boldsymbol{X}=\hat{\boldsymbol{X}}^{(j-1)}$；

（3）用梯度上升法求函数最大值，共进行 $\bar{K}$ 次迭代。

当 $\bar{k}=1,2,\cdots,\bar{K}$ 时：

（a）令 $\hat{\boldsymbol{X}}\leftarrow\boldsymbol{X}+\rho\vartheta^2\nabla F_{\vartheta}(\boldsymbol{X})$，其中 ρ 是一个小的正常数；

（b）自适应正则化参数：$\hat{\lambda}=\|\hat{\boldsymbol{X}}-\hat{\boldsymbol{X}}^{(j-1)}\|_F/\|\hat{\boldsymbol{X}}-\boldsymbol{A}^{\mathrm{H}}\boldsymbol{SB}\|_F$；

（c）将 $\boldsymbol{X}$ 投影到可行域上，

$$\boldsymbol{X}\leftarrow[(1+\hat{\lambda})\boldsymbol{I}]^{-1}(\hat{\boldsymbol{X}}+\hat{\lambda}\boldsymbol{A}^{\mathrm{H}}\boldsymbol{SB})。$$

（4）赋值 $\hat{\boldsymbol{X}}^{(j)}=\boldsymbol{X}$。

步骤 4：最终的估计值为 $\hat{\boldsymbol{X}}=\hat{\boldsymbol{X}}^{(J)}$。

4.2.2　雷达数据立方体的建立

对于弹道群目标，存在各种形式的微动，如进动、旋转、章动等。这些微动形式将反映在雷达信号中，从而在距离域和频域产生非常复杂的叠加。为了克服这一问题，人们提出了许多微动特征提取方法。Stankovic L 等人利用 IRT 对时频图中的正弦调频信号进行分析，并通过进一步分析表明，当被分析的信号具有周期性而非正弦调频信号时，IRT 也可以实现信号的分离[8]。艾小锋等人提出了锥形弹道目标的微多普勒参数化模型（micro - doppler parametric model，mDPM），并利用遗传算法 - 通用参数化时频变换（genetic algorithm - general parameterized time - frequency transform，GA - GPTF）方法成功实现了微动信号提取[9]。文献［15］采用 L 统计量提取时频点，实现平稳和非平稳信号分离。M. M. Zhao 等人提出了一种基于滑动窗口提取微多普勒曲线的算法[16]。但对具有不同运动形式的群目标，并没有探讨所提方法的有效性。然而，这种方法过于依赖时频分析的有效性。Po Li 等人通过设计一种新的惩罚函数，提出了一种改进的维特比算法（viterbi algorithm，VA）来实现多分量信号的提取[17]。该方法通过设计一个新的惩罚函数来减少错误关联现象的发生，但参数搜索量也相应提升。总的来说，这些方法的特征提取效果严重依赖于复杂的信号处理技术。

为解决群目标回波信号在二维域中的纠缠重叠现象，最近在基于雷达的特征提取研究中，联合多域的思想得到了广泛关注。He Y 等人提出了一种称为距离 - 多普勒表面（range - doppler surface，RDS）的新方法，并将其作为一种可视化测量工具[18]。然而，RDS 的构建过于复杂，无法解决群目标特征提取和跟踪问题。Gurbuz 等人对现有的人体微动识别方法进行了总结，提出了一种基于距离－频率－时间雷达数据立方体的识别方法[19]，但该研究缺乏对模型的定性分析。

如图 4.15 所示，将高分辨 RD 像在慢时间维度排列即可得到 RD 序列。

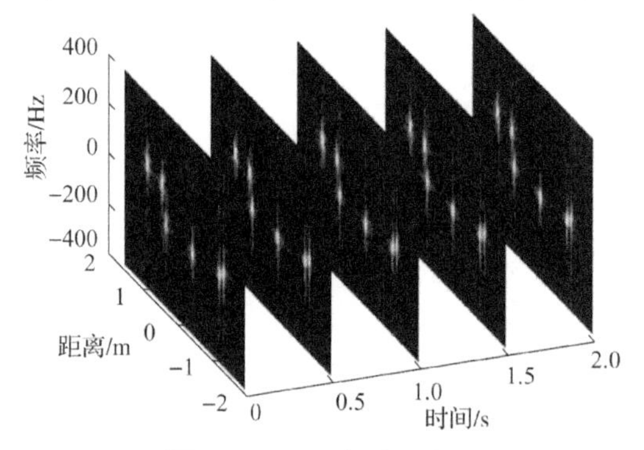

图 4.15　RD 序列示意图

由于成像时间较短，目标上散射中心在每幅 RD 序列中以点迹的形式出现，这些离散的点迹体现了散射中心在该时刻的微距离和微多普勒信息。

接下来，本节采用一种称为 CLEAN 的处理方法来构造雷达数据立方体。CLEAN 算法利用点扩散函数在 RD 像中寻找峰值。从图像域考虑，RD 像可以由点迹及其点扩散函数（point spread function，PSF）构成。因此，可以将 RD 序列改写为

$$RD(x,y) \approx \sum_{n=1}^{N} A_n \cdot \mathrm{PSF}(x - x_n, y - y_n) \tag{4.53}$$

式中：$n=[1,N]$代表散射中心编号；$\mathrm{PSF}(x,y)$为二维 PSF，在这里 $\mathrm{PSF}(x,y)$ 一般为 sinc 函数从而消除旁瓣的影响。

假设 RD 序列中的帧数为 L，基于 CLEAN 算法的 RD 序列散射中心提取算法流程如下所示：

步骤 1：设置 $l=1,2,\cdots,L$。按顺序选择第 $l\in L$ 帧 RD 图像。

步骤 2：搜寻 RD 像峰值点的坐标。

步骤 3：从 RD 像中去除峰值点及其旁瓣。

步骤 4：判断是否到达噪声门限，如是则转到步骤 5；如否转到步骤 2，继续循环寻找散射中心峰值点坐标。

步骤 5：判断 $l+1$ 是否满足$(l+1)\in L$，如是则转到步骤 1，重新选择$(l+1)\in L$幅 RD 像，如否则结束循环。

算法的每一步都能提取出 RD 序列中的强散射中心信息，最终可以提取出 RD 序列中每幅 RD 像的强散射中心坐标位置。然后，将 RD 序列中所有强散

射中心坐标位置构成距离 - 频率 - 时间雷达数据立方体。

4.2.3　三维分段 Viterbi 算法

在获得雷达数据立方体后，需要对散射中心的点迹进行关联处理。传统的特征提取方法是通过寻找时频图或时间 - 距离像中散射中心的二维平面轨迹来实现的。为了适用于三维雷达数据立方体，本节对传统的维特比（viterbi algorithm，VA）进行改进，将其扩展到三维域。

将 $\boldsymbol{X}_{\bar{k}} \in \mathbb{R}^{\bar{M} \times \bar{N}}$ 定义为在第 $l \in L$ 帧中重构出的 RD 像矩阵，其中，$\bar{M}$ 和 $\bar{N}$ 分别代表 RD 像的距离单元和频率单元。在第 l 帧 RD 像中散射中心的位置被定义为$(\bar{m}_{\bar{k}}, \bar{n}_{\bar{k}})$，其中 $\bar{m}_{\bar{k}}$ 和 $\bar{n}_{\bar{k}}$ 的取值满足 $\bar{m}_{\bar{k}} \in \bar{M}$、$\bar{n}_{\bar{k}} \in \bar{N}$。假设散射中心的位置构成序列 $\boldsymbol{P}$，可以表示为

$$\boldsymbol{P} = [(\bar{m}_1, \bar{n}_1), (\bar{m}_2, \bar{n}_2), \cdots, (\bar{m}_L, \bar{n}_L)] \tag{4.54}$$

从式（4.54）中可以看出，序列 $\boldsymbol{P}$ 中的元素对应 RD 序列帧中散射中心位置，因此可以将序列 $\boldsymbol{P}$ 称为散射中心的路径。序列 $\boldsymbol{P}$ 中每个元素都有 $\bar{M} \times \bar{N}$ 种可能，所以整个路径具有$(\bar{M} \times \bar{N})^L$ 种可能选择。

接着，利用最优路径思想实现散射中心轨迹关联。最优路径必须满足下式

$$\hat{\boldsymbol{P}} = \arg \min_{\substack{\bar{m} \in \bar{M} \\ \bar{n} \in \bar{N}}} \left[\sum_{l=1}^{L-1} g(\bar{m}_l, \bar{m}_{l+1}) + \sum_{l=1}^{L-1} h(\bar{n}_l, \bar{n}_{l+1}) \right] \tag{4.55}$$

式中：$g(\bar{m}_l, \bar{m}_{l+1})$和 $h(\bar{n}_l, \bar{n}_{l+1})$分别定义为距离惩罚函数和频率惩罚函数。

距离惩罚函数与相邻两个时间帧之间的距离元素间隔有关，其定义如下

$$g(\bar{m}_l, \bar{m}_{l+1}) = \begin{cases} 0, & |\bar{m}_l - \bar{m}_{l+1}| \leqslant \Delta_1 \\ c_1 (|\bar{m}_l - \bar{m}_{l+1}| - \Delta_1)^2, & |\bar{m}_l - \bar{m}_{l+1}| > \Delta_1 \end{cases} \tag{4.56}$$

式中：Δ_1 代表距离惩罚函数的阈值；c_1 为惩罚因子。

类似地，频率惩罚函数与相邻两个时间帧之间的频率元素间隔有关，其数学表达式为

$$h(\bar{n}_l, \bar{n}_{l+1}) = \begin{cases} 0, & |\bar{n}_l - \bar{n}_{l+1}| \leqslant \Delta_2 \\ c_2 (|\bar{n}_l - \bar{n}_{l+1}| - \Delta_2)^2, & |\bar{n}_l - \bar{n}_{l+1}| > \Delta_2 \end{cases} \tag{4.57}$$

式中：Δ_2 代表频率惩罚函数的阈值；c_2 为惩罚因子。

由式（4.55）可知，最优路径的选择同时考虑了雷达数据立方体中散射中心的距离和频率信息，可以保证满足最优路径的散射中心序列的位置不会突变，确保了提取出的三维微动曲线具有连贯性。

虽然三维雷达数据立方体这一雷达工具的使用可以避免大多数曲线纠缠现象的发生，但在特定情况下，即两个不同散射中心的距离和频率信息完全一致时，最优路径在选择时会出现混乱现象。为了解决这一问题，提出了一种基于分段思想的处理方法，该方法先对散射中心位置信息进行对比分析，将两个或多个散射中心的距离和频率信息完全一致的特定时间点作为分段时间点，再利用空间曲率实现分段点前后的曲线关联。

基于以上分析，三维分段 VA 的具体步骤可以表示为

步骤 1：搜索空间设置。设散射中心的强度为 1，空白区域的强度为 0。该算法只搜索强度为 1 的区域。

步骤 2：找到混叠时间作为分段时间点。

步骤 3：利用三维 VA 提取雷达数据立方体每一段的微动曲线。

步骤 4：计算分段时间前后不同曲线的空间曲率。

步骤 5：合并具有相同空间曲率的曲线。

4.2.4 实验结果及分析

为了验证所提算法的性能，设计了 3 个具有不同微动参数和结构参数的锥形群目标，表 4.2 和表 4.3 给出了雷达参数和仿真参数具体数值[20]。在仿真实验中，假设目标的平动补偿已经完成。同时，考虑雷达视线问题，假设每个目标只能观测到锥顶的 LSC 和锥底的一个 SSCE。

表 4.2 雷达参数

参数	f_c/GHz	PRF/Hz	B/GHz	T_p/μs	观测时间/s
设定值	10	2000	4	10	2

表 4.3 目标参数

目标编号	微动运动类型	H/m	r/m	旋转角速度/(πrad/s)
目标 1	进动	3.0	0.40	2.5
目标 2	进动	3.8	0.65	4.9
目标 3	旋转	2.0	0.30	6.0

在仿真中，3 种目标的散射系数都相同。为了模拟噪声环境，将高斯白噪声 $n(t)$ 添加到雷达接收信号 $s(t)$ 中，从而获得 SNR 的表达式，即

$$\mathrm{SNR}=10\lg\left(\frac{E\{|s(t)|^2\}}{E\{|n(t)|^2\}}\right) \tag{4.58}$$

将下面几种算法作为对比算法：

（1）传统RD算法。该算法直接将快速傅里叶变换应用在雷达回波的HRRP序列上，获得的RD像矩阵与HPPR序列矩阵大小保持一致。

（2）正交匹配追踪（orthogonal matching pursuit，OMP）算法。OMP算法是一个经典的压缩感知算法，它在每次迭代中都会对所挑选的原子进行施密特正交化操作，然后再挑选与测试样本最匹配的字典原子。

（3）HL1L0算法。该算法在SL0算法的基础上，将式（4.36）改造为

$$f_{ne,\vartheta}(\boldsymbol{x}) = \sum_{n=1}^{N} \exp\left(-\frac{\boldsymbol{x}_n}{2\vartheta}\right) \tag{4.59}$$

$f_{ne,\vartheta}(\boldsymbol{x})$在$L_1$范数和$L_0$范数之间近似，以期在寻找最优解时有更好地性能。

（4）2D SL0算法。该算法将传统的SL0算法扩展到二维域，同时也是本节所提算法的基础。

（5）2D GPDASC算法。该算法通过引入联合稀疏特性，将传统GPDASC算法扩展到二维域。

为了有效对比算法，2D SL0和2D AReSL0的参数设置保持一致，即$\bar{K}=3$，$\rho=2.5$，$\vartheta_J=0.1$。RD算法的脉冲数为120，其余基于CS的成像算法脉冲数选为40。

如图4.16所示，RD算法得到的图像存在严重的图像模糊问题，散射中心聚焦能力较差，而基于CS方法得到的图像都优于RD算法得到的图像。

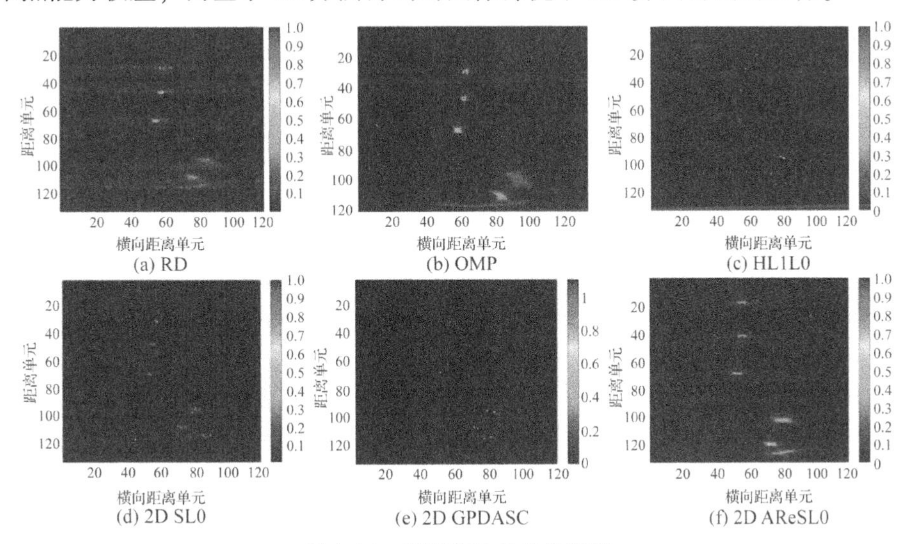

图4.16 不同算法的成像结果

为了定量分析每种基于 CS 算法的成像效果，使用图像熵（image entropy，IE）和图像对比度（image contrast，IC）来表征 RD 图像的聚焦性能。这两个指标的定义为

$$\mathrm{IE} = -\mathrm{sum}\left\{\frac{\boldsymbol{S}_{\mathrm{Img}}^2}{\mathrm{sum}(\boldsymbol{S}_{\mathrm{Img}}^2)}\ln\left(\frac{\boldsymbol{S}_{\mathrm{Img}}^2}{\mathrm{sum}(\boldsymbol{S}_{\mathrm{Img}}^2)}\right)\right\} \tag{4.60}$$

$$\mathrm{IC} = \sqrt{\mathrm{Ave}(\boldsymbol{S}_{\mathrm{Img}}^2 - \mathrm{Ave}(\boldsymbol{S}_{\mathrm{Img}}^2))}/\mathrm{Ave}(\boldsymbol{S}_{\mathrm{Img}}^2) \tag{4.61}$$

式中：$\boldsymbol{S}_{\mathrm{Img}}$代表目标图像；sum(·)和 Ave(·)表示对图像中所有元素值进行求和运算和平均运算。这两个指标可以直观地反映图像的聚焦性能，且聚焦效果较好的目标图像具有较高的 IC 值和较低的 IE 值。

采用不同的算法进行成像处理，得到成像结果的图像熵如图 4.17 所示。

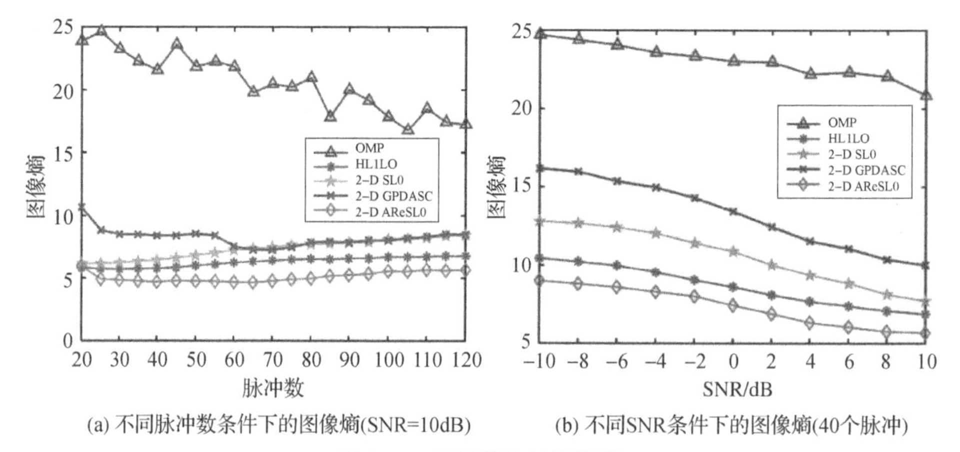

图 4.17　不同算法的图像熵

当脉冲数从 20 个增加到 120 个，步长为 5 时，五种现有算法的 IE 计算结果如图 4.17（a）所示。当脉冲数为 40 时，不同 SNR 条件下各算法得到的 RD 像 IE 计算结果如图 4.17（b）所示。

类似地，图 4.18 显示的是不同算法的 IC 对比结果。

由图 4.17（a）和图 4.18（a）可知，当 SNR 保持固定时，2D AReSL0 算法得到的 RD 像的质量最好；HL1L0、2D SL0 和 2D GPDASC 算法成像效果稍差，而 OMP 算法成像效果最差。从图 4.17（b）和图 4.18（b）可以看出，在低 SNR 的情况下，2D AReSL0 算法仍然具有较好的图像聚焦效果。

接下来，通过比较平均计算时间来评价不同算法的计算复杂度，算法的平均计算时间如图 4.19 所示。

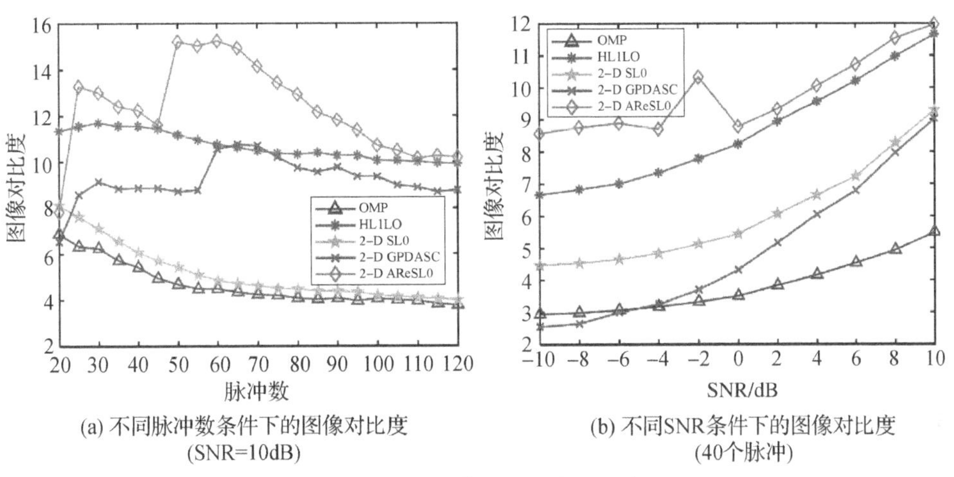

(a) 不同脉冲数条件下的图像对比度 (SNR=10dB)　(b) 不同SNR条件下的图像对比度 (40个脉冲)

图 4.18　不同算法的图像对比度

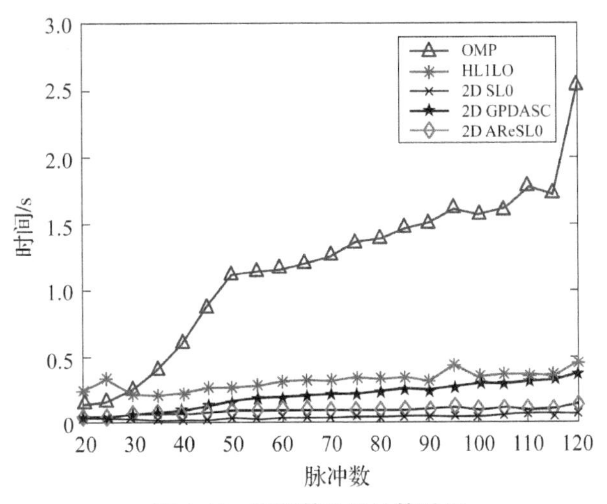

图 4.19　不同算法的计算时间

如图 4.19 所示，OMP 算法受脉冲数影响最大，当脉冲数大于 50 时，其计算时间远远大于其余算法的计算时间。在不同的脉冲数条件下，2D AReSL0 算法的计算时间要比 OMP、HL1L0 和 2D GPDASC 算法的计算时间短，比 2D SL0 算法的计算时间略长。

综合以上分析，本节所提出的 2D AReSL0 算法可以在较短的计算时间内获取更高的成像分辨率，且具有较强的噪声稳健性。

在雷达数据立方体获取中，关键在于散射中心信息的提取精度，通过引入

均方根误差（root mean square error，RMSE）来定量分析散射中心坐标提取精度。RMSE 定义为

$$\mathrm{RMSE} = \sqrt{\frac{1}{\dot{N}}\sum_{\dot{n}=1}^{\dot{N}} (\hat{y}(\dot{n}) - y)^2} \tag{4.62}$$

式中：$\dot{N}$ 为蒙特卡罗实验次数；$\hat{y}(\dot{n})$代表参数 y 在第 $\dot{n}$ 次实验中的估计值。

为了验证提取散射中心坐标的准确度，分别对本节中描述的五种基于 CS 算法得到了 RD 像进行 100 次蒙特卡罗实验，即 $\dot{N}=100$。图 4.20 描述了五种 CS 方法在不同 SNR 下的 RMSE 估计值。

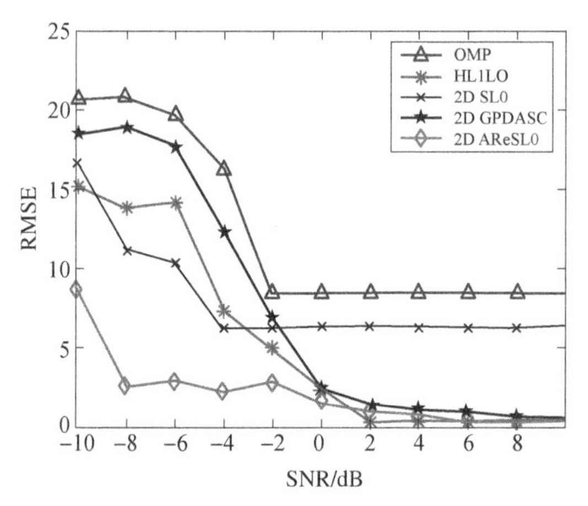

图 4.20　不同算法散射中心坐标估计的精度分析

如图 4.20 所示，随着 SNR 的提升，散射中心坐标估计性能也不断增加。当 SNR >0dB 时，2D AReSL0、HL1L0 和 2D GPDASC 算法可以保证较好的散射中心坐标估计性能。当 SNR < 0dB 时，2D AReSL0 算法的估计性能明显优于其他 CS 算法，进一步验证了 4.2.1 节中所提 2D AReSL0 的优越性。同时，在 SNR > −8dB 时，利用 CLEAN 算法提取基于 2D AReSL0 获取的 RD 像散射中心坐标 RMSE 小于 5，这也体现了 CLEAN 算法具有较为稳定的散射中心信息的提取能力。

接下来，验证空间群目标微动特征提取算法的有效性。在仿真实验中，RD 序列的帧数 L 设定为 200。每间隔 0.01s 获得一张高分辨率 RD 像，并使用从 200 张图像中提取的散射中心点坐标构造距离 - 频率 - 时间雷达数据立方体。在提取图像中的散射中心时，发现在 0.51s 处只提取出 5 个散射中心，如图 4.21 所示。这意味着在 0.51s 时，两个散射中心的距离和多普勒信息完全一致。因此，可以将 0.51s 作为分段点。

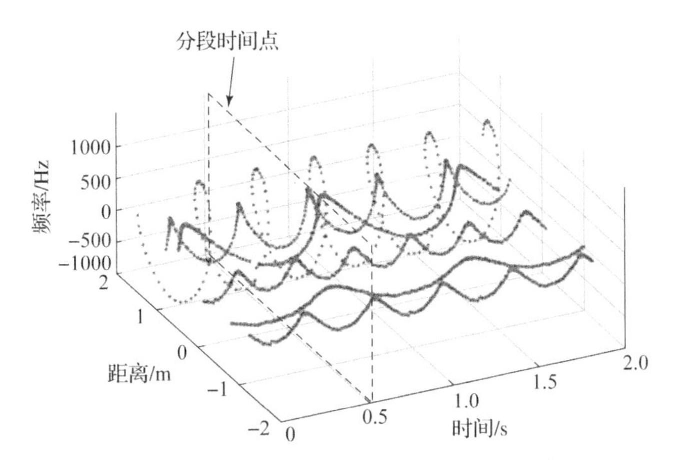

图 4.21　距离 – 频率 – 时间雷达数据立方体

然后，采用三维分段 Viterbi 算法提取距离 – 频率 – 时间曲线。三维分段 Viterbi 算法的参数如下：$\Delta_1 = 0.05$、$\Delta_2 = 15$、$c_1 = 20$、$c_2 = 0.1$。

如图 4.22 所示，基于距离 – 频率 – 时间雷达数据立方体，可以很好地分离出空间群目标的微动曲线。

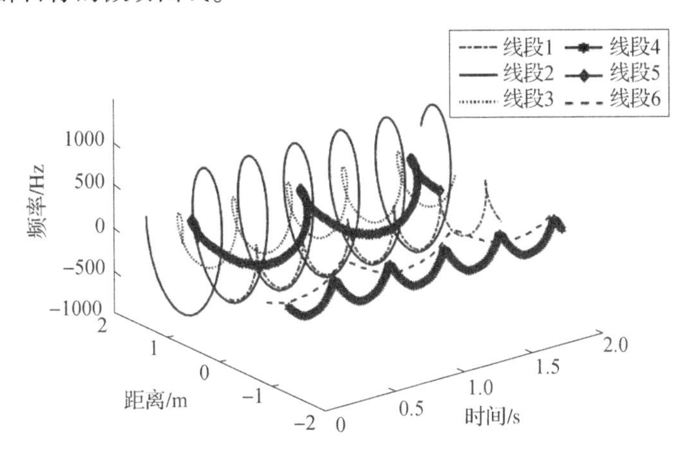

图 4.22　空间群目标微动特征提取结果

为了更直观地理解实验结果，可以将实现微动曲线提取后的距离 – 频率 – 时间雷达数据立方体降维到二维，其结果如图 4.23 所示。

如图 4.22 和图 4.23 所示，线段 1 到线段 6 的周期分别为 0.34s、0.33s、0.4s、0.4s、0.8s、0.82s。据此，线段 1 到线段 6 的旋转角速度分 2.5πrad/s、5.8824πrad/s、6.0606πrad/s、5πrad/s、5πrad/s、2.4390πrad/s。显然，线段 1 和线段 2、线段 3 和线段 4、线段 5 和线段 6 分别属于同一目标，代表不同散射中心的距离 – 频率 – 时间信息。

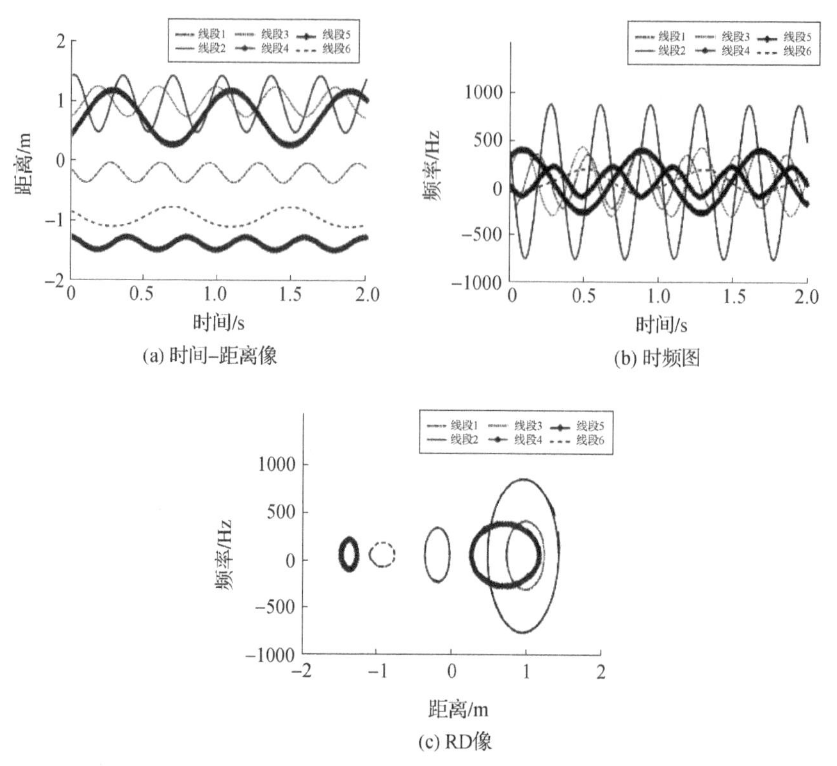

(a) 时间–距离像　　(b) 时频图

(c) RD像

图 4.23　二维平面投影

为验证该方法的有效性，将三维分段 Viterbi 算法与 IRT[8]、GA - GPTF 方法[9]、L 统计[15]、滑动窗[16]以及改进 VA[17]这五种典型的微动特征提取技术进行对比，各算法不同信噪比下的 RMSE 如图 4.24 所示。

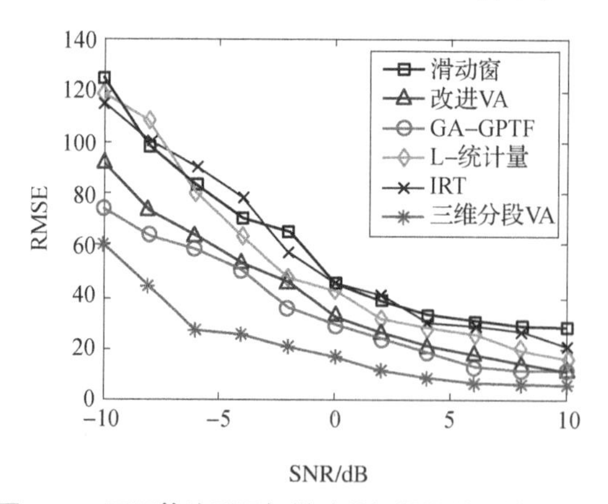

图 4.24　不同算法群目标微动特征提取结果的 RMSE

图 4.24 的结果表明，本节提出的三维分段 Viterbi 算法在不同 SNR 下的 RMSE 明显低于 L 统计量、IRT、滑动窗分离方法、GA - GPTF 方法和改进 VA。原因在于本节提出的算法利用了距离 - 频率 - 时间雷达数据立方体，充分利用了图像本身的特性，简化了复杂的处理过程，从而避免了传统算法带来的错误关联问题。

同时，当 SNR <0dB 时，可以发现，基于滑动窗和改进 VA 的微动特征提取结果均方根误差均显著增大。当 SNR < -2dB 时，基于 L 统计量、IRT 和 GA - GPTF 的微动特征提取结果 RMSE 急剧增大。相应地，当 SNR < -6dB 时，基于三维分段 Viterbi 算法的微动特征提取结果 RMSE 显著增大。进一步分析表明，当 SNR 较低时，由于传统的微动特征提取算法受时频分析的影响较大，从而降低了特征提取精度，而三维分段 Viterbi 算法的精度主要依赖于 RD 像中散射中心坐标估计性能的影响。当 SNR < -6dB 时，难以从 RD 像中准确提取散点坐标，微动特征提取效果也会逐渐变差。

为了评估不同算法的计算负荷，比较了在 100 次蒙特卡罗仿真条件下的平均计算时间。实验在 MATLAB R2020b 平台上进行，该平台在 Windows 7 操作系统和 Intel i7 处理器上运行。不同方法的平均计算时间如表 4.4 所列。

表 4.4　不同算法的平均计算时间

	平均计算时间/s
L - 统计量	12.603
IRT	10.956
滑动窗	9.279
GA - GPTF	61.221
改进 VA	85.174
三维分段 Viterbi 算法	6.492

从表 4.4 可以看出，所提算法的计算时间要低于基于 L 统计、IRT、滑动窗、GA - GPTF 方法、改进 VA 算法的计算时间。因此，该结果进一步表明，本节所提框架能够快速有效地提取空间群目标微动特征。

4.3　遮挡条件下的弹道目标微动特征修复

弹道目标运动过程中伴随着弹体姿态角的变化，当姿态角与弹体半锥角满足相应的数学关系时，会产生遮挡效应。所谓的遮挡效应就是指目标上某些散射中心无法有效散射回波的情况。此外，在雷达对目标的观测过程中，为了充分利用雷达资源，网络会采取间歇观测的模式。因此，一段时间内某些散射中心的微动特征无法显示已经成为制约微动特征提取的一个重要难题。

本节聚焦于遮挡条件下的弹道目标微动特征修复问题，在散射中心数目比较少的锥形目标观测条件下，提出了基于压缩感知的微动特征修复方法；在散射中心数目比较多的情况下，提出了一种基于矩阵填充的多散射中心微动特征修复方法。

4.3.1 基于压缩感知的锥形目标微动特征修复

4.3.1.1 锥形目标遮挡效应分析

为分析遮挡效应对弹头各散射中心的影响，建立圆锥弹头等效散射中心模型如图 4.25 所示。

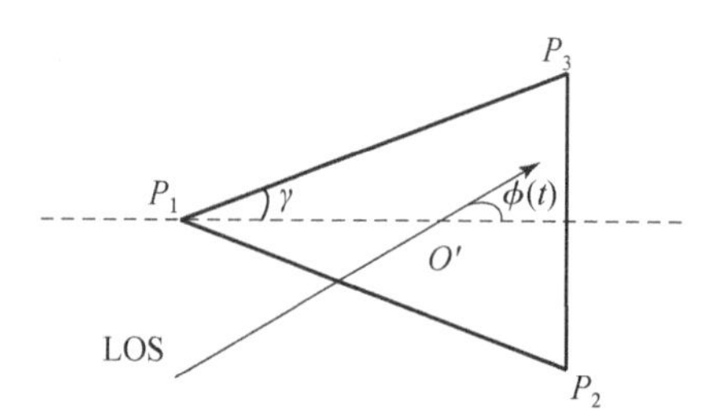

图 4.25　等效散射中心示意图

通过几何分析可知，散设中心的可见性与雷达视角和的关系如表 4.5 所列。

表 4.5　散射中心可见性与雷达视角关系

	P_1	P_2	P_3
$0<\phi(t)<\gamma$	Y	Y	Y
$\gamma<\phi(t)<\pi/2$	Y	Y	N
$\pi/2<\phi(t)<\pi-\gamma$	Y	Y	Y
$\pi-\gamma<\phi(t)<\pi$	N	Y	Y

表 4.1 中，“Y”表示散射中心未被遮挡，能够有效散射回波；“N”表示散射中心被遮挡，无法有效散射回波。

显然，在某些视角范围内，某些散射中心微多普勒存在缺失问题，需要研究对应的修复算法。

4.3.1.2　多普勒历程修复原理

作为一种新型采样理论，压缩感知能够打破传统采样理论的限制，以少量的观测元素重构原始信号，因而被广泛地应用于雷达成像、光学成像、电磁学等领域[21]。

根据压缩感知原理，若信号 $x_{N\times1}$ 本身或在某个变换域是稀疏的，即稀疏系数中只有少量非零元素，则对信号进行随机压缩采样得到 $y_{M\times1}(M<N)$，采样得到的这 M 个元素已经包含了目标大部分的信息，可以通过这 M 个元素实现对信号的重构。

若不考虑遮挡效应，弹道目标的微多普勒历程为 $x_{N\times1}$，实际目标的微多普勒历程表示为 $x'_{N\times1}$，$x'_{N\times1}$ 包含 M 个非零元素。剔除 $x'_{N\times1}$ 中的零元素，保持非零元素大小和顺序不变，则可以得到观测信号 $y'_{M\times1}$。由 $x_{N\times1}$ 到 $y_{M\times1}$ 可以表示为

$$y=\boldsymbol{\Psi}x \tag{4.63}$$

式中：$\boldsymbol{\Psi}$ 为观测矩阵。具体设计过程如下：

步骤 1：取单位矩阵 $\boldsymbol{I}_{N\times N}$；

步骤 2：取 $x'_{N\times1}$ 所有零元素对应的索引构成集合 $B_{(N-M)\times1}$；

步骤 3：将矩阵 $\boldsymbol{I}_{N\times N}$ 第 i 行（$i\in B_{(N-M)\times1}$）删除，最后形成观测矩阵 $\boldsymbol{\Psi}_{M\times N}$。

文献［22］对各种微动形式的微多普勒历程分析，指出弹道目标散射中心的微多普勒历程多为正弦形式或由多阶正弦分量叠加而成，也就是说，微多普勒历程经离散余弦基（discrete cosine basis，DCT）得到的结果是稀疏的。因此，选取离散余弦基矩阵 $\boldsymbol{\Phi}$ 作为基矩阵。

若 x 在稀疏基矩阵 $\boldsymbol{\Phi}$ 下可以表示为

$$x=\boldsymbol{\Phi}\theta \tag{4.64}$$

式中：θ 为稀疏系数。

则上述重构问题可以表示为

$$\begin{cases}\min(\|\theta\|_1)\\ \text{s.t.}\quad y=\boldsymbol{\Psi}x=\boldsymbol{\Psi}\boldsymbol{\Phi}\theta=\boldsymbol{T}\theta\end{cases} \tag{4.65}$$

式中：$\|\theta\|_1$ 表示 θ 的 L_1 范数。通过对式（4.65）的求解，可以实现稀疏系数 θ 的重构，进而重构出微多普勒历程 x''。

CS 理论发展至今已经产生多种重构算法，主要由包括凸松弛算法、贪婪算法、迭代阈值算法等。贪婪算法由于运转速率低、重构精度高而得到广泛应用。常见的贪婪算法包括匹配追踪（matching pursuit，MP）、正交匹配追踪（orthogonal matching pursuit，OMP）、压缩采样匹配追踪（compressed sampling matching pursuit，CoSaMP）等。本节采用子空间追踪（subspace pursuits，SP）对缺失的微多普勒历程进行重构，算法流程可以总结为：

输入：压缩感知矩阵 $\boldsymbol{T}$，观测数据 y，稀疏度 K。

输出：稀疏系数估计 $\hat{\theta}$。

步骤 1：令初始残差 $r_0=y$，迭代次数 $t=1$，索引集合 $\Lambda_t=\varnothing$，A_t 由 Λ_t 对应压缩感知矩阵 $\boldsymbol{T}$ 中的列向量组成，设 $A_t=\varnothing$。

步骤 2：计算 $u=|<r_{i-1},\boldsymbol{T}_j>|$，选择 u 中 K 个最大值，其索引号构成集合 J_0，对应列向量构成矩阵 $\boldsymbol{a}$，更新索引集合 $\Lambda_t=\Lambda_{t-1}\cup J_0$，$A_t=A_{t-1}\cup\boldsymbol{a}$。

步骤 3：求解索引集合 Λ_t 张成的正交投影空间 P_t，更新稀疏矢量及残差，$\hat{\theta}_t=P_t y$，选中 $\hat{\theta}_t$ 中的 K 项记为 $\hat{\theta}_{tK}$，对应索引 $\hat{\theta}_{tK}$，对应矩阵 $\boldsymbol{A}_{tK}$。

步骤 4：更新残差 $r_t=y-\boldsymbol{A}_{tK}\hat{\theta}_{tK}$，$t=t+1$。

步骤 5：如果 $t>K$，停止迭代，输出 $\hat{\theta}=\hat{\theta}_{tK}$；否则执行步骤 2。

与 OMP、MP 等重构算法相比，SP 每次在感知矩阵中选取多个原子，可以有效减少迭代次数，提高运算效率。

4.3.2 基于矩阵填充的多散射中心目标微动特征修复

4.3.1.2 节中基于压缩感知理论的微多普勒历程修复算法主要利用的是单个散射中心微多普勒在频域的稀疏性，而没有考虑充分利用目标整体信息。考虑所有散射中心组成的微距离矩阵具有低秩特性，本节提出一种基于目标整体微距离矩阵信息的散射中心微距离历程修复算法。

4.3.2.1 微距离矩阵低秩性分析

进一步分析发现，如果从散射中心微动维度的角度出发，可以将散射中心的微动类型分为两大类：二维平面转动和三维空间转动。二维平面转动包括自旋、锥旋和滑动散射中心，三维空间转动包括进动和章动。下面对这两种微动类型进行分析。

1）二维平面转动

以 3.1 节滑动散射模型为代表，对二维平面转动进行分析如下。

设任意时刻滑动散射中心弹体对称轴与雷达视线的夹角 $\phi(t)$。若以雷达视线和对称轴夹角组成的平面为转动平面，则任意时刻目标上第 k 个散射中心在雷达视线上的距离变化可以表示为

$$r_k=x_k\sin\phi(t)+y_k\cos\phi(t) \tag{4.66}$$

式中：(x_k,y_k)为目标上的第 k 个散射中心的平面坐标。

将式（4.66）扩展到目标上所有散射中心，所有散射中心的微距离组成

的矩阵可以表示为

$$\boldsymbol{R}_{K\times N}=\boldsymbol{S}_{K\times 2}\boldsymbol{C}_{2\times N} \tag{4.67}$$

式中：$\boldsymbol{R}$ 表示由 K 个散射中心在 N 个时刻的微距离组成的矩阵；$\boldsymbol{S}$ 表示 K 个散射中心的二维坐标矩阵，$\boldsymbol{C}$ 表示 N 个时刻由 $\sin\phi(t)$ 和 $\cos\phi(t)$ 组成的角度变化矩阵。

$$\boldsymbol{S}=\begin{bmatrix} x_1 & x_2 & \cdots & x_K \\ y_1 & y_2 & \cdots & y_K \end{bmatrix},\boldsymbol{R}=\begin{bmatrix} r_{11} & r_{12} & \cdots & r_{1N} \\ r_{21} & r_{22} & \cdots & r_{2N} \\ \vdots & \vdots & \vdots & \vdots \\ r_{K1} & r_{K2} & \cdots & r_{KN} \end{bmatrix},\boldsymbol{C}=\begin{bmatrix} \cos\phi(t_1) & \cos\phi(t_2) & \cdots & \cos\phi(t_N) \\ \sin\phi(t_1) & \sin\phi(t_2) & \cdots & \sin\phi(t_N) \end{bmatrix} \tag{4.68}$$

2）三维空间维转动

以进动散射中心模型为代表，下面对三维散射中心微距离进行分析。

根据矢量在空间中的表述关系，如果设雷达视线在本体坐标系中的方位角和俯仰角分别为 $\xi(t)$ 和 $\theta(t)$，则雷达视线的单位方向向量可以表示为

$$\boldsymbol{\eta}_{\text{LOS}}=[\cos\xi(t_m)\sin\theta(t_m)\ \ \sin\xi(t_m)\sin\theta(t_m)\ \ \sin\theta(t_m)] \tag{4.69}$$

式中：$\boldsymbol{\eta}_{\text{LOS}}$在每一个坐标轴中的坐标的物理含义可以表示为其与对应坐标轴夹角的余弦值。

设进动散射中心 P_k，其在本地坐标系中的坐标为(x_k,y_k,z_k)，则其在雷达视线上的投影距离可以表示为

$$r_k=x_k\cos\xi(t_m)\sin\theta(t_m)+y_k\sin\xi(t_m)\sin\theta(t_m)+z_k\sin\theta(t_m) \tag{4.70}$$

将式（4.70）扩展到目标上所有散射中心，所有散射中心的微距离组成的矩阵可以表示为

$$\boldsymbol{R}_{K\times N}=\boldsymbol{S}_{K\times 3}\boldsymbol{C}_{3\times N} \tag{4.71}$$

式中：$\boldsymbol{R}$ 表示由 K 个散射中心在 N 个时刻的微距离组成的矩阵；$\boldsymbol{S}$ 表示 K 个散射中心在本地坐标系中的三维坐标；C 表示 N 个时刻由式（4.71）中三个对应坐标分量组成的矩阵

$$\boldsymbol{S}=\begin{bmatrix} x_1 & x_2 & \cdots & z_K \\ y_1 & y_2 & \cdots & y_K \\ z_1 & z_2 & \cdots & x_K \end{bmatrix},\boldsymbol{R}=\begin{bmatrix} r_{11} & r_{12} & \cdots & r_{1N} \\ r_{21} & r_{22} & \cdots & r_{2N} \\ \vdots & \vdots & \vdots & \vdots \\ r_{K1} & r_{K2} & \cdots & r_{KN} \end{bmatrix} \tag{4.72}$$

根据矩阵秩的理论，结合式（4.68）和式（4.71）可知

$$\begin{cases} \text{rank}(\boldsymbol{S})=2,\text{rank}(\boldsymbol{C})=2,\text{二维平面转动} \\ \text{rank}(\boldsymbol{S})=3,\text{rank}(\boldsymbol{C})=3,\text{三维空间转动} \end{cases} \tag{4.73}$$

根据矩阵秩的理论，则有

$$\mathrm{rank}(\boldsymbol{SC}) \leqslant \min\{\mathrm{rank}(\boldsymbol{S}), \mathrm{rank}(\boldsymbol{C})\} \tag{4.74}$$

根据式（4.74）可以得出，对于同一目标上所有散射中心组成的微距离矩阵 $\boldsymbol{R}$，该矩阵必然满足低秩特性。

4.3.2.2 基于 FPC 算法的微距离历程修复算法

矩阵填充（Matrix Completion）是一种利用数据缺失矩阵本身的低秩特性，采用相应的算法，实现对缺失数据的修复。该理论已经广泛地应用于图像消噪、缺失像素恢复以及空间分割等领域[23]。式（4.74）已经证明散射中心的微距离矩阵具有低秩特性，因此，本节将矩阵填充理论引入缺失微距离历程修复算法中。

基于矩阵填充的微距离历程修复算法可以表示为

$$\begin{cases} \min & \|\boldsymbol{R}'\|_* \\ \mathrm{s.t} & \boldsymbol{R}' = P_\Omega(\boldsymbol{R}) + N \end{cases} \tag{4.75}$$

式中：$\boldsymbol{R}'$表示微距离缺失矩阵；$\boldsymbol{R}$ 表示待修复的微距离完整矩阵；$\boldsymbol{N}$ 表示噪声矩阵；P_Ω 表示采样算子；Ω 表示采样集合，且有

$$\boldsymbol{R}'_{i,j} = \begin{cases} \boldsymbol{R}_{i,j}, & (i,j) \in \Omega \\ 0, & \text{其他} \end{cases} \tag{4.76}$$

为了便于求解，将式（4.76）修正为

$$\min \quad \mu\|\boldsymbol{R}'\|_* + \frac{1}{2}\|\boldsymbol{R}'_{i,j} - \boldsymbol{R}_{i,j}\|_2^2 \tag{4.77}$$

关于矩阵填充的算法已经相对成熟，当前比较常用的包括奇异值投影算法、奇异值门限法等算法，而当矩阵受到噪声污染时，本节采用一种不动点延拓法（fixed point continuation，FPC）的方法来实现对微距离矩阵的恢复。FPC 算法的流程如下：

输入：不完整微距离矩阵 $\boldsymbol{R}'$，采样算子 P_Ω，采样集合 Ω，初始迭代值 $\boldsymbol{X}_0 = \boldsymbol{R}'$，迭代次数 M，迭代步长 τ，最小误差 $\mathrm{tol} = 10^{-3}$。

输出：完整微距离矩阵 $\hat{\boldsymbol{R}}$。

步骤 1：设定正常数序列 $\mu = [\mu_1, \mu_2, \mu_3, \cdots, \mu_M], k = 0$；

步骤 2：计算 $\boldsymbol{Y}^k = \boldsymbol{X}^{k-1} - \tau P_\Omega^*(P_\Omega(\boldsymbol{X}^k) - \boldsymbol{X}_0)$；

步骤 3：计算 $\boldsymbol{X} = \boldsymbol{S}_{\tau u_k}(\boldsymbol{Y}^k)$；

式中：$\boldsymbol{S}_{\tau u_k}$为矩阵收缩算子。其计算过程为

（a）对 $\boldsymbol{Y}^k$ 进行奇异值分解，有 $\boldsymbol{Y}^k = \boldsymbol{U}\mathrm{diag}(\sigma)\boldsymbol{V}^*$；

（b）求解 $\boldsymbol{S}_{\tau u_k}$，其表达式为 $\boldsymbol{S}_{\tau u_k}(Y) = \boldsymbol{U}\mathrm{diag}(s_{\tau u}(\sigma))\boldsymbol{V}^*$。其中，$s_{\tau u}(\sigma)$定义为

$$s_{\tau u}(\sigma)=\bar{\sigma},\bar{\sigma}_i=\begin{cases}\sigma_i-\tau u_k, & \sigma_i-\tau u_k>0\\ 0, & \sigma_i-\tau u_k\leqslant 0\end{cases} \tag{4.78}$$

步骤4：如果满足 $k<M$ 或 $\|\boldsymbol{X}_k-\boldsymbol{X}_{k-1}\|_2\leqslant \mathrm{tol}$，则取 $k=k+1$，转步骤2，否则执行步骤5；

步骤5：输出 $\boldsymbol{X}^k$，令 $\hat{\boldsymbol{R}}=\boldsymbol{X}^k$

不同于4.3.1节中的压缩感知算法仅利用缺失散射中心自身的信息进行修复处理，采用矩阵填充算法需要利用目标回波中所有散射中心的微距离信息进行修复处理。

4.3.3　实验结果及分析

仿真一

假设雷达发射单载脉冲信号，$f_c=10\mathrm{GHz}$，$\mathrm{PRF}=1024\mathrm{Hz}$，$T_d=1\mathrm{s}$，目标为圆锥弹头，$h_1=1\mathrm{m}$，$h_2=0.6\mathrm{m}$，$r=0.8\mathrm{m}$，半锥角 $\gamma=26.6°$，雷达视线的方位角和高低角 $(\alpha,\beta)=(20^{\circ},70^{\circ})$；弹头锥旋角为 $\theta=8°$，锥旋角频率 $\omega_c=8\pi\mathrm{rad/s}$。

图4.26（a）为不考虑遮挡条件下三个散射中心的微多普勒历程。通过图4.26（a）分析得到：P_1 点的微多普勒历程为标准的正弦形式，而 P_2 和 P_3 点的微多普勒历程呈现出非标准的正弦形式，这与4.3.1节中分析是一致的。当考虑遮挡效应对回波的影响时，可以看出图4.26（b）中散射中心 P_3 的微多普勒历程在部分时间内间断，在仿真图中表现为某些时间范围内微多普勒频率为0，从而验证了遮挡效应对微多普勒历程的影响。

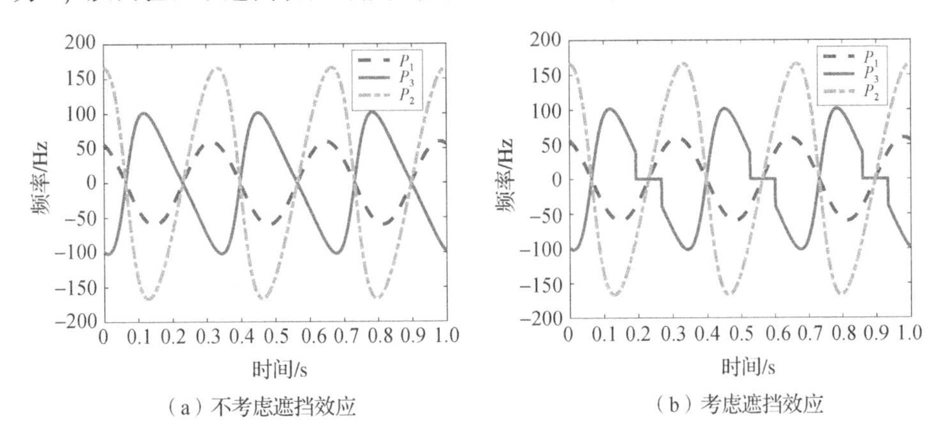

（a）不考虑遮挡效应　　（b）考虑遮挡效应

图4.26　各散射中心微多普勒历程

为了对 P_3 缺失的微多普勒历程进行重构，首先对理想条件下微多普勒历程在离散余弦基下展开，得到其稀疏系数序列如图 4.27。从图 4.27 中可以看出，只有少部分稀疏系数非 0，绝大部分稀疏系数均为 0，这说明微多普勒历程在离散余弦基下是稀疏的，为后续实现基于 SP 算法条件下的微多普勒历程实现有效恢复提供先决条件。

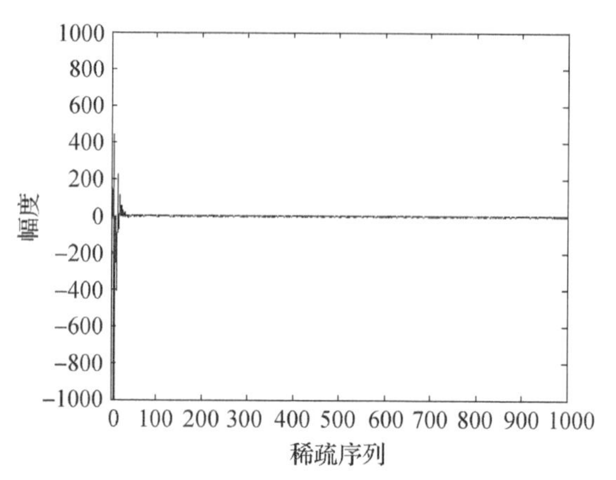

图 4.27　P_3 的理想微多普勒历程在离散余弦基矩阵下的稀疏系数序列

采用贪婪算法中的 SP 算法对缺失的微多普勒历程进行修复，观测矩阵 $\boldsymbol{\Psi}$ 根据第 4.3.2.1 节中的设计方法进行设计，稀疏基矩阵 $\boldsymbol{\Phi}$ 采用离散傅里叶基矩阵，稀疏度 $K=11$。

采用 SP 算法对缺失的微多普勒历程进行重构，效果如图 4.28 中点画线所示。分析可以发现，重构后的微多普勒历程与理想微多普勒历程基本重合，即本节算法实现了微多普勒历程的高精度重构。

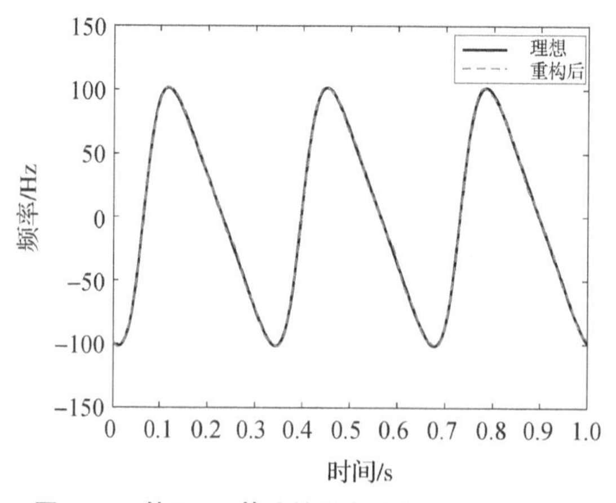

图 4.28　基于 SP 算法的微多普勒历程修复结果

为了分析在不同数据缺失率下的数据所提算法的修复效果。引入重构信噪比（reconstruct the signal－to－noise ratio，PSNR）来分析该算法的重构效果。

$$\mathrm{PSNR}=10\lg\left(\frac{\|x\|^2}{\|x-x''\|^2}\right) \tag{4.79}$$

式中：x 为原始信号；x''为重构后的信号。

由图 4.29 可以看出，随着数据缺失率的增高，所提的方法的重构效果越来越差。在仿真实验中可以看出，当数据缺失率达到 50% 以上时，PSNR 在 8dB 左右，仿真发现此时已无法有效修复出完整的微多普勒历程。因此，本节提出的算法是有适用条件的，当数据缺失低于 50% 时，本节提出的算法可以得到较好的重构效果；当缺失率较大时，数据结构被严重破坏，此时则无法实现微多普勒历程的有效修复。

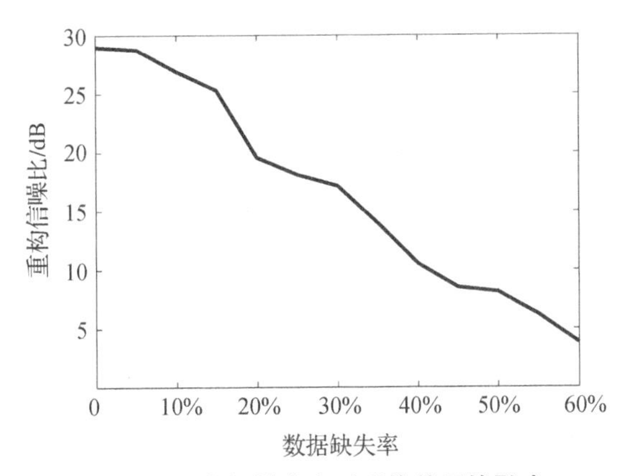

图 4.29　数据缺失率对重构效果的影响

仿真二

1）二维平面转动目标

当采用 4.3.2.2 节算法对二维平面转动目标进行处理时，设雷达发射单载频脉冲信号，$f_c=14\mathrm{GHz}$，$\mathrm{PRF}=2000\mathrm{Hz}$，观测时间为 $T_d=1\mathrm{s}$。目标为图 4.30 所示的锥柱结构弹道目标，$OP_1=1.5\mathrm{m}$，$OO'=1.5\mathrm{m}$，$OO''=0.5\mathrm{m}$，$\gamma_1=45°$，$\gamma_2=26.56°$，弹头底面半径 $r=0.5\mathrm{m}$，$\omega_c=2\pi\mathrm{rad/s}$，$\theta=10°$，$\beta=158°$

经过分析，此时散射中心 P_5完全不可见，散射中心 P_3的微距离曲线处于间歇性缺失状态，其缺失部分与完整部分如图 4.31（a）所示。经过计算发现，此角度下 P_3的遮挡率为 43.25%。从图 4.31（b）中可以看出，通过采用本节所提出的基于 FPC 的微距离历程修复算法对缺失的微距离历程进行处理之后，散射中心的微距离历程基本能够得到恢复，且从图 4.31 中可以看出，修复结果与理论值接近。

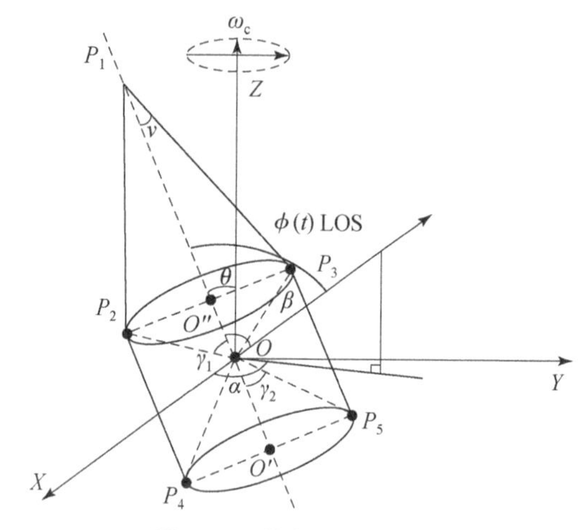

图 4.30　锥柱形进动目标

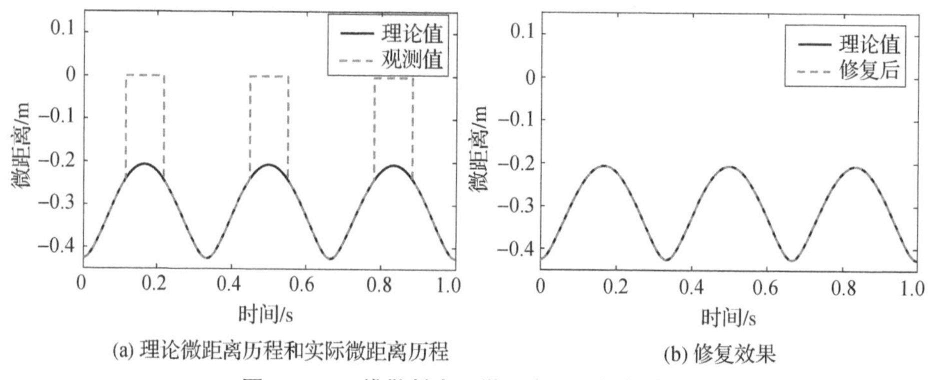

(a) 理论微距离历程和实际微距离历程　　(b) 修复效果

图 4.31　二维散射中心微距离历程修复效果

2）三维空间转动目标

假设雷达发射线性调频信号，$f_c = 6\text{GHz}$，PRF = 100Hz，目标微动形式为进动，自旋频率 $\omega_s = 3\pi\text{rad/s}$，锥旋频率 $\omega_c = 3\pi\text{rad/s}$，进动角 $\theta = 10°$，雷达视线在雷达坐标系中的方位角和高低角满足 $\alpha_c = \beta_c = 30°$。设目标上共有 6 个散射中心，这些散射中心在 $O - xyz$ 参考坐标系中的空间位置如图 4.32 所示。

由于雷达本身资源有限以及目标的旋转及散射中心的遮挡效应，往往会导致微距离曲线出现断裂。在提取过程中，对断裂处的距离曲线一律采取置 0 处理。假设在观测中，底部三个散射中心在观测过程中由于遮挡效应出现间歇性距离曲线缺失，其缺失时间长度为 0.1s，缺失现象如图 4.33 所示。

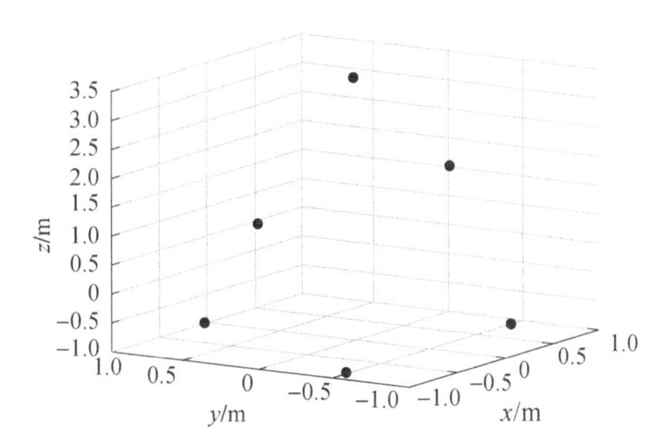

图 4.32　散射中心空间位置

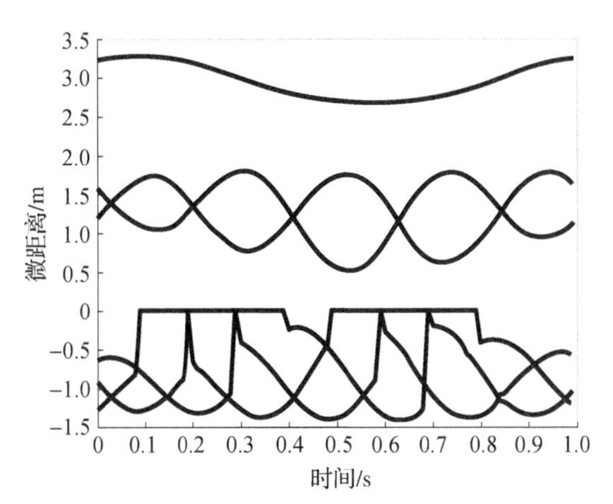

图 4.33　目标上的微距离缺失情况

针对断裂的微距离曲线，利用基于矩阵填充理论的思想对所有散射中心组成的微距离矩阵进行修复处理。具体的算法分别为本节所提及的 FPC 算法和奇异值门限（singular value thresholding，SVT）算法。三个散射中心的微距离修复结果如图 4.34 所示。

图 4.34 中，由上到下依次是目标底部三个散射中心的微距离历程修复结果。从图 4.34 中可以看出，采用本节提出的基于矩阵填充理论的微距离历程修复算法能够有效对缺失微距离历程进行修复；其中 FPC 算法的修复效果明显好于 SVT 算法，这是因为 FPC 算法考虑到了噪声等不确定性，其模型具有更强的实际应用性。

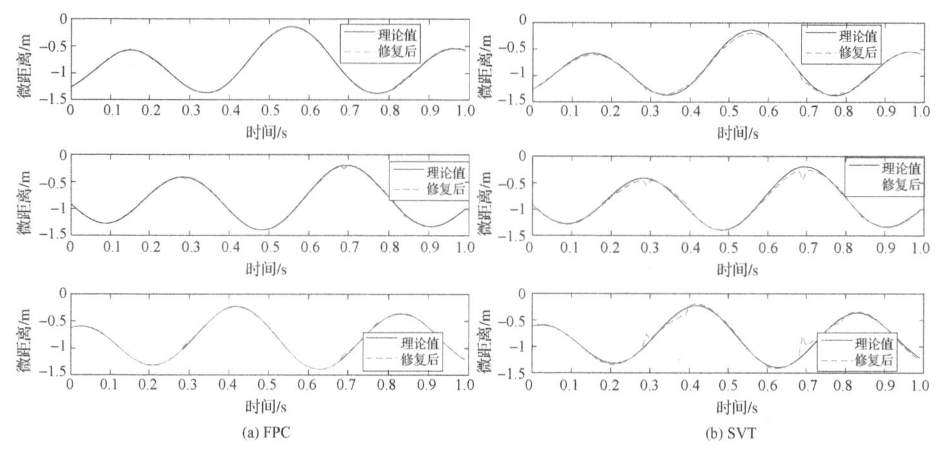

图 4.34 缺失微距离矩阵历程修复结果

参考文献

[1] VIRTANEN T. Monaural sound source separation by nonnegative matrix factorization with temporal continuity and sparseness criteria[J]. IEEE Transactions on Audio, Speech, and Language Processing, 2007, 15(3): 1066 - 1074.

[2] LI B, ZHOU G X, CICHOCKI A. Two efficient algorithms for approximately orthogonal nonnegative matrix factorization [J]. IEEE Signal Proc Let, 2015, 22(7): 843 - 846.

[3] SAULIG N, LERGA J, Ž M, et al. Extraction of useful information content from noisy signals based on structural affinity of clustered TFDs' coefficients [J]. IEEE Transactions on Signal Processing, 2019, 67(12): 3154 - 3167.

[4] YANG Z Y, XIANG Y, XIE K, et al. Adaptive method for nonsmooth nonnegative matrix factorization [J]. IEEE T Neur Net Lear, 2017, 28(4): 948 - 960.

[5] MEHMOOD A, DAMARLA T, SABATIER J. Separation of human and animal seismic signatures using non - negative matrix factorization [J]. Pattern Recogn Lett, 2012, 33(16): 2085 - 2093.

[6] CHEN S Q, DONG X J, XING G P, et al. Separation of overlapped non - stationary signals by ridge path regrouping and intrinsic chirp component decomposition [J]. IEEE Sens J, 2017, 17(18): 5994 - 6005.

[7] DJUROVIC I. QML - RANSAC instantaneous frequency estimator for overlapping multicomponent signals in the time - frequency plane [J]. IEEE Signal Proc Let, 2018, 25(3): 447 - 451.

[8] STANKOVIC L, DAKOVIC M, THAYAPARAN T, et al. Inverse radon transform - based micro - doppler analysis from a reduced set of observations [J]. IEEE Transactions on Aerospace and Electronic Systems, 2015, 51(2): 1155 - 1169.

[9] AI X, XU Z, WU Q, et al. Parametric representation and application of micro - doppler characteristics for cone - shaped space targets [J]. IEEE Sensors Journal, 2019, 19(24): 11839 - 11849.

[10]ZHANG D, ZHANG Y S, FENG C Q. Joint – 2D – SL0 algorithm for joint sparse matrix reconstruction [J]. International Journal of Antennas and Propagation, 2017,(4): 1 –7.

[11]HE X, TONG N, HU X, et al. High – resolution ISAR imaging based on two – dimensional group sparse recovery [J]. IET Radar Sonar and Navigation, 2018, 12(1): 82 –86.

[12]TAN X H, YANG Z J, LI D, et al. An Efficient range – doppler domain isar imaging approach for rapidly spinning targets [J]. IEEE Transactions on Geoscience and Remote Sensing, 2020, 58(4): 2670 –2681.

[13]BU H X, TAO R, BAI X, et al. Regularized smoothed l(0) norm algorithm and its application to CS – based radar imaging [J]. Signal Processing, 2016, 122: 115 –122.

[14]HE X Y, TONG N N, HU X W. Dynamic ISAR imaging of maneuvering targets based on sparse matrix recovery [J]. Signal Processing, 2017, 134: 123 –129.

[15]STANKOVIC L, OROVIC I, STANKOVIC S, et al. Compressive sensing based separation of nonstationary and stationary signals overlapping in time – frequency [J]. IEEE Transactions on Signal Processing, 2013, 61(18): 4562 –4572.

[16]ZHAO M M, ZHANG Q, LUO Y, et al. Micromotion feature extraction and distinguishing of space group targets [J]. IEEE Geoscience and Remote Sensing Letters, 2017, 14(2): 174 –178.

[17]LI P, ZHANG Q H. An improved Viterbi algorithm for IF extraction of multicomponent signals [J]. Signal Image Video Process, 2018, 12(1): 171 –179.

[18]HE Y, MOLCHANOV P, SAKAMOTO T, et al. Range – Doppler surface: a tool to analyse human target in ultra – wideband radar [J]. IET Radar Sonar and Navigation, 2015, 9(9): 1240 –1250.

[19]GURBUZ S Z, AMIN M G. Radar – Based human – motion recognition with deep learning promising applications for indoor monitoring [J]. IEEE Signal Processing Magazine, 2019, 36(4): 16 –28.

[20]HAN L, FENG C. High – Resolution imaging and micromotion feature extraction of space multiple targets [J]. IEEE Transactions on Aerospace and Electronic Systems, 2023, 59(5): 6278 –6291.

[21]KANG Q, SHI L, LI T, et al. An adaptive transpose measurement matrix algorithm for signal reconstruction in compressed sensing [J]. Int J of Innovative Computing and Applications, 2015, 6(3/4): 216 – 222.

[22]马梁. 弹道中段目标微动特性及综合识别方法 [D]. 长沙: 国防科学技术大学, 2012.

[23]CANDES E J, SING – LONG C A, TRZASKO J D. Unbiased risk estimates for singular value thresholding and spectral estimators [J]. IEEE Transactions on Signal Processing, 2013, 61(19): 4643 –4657.

第 5 章
弹道目标参数估计

不同的弹道目标无论是在结构还是在运动上，其参数都存在着显著的差异。在微动样式上的差异体现为弹头、轻诱饵、碎片等的微动样式是不同的；在微动参数上的差异体现为部分高仿重诱饵虽然与弹头的微动样式近似，但是其进动频率、进动角等参数存在着显著的不同。此外，不同型号的弹头在几何结构和微动参数上也是存在着显著的差异。精确的弹道目标参数估计既能为弹头和重诱饵的区分提供数据支撑，也能够为型号级的弹道目标识别奠定坚实的基础。

本章主要针对弹道目标参数估计展开研究，主要由四部分内容组成：5.1 节针对微动目标回波中的 SNR 估计问题，设计了一种基于 LRCN 的 SNR 估计方法，能够实现 SNR 的高精度估计；5.2 节针对弹道目标的微动周期估计问题，提出了一种基于递归图的微动周期估计方法；5.3 节采用三维雷达立方体数据，成功地实现了弹道目标的微动参数和结构参数估计；5.4 节以组网雷达观测作为条件，设计了有翼弹道目标微动参数估计与三维重构算法。

5.1 基于 LRCN 的弹道目标回波 SNR 估计

SNR 是微动目标回波的重要参数之一，准确的 SNR 信息对于后续目标其他参数估计算法的设计具有指导意义，能够有效地提高相关算法的稳健性。

传统的 SNR 估计方法虽然实现较好的 SNR 估计，但是还存在着以下两个问题。①部分 SNR 估计方法只针对特定的信号调制方式，适用范围有限。现有的大多数方法主要针对多进制数字相位调制（multiple phase shift keying, MPSK）信号、二进制相移键控（binary phase shift keying, BPSK）信号以及其他确定性信号设计。②SNR 有效估计范围窄，方法稳健性不足。在低 SNR 条件下，信号子空间容易被高估，使得基于子空间分离的方法产生不可避免的误差。这些约束影响了上述算法在微动回波 SNR 估计的应用。

深度神经网络具有良好的含噪图像处理能力，基于深度神经网络搭建微动回波 SNR 估计框架是一种有效的方案。然而，这里仍然有两个问题需要考虑：一是微动回波复杂，而现有网络主要针对的是确定的信号；二是回波特征无法通过现有网络充分表达，不利于实现高精度 SNR 估计。

综上所述，本节提出了一种基于 LRCN 的圆锥目标 SNR 估计方法。从设计一个有效的 SNR 估计方法的动机出发，研究了方法设计中所需关注的主要问题，设计了基于 LRCN 的 SNR 估计网络，仿真实验验证了算法的有效性。

5.1.1　信号模型

由于小的 RCS 和空气阻力，锥形结构已广泛应用于弹头。此外，进动和章动是弹头的两种典型微动。本节所提出的 SNR 估计方法主要针对这两种微动形式的目标回波展开研究，两种运动模型如图 5.1 所示。

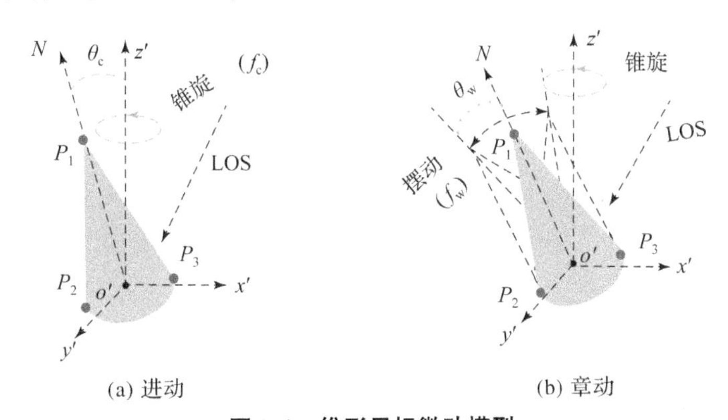

图 5.1　锥形目标微动模型

设 $x(t)$ 表示目标微动产生的回波，则 $x(t)$ 可以表示为

$$x(t) = s(t) + n(t) = \sum_{k=1}^{3} \sigma_k \mathrm{e}^{\mathrm{j}\left[2\pi\int_0^t f_k(t)\mathrm{d}t\right]} + n(t) \tag{5.1}$$

式中：$f_k(t)$ 表示 P_k 对应的微多普勒频率。

对 $f_k(t)$ 进行傅里叶级数展开，则有

$$f_k(t) = a_{k,0} + \sum_{m=1}^{M_k}\left[a_{k,m}\cos(\omega mt) + b_{k,m}\sin(\omega mt)\right] \tag{5.2}$$

式中：$a_{k,0}$、$a_{k,m}$、$b_{k,m}$ 以及 ω 表示分解后的分解系数。根据文献 [1]，M_k 对于进动目标可以表示为 $M_1=1$，$M_{2/3}=2$。对于章动目标，虽然 M_1 和 $M_{2/3}$ 没有准确的取值，但本节认为 $M_1>1$，$M_{2/3}>2$ 是合理的，这是因为章动在进动的基础上还多了一个摆动的调制。

从式（5.1）和式（5.2）中可以看出，微动回波是一种多分量的、非平稳的时变信号。基于此，传统的 SNR 估计方法不能直接应用到微动回波 SNR

估计上。因此需要研究适合微动信号的 SNR 估计方法。

5.1.2 SNR 估计网络设计

5.1.2.1 网络设计动机

针对微动回波的非平稳、多分量、频率时变等特性，在设计 SNR 估计方法时应该关注以下几个细节。

（1）由于微动回波的复杂性，所提方法应是一种非数据辅助的方法，且对回波信号的类型限制较小，这样才能同时应用到进动目标和章动目标。

（2）当回波从时域转换到其他域时，回波的 SNR 必须保持不变。如果在变换过程中出现 SNR 的变化，可能会出现 SNR 的估计误差 。

（3）SNR 估计方法应基于丰富而准确的信号特征，这将提高方法的有效性。

对应于上述三点，本节提出了一种基于 LRCN 的微动回波 SNR 估计方法。该方法具有以下三个特点。

（1）一种适用于不同微动类型的 SNR 估计方法。

基于深度神经网络的方法无须人工设计 SNR 估计器，可以提取输入的潜在和抽象特征，从而准确地完成任务。为了提高微动回波 SRN 估计的精度和稳健性，本节设计了基于 LRCN 的估计方法。

（2）一种基于 STFT 的时间序列编码方法。

$x(t)$是一种时间序列，因此反映的特征是十分有限的。对于时间序列 $x(t)$，将其编码成图像是一种非常有效的方法。时频图是一种重要的二维特征，能够详细地呈现回波的细节信息。作为一种线性时频分析方法，本节采用 STFT 将 $x(t)$转换成二维图像。

为了分析 STFT 对 SNR 的影响，根据时域 SNR 的传统定义，将信号的 SNR/dB 用符号 ρ 来表示，ρ 可以表示为

$$\rho = 10\lg\left(\int_{-\infty}^{\infty} |x(t)|^2 \mathrm{d}t \Big/ \int_{-\infty}^{\infty} |n(t)|^2 \mathrm{d}t\right) = 10\lg(E_{\mathrm{s}}/E_{\mathrm{n}}) \tag{5.3}$$

式中：E_{s} 表示信号的时域能量；E_{n} 表示噪声的时域能量。

本节采用 STFT 将信号从时域序列转变为时频图。对于时域信号 $s(\tau)$，采用 STFT 将其变换到时频域的表达式为

$$\boldsymbol{S}(t,f) = \int_{-\infty}^{\infty} s(\tau)g(\tau - t)\mathrm{e}^{-\mathrm{j}2\pi f\tau}\mathrm{d}\tau \tag{5.4}$$

式中：$g(\cdot)$表示窗函数，一般满足

$$g(t) = \begin{cases} g(t), & 0 < t < T_0 \\ 0, & \text{其他} \end{cases} \tag{5.5}$$

式中：T_0 表示时域窗长。

帕萨瓦尔定理指出，信号的能量在从时域到频域的转换过程中是不变的。因此有

$$\int_{-\infty}^{\infty} |s(t)|^2 \mathrm{d}t = \int_{-\infty}^{\infty} |\boldsymbol{S}(f)|^2 \mathrm{d}f \tag{5.6}$$

从式（5.4）可以看出，$\boldsymbol{X}(t,f)$可以视为$x(\tau)g(\tau-t)$的傅里叶变换。也就是说，$s(t)$和$\boldsymbol{S}(t,f)$满足如下关系

$$\int_{-\infty}^{\infty} |s(t)g(t-\tau)|^2 \mathrm{d}\tau = \int_{-\infty}^{\infty} |\boldsymbol{S}(t,f)|^2 \mathrm{d}f \tag{5.7}$$

因此，整个时频域信号的能量与时域信号的能量关系可以表示为

$$\begin{aligned} E_{tf-s(t)} &= \int_{-\infty}^{\infty}\int_{-\infty}^{\infty} |\boldsymbol{S}(t,f)|^2 \mathrm{d}f\mathrm{d}t = \int_{-\infty}^{\infty}\int_{-\infty}^{\infty} |s(t)g(t-\tau)|^2 \mathrm{d}\tau\mathrm{d}t \\ &= \int_{-\infty}^{\infty} |s(t)|^2 \mathrm{d}t \int_{-\infty}^{\infty} |g(t-\tau)|^2 \mathrm{d}\tau \\ &= E_{\mathrm{s}} \int_{0}^{T_0} |g(\tau)|^2 \mathrm{d}\tau \end{aligned} \tag{5.8}$$

同理，噪声$n(t)$在时频域的能量满足

$$E_{tf-n(t)} = E_{\mathrm{n}} \int_{0}^{T_0} |g(\tau)|^2 \mathrm{d}\tau \tag{5.9}$$

因此，将信号从时域转移到时频域，时频域的信噪比ρ_{TF}可以表示为

$$\rho_{TF} = 10\lg\left(\frac{E_{\mathrm{s}}\int_{0}^{T_0} |g(\tau)|^2 \mathrm{d}\tau}{E_{\mathrm{n}}\int_{0}^{T_0} |g(\tau)|^2 \mathrm{d}\tau}\right) = 10\lg\left(\frac{E_{\mathrm{s}}}{E_{\mathrm{n}}}\right) = \rho \tag{5.10}$$

结合式（5.3）和式（5.10）可以看出，尽管滑动窗函数会对信号的能量产生影响，但经过 STFT 后时域 SNR 和时频域的 SNR 具有一致性。

除 STFT 外，典型的时频分析方法包括 WVD、SPWVD 等。文献［2］分析了 WVD 中的 SNR 的变化，指出了时域 SNR 和时频域 SNR 的不一致性，因此不能用时频域 SNR 来估计时域 SNR。而 STFT 可以保证信号的时域 SNR 估计可以转换到时频域进行。

（3）一种基于 LRCN 的 SNR 估计网络。

因为时频图上呈现出微多普勒随时间的变化，所以时频图被认为是一种时间相关的图像。LRCN 是 CNN 和递归神经网络（recurrent neural networks，RNN）的混合，能够同时捕获空间特征和时间特征。充分利用时间特征和空间特征对提高估计精度具有重要意义。因此，本节设计了一个 LRCN 来估计 SNR。

5.1.2.2 网络结构

综上所述，本节的SNR估计方法采用CNN和RNN相结合的方法，设计出一种基于LRCN的SNR估计网络，网络的结构如图5.2所示。

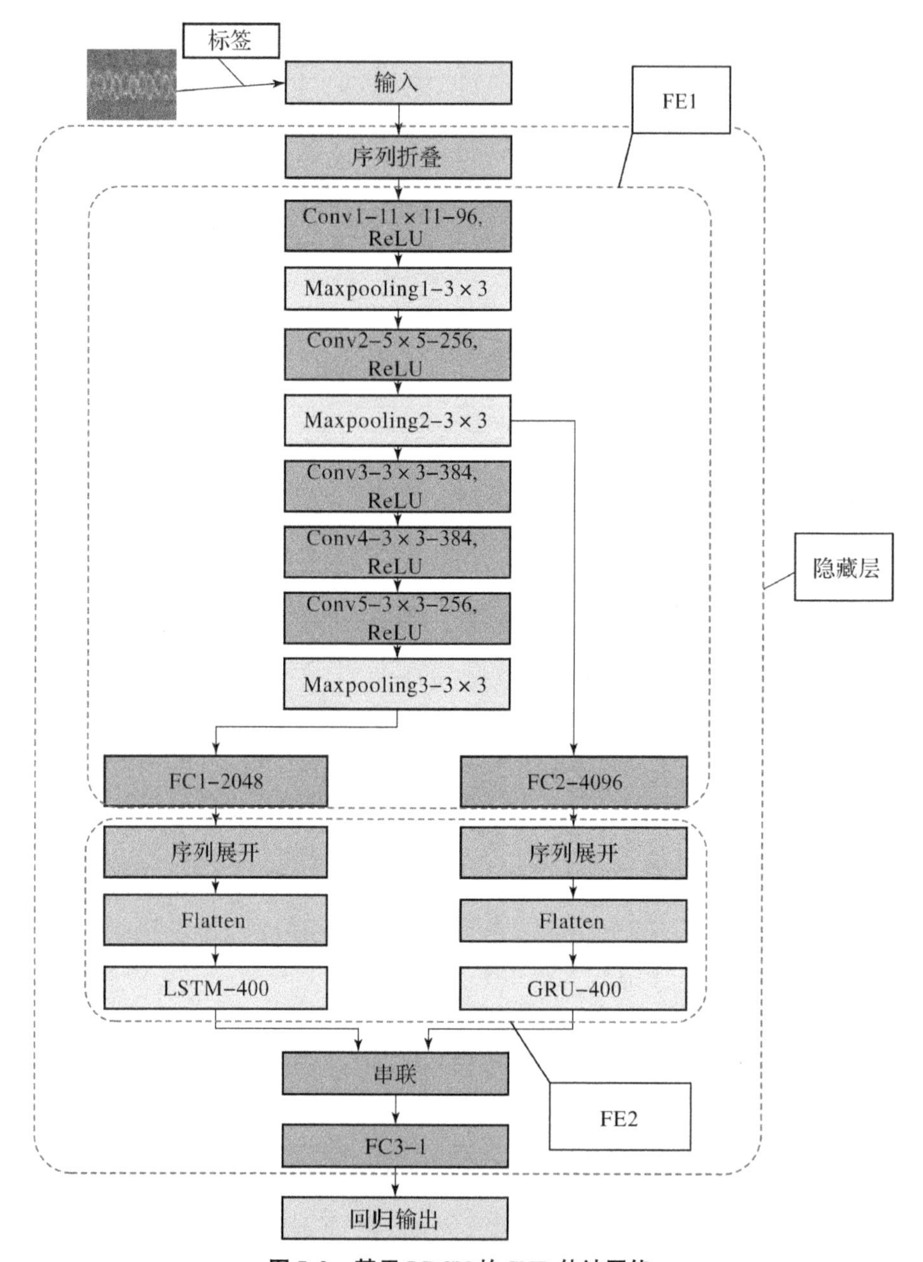

图5.2 基于LRCN的SNR估计网络

典型的神经网络主要由输入层、隐藏层和输出层三部分组成。结合图5.2，本节对LRCN网络这三部分进行说明。

（1）输入层。在图5.2中，输入层主要输入时频图样本以及对应的标签，所有的输入样本尺寸为227×227×1。

（2）隐藏层。隐藏层主要用于提取并处理时频图的特征。本节设计隐藏层有两个特征提取部分：基于CNN的空间特征提取网络FE1和基于RNN的时间特征提取网络FE2。

对于FE1，每一个卷积模块包含一个卷积层（Conv），一个批量归一化层（BN），和一个非线性激活层（ReLU）以及一个最大池化层（Maxpooling）。其中，卷积层用于学习时频图的空间特征，ReLU层用来对图像进行非线性表示，BN层用来避免网络产生过拟合现象同时加速网络训练，最大池化层被用来进行下采样和非线性表示。

FE1是一个拥有不同的卷积尺寸的前层CNN网络，该网络具有以下特点：第一，FE1中只采用了四个卷积模块，四个卷积模块的使用可以保证网络的训练速度；第二，不同尺寸的卷积核保证了网络可以提取不同尺度的特征，增强了网络的特征表达能力；第三，FE1输出两个不同的特征（分别来自于Maxpooling2和Maxpooling3），这保证了输出特征的丰富性。

FE2主要包含两个全连接层、两个RNN网络（LSTM和门控循环单元（gated recurrent unit，GRU））和一个堆叠层。LSTM的设计初衷是为了缓解传统RNN在训练时遇到的一些问题，它更适合处理长序列数据的分类和预测，其结构如图5.3所示。

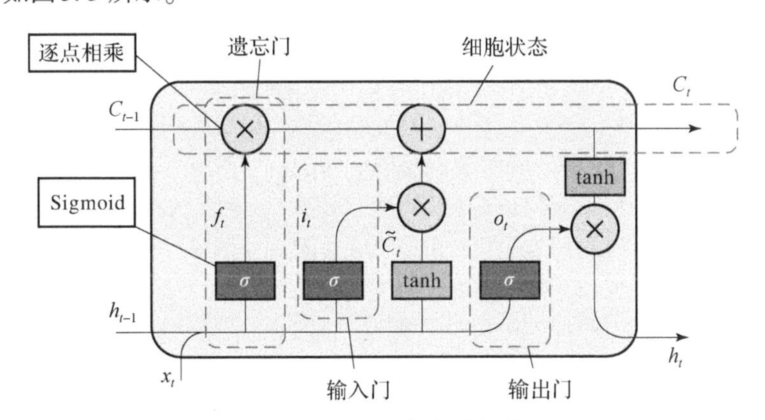

图5.3　LSTM框架流程图

LSTM的特殊之处在于采用的“门”结构和细胞状态。通过不同的“门”确定信息的去留，将信息的变化反映在细胞状态上，并将细胞状态沿着长序列持续传递，使得序列处理过程中的相关信息能够长期保留。门结构包含一个 σ 层（采用 Sigmoid 激活函数）和一个逐点相乘层，LSTM 处理信息的过程主要包含以下四个步骤。

定义当前输入为 x_t，前一个神经元隐藏信息为 h_{t-1}，C_{t-1} 表示前一个神经元输出的细胞状态，h_t 表示当前神经元隐藏信息，C_t 为当前时刻的细胞状态。LSTM 中的四个步骤的表达如下。

（1）信息遗忘（遗忘门，Forget Gate）：读取 x_t 和 h_{t-1}，将其输入到 σ 层，根据输出 f_t 的取值确定 C_{t-1} 中有多少信息需要保留到 C_t 中。

$$f_t = \sigma(\boldsymbol{W}_f[h_{t-1}, x_t] + b_f) \tag{5.11}$$

式中：b_f 表示偏置项；$\boldsymbol{W}_f$ 表示遗忘门的权值矩阵。

（2）信息保留：此部分包含两组运算。将 x_t 和 h_{t-1} 输入 σ 层，确定需要更新的值，将 x_t 和 h_{t-1} 输入 tanh 层创建一个候选值向量 $\tilde{C}_t$。

$$i_t = \sigma(\boldsymbol{W}_i[h_{t-1}, x_t] + b_i) \tag{5.12}$$

$$\tilde{C}_t = \tanh(\boldsymbol{W}_C[h_{t-1}, x_t] + b_C) \tag{5.13}$$

式中：b_i 和 b_C 表示偏置项；$\boldsymbol{W}_i$ 和 $\boldsymbol{W}_C$ 表示权值矩阵。

（3）状态更新：前一层细胞状态和遗忘向量相乘，进行信息丢弃；然后在将该值与输入门的结合遗忘门和记忆门的输出，细胞状态由 C_{t-1} 改变为 C_t。

$$C_t = i_t * \tilde{C}_t + f_t * C_{t-1} \tag{5.14}$$

（4）确定输出（输出门，Output Gate）：将隐藏状态和当前输入传递到 σ 层，将新得到的细胞状态 C_t 输入 tanh 函数，将两个输出相乘从而得到隐藏状态应当携带的信息 h_t，为下一个神经元的运算提供输入。

$$o_t = \sigma(\boldsymbol{W}_o[h_{t-1}, x_t] + b_o) \tag{5.15}$$

$$h_t = o_t * \tanh(C_t) \tag{5.16}$$

式中：b_o 表示偏置项；$\boldsymbol{W}_o$ 表示权值矩阵。

通过将遗忘门和输入门进行合并为更新门，去除细胞状态，使用隐藏状态来传递信息，这种新的结构称为 GRU。GRU 只有两个门，分别为更新门和重置门，是一种简化版的 LSTM 结构。相比于 LSTM，GRU 的运算量有一定的较少，因而在大的训练数据下可以节省网络训练时间。考虑到这一特性，将第二个池化层输出的特征经 FC2$(1\times1\times4096)$降维后输入到 GRU，而将第五个池化层输出的特征经 FC1$(1\times1\times2048)$降维输入到 LSTM。GRU 的结构如图 5.4 所示。

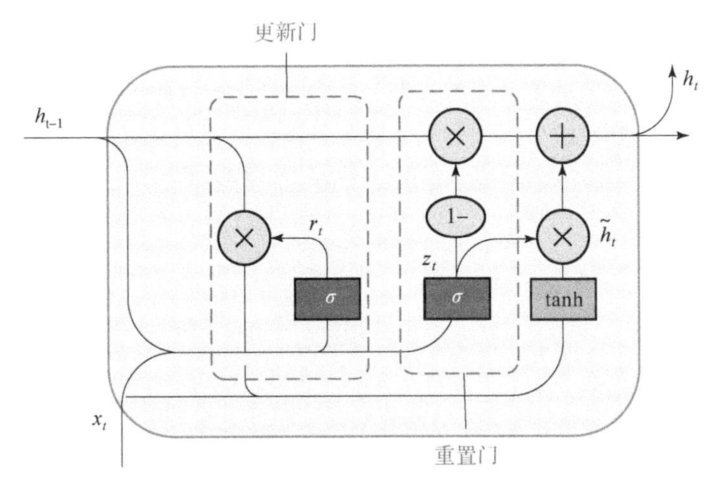

图 5.4　GRU 的原理

更新门：类似于遗忘门和输入门，确定了需要添加的信息，其过程可以表示为

$$z_t = \sigma(\boldsymbol{W}_z \cdot [h_{t-1}, x_t]) \tag{5.17}$$

$$r_t = \sigma(\boldsymbol{W}_r \cdot [h_{t-1}, x_t]) \tag{5.18}$$

重置门：决定遗忘信息的程度，其过程可以表示为

$$\tilde{h}_t = \tanh(\boldsymbol{W} \cdot [r_t * h_{t-1}, x_t]) \tag{5.19}$$

$$h_t = (1 - z_t) * h_{t-1} + z_t * \tilde{h}_t \tag{5.20}$$

在式（5.17）~式（5.20）中，$\boldsymbol{W}_z$、$\boldsymbol{W}_r$ 和 $\boldsymbol{W}$ 表示对应的权值矩阵。

3）输出层：输出层主要用于确定网络的损失函数。本节中的网络用于实现回归任务，因此需要将输出层修改为“回归输出”。设 $\hat{\rho}_n$ 表示预测变量，N 表示样本数量，则损失函数 $L(\hat{\rho}_n, \rho_n)$ 可以表示为

$$\text{Loss} = \frac{1}{2N}\sum_{n=1}^{N}(\hat{\rho}_n - \rho_n)^2 = \frac{1}{2}\text{MSE} \tag{5.21}$$

其他层：“Flatten”表示扁平化层，用于将图像特征转变为序列特征，以便于 RNN 进行进一步的特征提取。

5.1.3　SNR 估计 CRLB 分析

为了进一步衡量算法的估计性能，本节推导了式（5.1）所示的信号在 SNR 估计时的克拉美罗界（Cramer－Rao Lower Bound，CRLB）。为了便于说明问题，将式（5.1）中的信号模型扩展为 K 个散射中心，将该模型修正为

$$x(t)=\sum_{k=1}^{K}A_k s_k(t)+n(t)=A_1\sum_{k=1}^{K}\gamma_k s_k(t)+n(t) \tag{5.22}$$

式中：A_k 表示第 k 个分量的幅度系数。取幅度系数 A_1 作为中间量，将每个分量的幅度系数设置为 γ_k。

在式（5.3）中，SNR 表示为信号能量和噪声能量的比值。结合式（5.22），ρ 可以表示为

$$\rho=10\lg\frac{A_1{}^2E[(\sum_{k=1}^{K}\gamma_k s_k(t))^2]}{\sigma^2}=10\lg\left\{\frac{A_1{}^2A_0}{\sigma^2}(A_0=E[(\sum_{k=1}^{K}\gamma_k s_k(t))^2])\right\} \tag{5.23}$$

以$(A_1{}^2,\sigma^2)$为估计量的对应的观测信号 $x(t)$ 的条件概率密度函数可以表示为

$$p(x\mid A_1^2,\sigma^2)=\left(\frac{1}{\pi\sigma^2}\right)^N\exp\left[-\frac{1}{\sigma^2}\sum_{n=1}^{N}\left(x^{\mathrm{R}}(n)-A_1\sum_{k=1}^{K}\gamma_k s_k^{\mathrm{R}}(n)\right)^2-\frac{1}{\sigma^2}\sum_{n=1}^{N}\left(x^{\mathrm{I}}(n)-A_1\sum_{k=1}^{K}\gamma_k s_k^{\mathrm{I}}(n)\right)^2\right] \tag{5.24}$$

式中：x^{R} 表示复信号实部信号；x^{I} 表示复信号的虚部信号；n 表示第 n 个采样点。

式（5.24）对应的似然函数可以表示为

$$\Gamma(A_1^2,\sigma^2)=\ln p(x\mid A_1^2,\sigma^2)=-\frac{1}{\sigma^2}\left[\sum_{n=1}^{N}\left(x^{\mathrm{R}}(n)-A_1\sum_{k=1}^{K}\gamma_k s_k^{\mathrm{R}}(n)\right)^2-\frac{1}{\sigma^2}\sum_{n=1}^{N}\left(x^{\mathrm{I}}(n)-A_1\sum_{k=1}^{K}\gamma_k s_{\mathrm{k}}^{\mathrm{I}}(n)\right)^2\right]-N\ln(\pi\sigma^2) \tag{5.25}$$

分别求解式（5.25）中的似然函数关于估计量的二阶偏导，可以得到

$$\frac{\partial^2\Gamma}{\partial A_1^2\partial A_1^2}=-\frac{1}{2\sigma^2}\frac{\sum_{n=1}^{N}(x^{\mathrm{R}}(n)\sum_{k=1}^{K}\gamma_k s_k^{\mathrm{R}}(n)+x^{\mathrm{I}}(n)\sum_{k=1}^{K}\gamma_k s_k^{\mathrm{I}}(n))}{A_1{}^3} \tag{5.26}$$

$$\frac{\partial^2\Gamma}{\partial A_1^2\partial\sigma^2}=\frac{\partial^2\Gamma}{\partial\sigma^2\partial A_1^2}=\frac{1}{\sigma^4}\left[-\frac{1}{A_1}\sum_{n=1}^{N}\left(x^{\mathrm{R}}(n)\sum_{k=1}^{K}\gamma_k s_k^{\mathrm{R}}(n)+x^{\mathrm{I}}\sum_{k=1}^{K}\gamma_k s^{\mathrm{I}}k(n)\right)+\sum_{n=1}^{N}\left((\sum_{k=1}^{K}\gamma_k s_k^{\mathrm{R}}(n))^2+(\sum_{k=1}^{K}\gamma_k s_k^{\mathrm{I}}(n))^2\right)\right] \tag{5.27}$$

$$\frac{\partial^2\Gamma}{\partial\sigma^2\partial\sigma^2}=\frac{N}{\sigma^4}-\frac{2}{\sigma^6}\left[\sum_{n=1}^{N}\left(x^{\mathrm{R}}_(n)-A_1\sum_{k=1}^{K}\gamma_k s_k^{\mathrm{R}}(n)\right)^2-\frac{1}{\sigma^2}\sum_{n=1}^{N}\left(x^{\mathrm{I}}_-A_1\sum_{k=1}^{K}\gamma_k s_k^{\mathrm{I}}(n)\right)^2\right] \tag{5.28}$$

根据式（5.26）~式（5.28），得到对应的费舍尔信息矩阵可以表示为

$$\boldsymbol{J}=\begin{bmatrix} -E\left(\dfrac{\partial^2\Gamma}{\partial {A_1}^2\partial {A_1}^2}\right) & -E\left(\dfrac{\partial^2\Gamma}{\partial {A_1}^2\partial\sigma^2}\right) \\ -E\left(\dfrac{\partial^2\Gamma}{\partial\sigma^2\partial {A_1}^2}\right) & -E\left(\dfrac{\partial^2\Gamma}{\partial\sigma^2\partial\sigma^2}\right) \end{bmatrix} \tag{5.29}$$

将式（5.23）、式（5.26）、式（5.27）、式（5.28）代入式（5.29）中，则有

$$\boldsymbol{J}=\begin{bmatrix} \dfrac{N\,10^{\frac{\rho}{10}}}{2{A_1}^4} & 0 \\ 0 & \dfrac{N}{\sigma^4} \end{bmatrix} \tag{5.30}$$

令 $\phi=[{A_1}^2\quad \sigma^2]$，构造 SNR 估计量 $g(\phi)=10\lg\left(\dfrac{{A_1}^2A_0}{\sigma^2}\right)$，则有

$$\mathrm{CRLB}=\frac{\partial g(\phi)}{\phi}\boldsymbol{J}^{-1}\frac{\partial^{\mathrm{T}}g(\phi)}{\phi^{\mathrm{H}}} \tag{5.31}$$

式（5.31）中的两个求导运算满足

$$\begin{cases} \dfrac{\partial g(\phi)}{\phi^{\mathrm{T}}}=\left[\dfrac{10}{{A_1}^2\ln10}\quad -\dfrac{10}{\sigma^2\ln10}\right] \\ \dfrac{\partial^{\mathrm{T}}g(\phi)}{\phi^{\mathrm{H}}}=\left[\dfrac{10}{{A_1}^2\ln10}\quad -\dfrac{10}{\sigma^2\ln10}\right]^{\mathrm{T}} \end{cases} \tag{5.32}$$

将式（5.30）和式（5.32）代入式（5.31）中，得到 CRLB 的表示为

$$\mathrm{CRLB}=\frac{100}{N\ln^2 10}\left(\frac{2}{10^{\frac{\rho}{10}}}+1\right) \tag{5.33}$$

5.1.4　实验结果及分析

分别选择不同 SNR 进动锥形目标和章动锥形目标所得到的时频图作为网络输入，对本节所提出的 SNR 估计算法进行分析。其中，两种微动目标（图 5.1）所对应的参数如表 5.1 所列。

表 5.1　微动参数设置

	LOS 方位角 α/(°)	LOS 俯仰角 β/(°)	锥旋角频率 ω_c/(rad/s)	进动角 θ/(°)	摆动角频率 ω_w/(rad/s)	摆动角 θ_w/(°)
进动	45	25 : 5 : 50	(0.5 : 0.5 : 2.5) ×2π	6 : 2 : 12	—	—
章动	120	25 : 25 : 50	(0.5 : 0.5 : 2.5) ×2π	6 : 2 : 12	$\left[\frac{1}{2}\omega_c,\ \frac{3}{2}\omega_c\right]$	$\left[\frac{1}{3}\theta,\ \frac{1}{2}\theta,\ \frac{2}{3}\theta\right]$

在表5.1中，每种微动包含120个样本。将ρ的范围设置为[15 ： -2.5 ： -7.5]dB。对于每一种SNR下的回波，随机添加三次高斯白噪声，最终得到一个包含7200个样本的数据集。对基于神经网络的估计方法而言，不规则的估计现象可能会出现在待估计参数范围的两端[3]。因此。在实验中加入了少量的$\rho = 17.5$dB和$\rho = -10$dB的样本，从而使得网络的估计性能分布更加合理。网络在一台显卡为NVIDIA GeForce RTX 3070，显存为8GB的服务器上训练，关于网络训练的超参数见表5.2所列。

表5.2 超参数设置

求解器	批大小	初始学习率	学习率衰减因子	训练次数（epoch）	数据集组成
Adam	32	0.0001	0.2/4epoch	20	训练集（60%），验证集（20%），测试集（20%）

首先，将本节算法的SNR估计性能与其他的网络和估计算法进行对比，从而分析本节所提算法的性能优势。采用迁移学习的方法对Stack - LSTM[4]和Stack - GRU[5]（两个RNN网络）和EfficientNet - B0[6]（一个CNN网络）进行处理，来实现对SNR的估计。采用测试集的均方误差（mean - square error，MSE）以及平均绝对误差（mean absolute error，MAE）作为性能评估指标。MAE可以表示为

$$\text{MAE} = \frac{1}{N}\sum_{n=1}^{N} |\hat{\rho}_n - \rho_n| \tag{5.34}$$

考虑到网络的随机性，在实验过程中，所有网络均训练20次，将所有结果取平均值，其结果如图5.5所示。根据图5.5的结果可以看出：总体上，随着SNR的降低，各方法的MSE和MAE逐渐增大，尽管存在着局部的波动。本节所提出的方法的MSE和MAE在各SNR下均是最小的，且本节所提方法的MSE与CRLB非常接近，这表明本节所提的方法在SNR估计这一问题上表现得非常优秀。对于Stack - LSTM、Stack - GRU和EfficientNet - b0三种网络而言，Stack - LSTM在低SNR下性能更好，在高SNR下性能居中；Stack - GRU在高SNR下性能更好，而当SNR较低时算性能明显变差，表明该算法的稳健性不强；EfficientNet - b0算法在整个SNR估计范围的性能都居于这三个算法的中间。

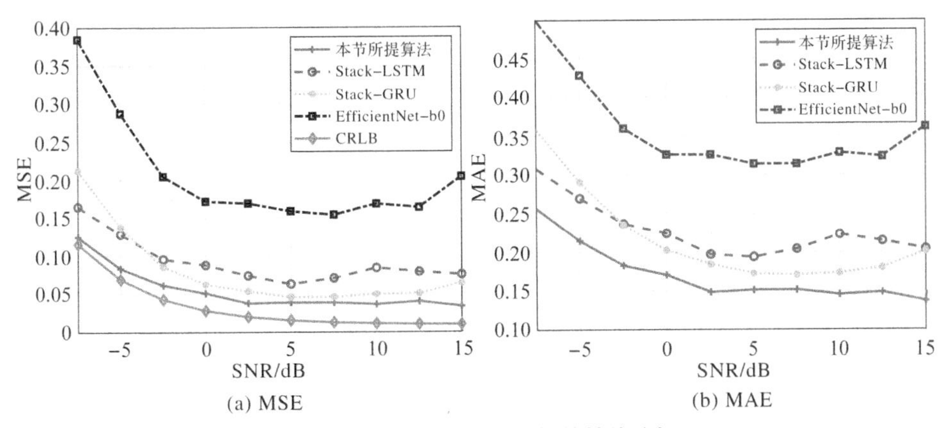

(a) MSE (b) MAE

图5.5 不同SNR估计网络的性能分析

根据上述分析可以看出，无论是相比于单纯的CNN网络还是RNN网络，本节方法的性能优势明显。这表明了本节所提出的LRCN结构相比较于单一的CNN和RNN，其样本特征能力明显，从而说明了在时频图中充分利用时间特征和空间特征是非常有意义的。

为了验证本节所提方法相比于传统的子空间分离方法的优势，本节的第二个实验用来将本节算法的性能与传统的Hankel-SVD[7]方法的性能进行比较，结果如表5.3所列。

表5.3 算法性能对比

方法		-5dB	0dB	5dB	10dB	15dB
本节所提算法	MAE	**0.2273**	**0.1631**	0.1523	0.1592	0.1405
	MSE	**0.0951**	**0.0473**	0.0407	0.0444	0.0348
Hankel-SVD	MAE	1.5254	0.3055	**0.1545**	**0.1357**	**0.1295**
	MSE	4.7306	0.1866	**0.0385**	**0.0294**	**0.0274**

由表5.3可知，Hankel-SVD方法的性能在$\rho \geq 5$dB时比本节方法的性能略好。当SNR低于$\rho < 5$dB时，Hankel-SVD算法的性能迅速下降，而本节方法的性能虽然也在下降，但是下降的趋势相对较慢。上述现象证明了本节算法比Hankel-SVD方法的性能稳健。此外，结合图5.5和表5.3在低SNR条件下，Hankel-SVD的MAE和MSE已经达到10^0量级，而基于深度学习的SNR估计方法均在10^{-1}次方量级。这也表明了相对于传统算法的SNR估计方法，基于神经网络的估计方法在SNR估计上有着明显的优势。

除了估计精度外，算法的运行时间也同样是重要的性能分析指标。通过计算训练好的网络对每个样本的平均 SNR 预测时间，得到不同估计方法的运行时间如表 5.4 所列。

表 5.4　不同算法单个样本平均估计时间

方法	本节所提算法	Stack - LSTM	Stack - GRU	EfficientNet - b0	Hankel - SVD
样本预测时间/ms	5.8	16.7	16.4	244.9	40.5

从表 5.4 可以看出，本节算法的样本预测时间明显小于其他几种算法，这也证明了本节算法在网络设计时采用的简单网络结构有效保证了网络的预测速度。

数据集的状态对于算法的可行性验证是一个重要的依据。本节的网络仅仅针对了锥形目标的两种运动进行分析，而实际情况中目标运动和结构的多样性都会影响网络的性能。为了证明网络的泛化能力，将本节所提的网络应用到其他两个数据集上进行性能检验。根据文献［8］的数据集生成方法，生成了数据集 D1，该数据集中包含了锥形目标五种不同微动样式对应的时频图。根据文献［9］，生成了数据集 D2，这一数据集包含不同微动参数下锥柱形进动目标的时频图。求解测试集中总体 MSE 和总体 MAE 作为性能评估指标，对本节方法在不同数据集上的性能进行验证，结果如表 5.5 所列。

表 5.5　不同数据集上的算法性能分析

数据集	本节使用的数据集	D1	D2
MAE	0.1778	0.2573	0.3917
MSE	0.0602	0.1251	0.2968

需要说明的是，在本次的实验中设置 D1 和 D2 中的样本数与本节的数据集数目相同。由表 5.5 可知，本节所提的网络本节所采用的数据集中表现最佳，在 D1 上的性能略差，在 D2 上的性能差距明显。经过分析结论如下：与 D1 相比，本节只考虑了两种微动，而 D1 中包含了五种不同的微动样式。微动的复杂性导致网络的性能出现了一定的下降。与 D2（锥柱形进动目标）相比，D1 与本节的数据集均针对的是锥形目标，这意味着目标结构的复杂性对网络的影响更大。总的来说，虽然提出的网络在其他两个数据集上的性能略有下降，但它也实现了有效地估计（D1 的性能接近于 Stack - LSTM，D2 的性能略差于 EfficientNet - b0）。总体上来看，本节网络在其他两个数据集上的性能

会产生一定的降低。由于其他两个数据集上的微动更加复杂，而在相同的样本数目下网络对复杂数据集的特征学习能力有限。也就是说，随着数据集变得逐渐复杂，为了保持网络的性能，应当适当地增加训练集的数目，从而确保网络可以充分保持数据集的特征。

5.2　基于递归图的微动周期估计

诱饵和弹头在质量和结构上的差异导致它们的微动周期一般不同。因此，微动周期是众多微动参数中一个重要的参数。微动目标回波是一种典型的非平稳、多分量信号。混沌信号处理方法对于非平稳信号的处理具有重要的借鉴意义。基于此，本节将用于混沌行为分析的递归特性分析引入到微动周期估计中，提出一种基于递归图的微动周期估计方法。采用递归特性分析方法对锥柱形目标的回波进行分析，研究了递归图生成中的三个重要参数，对生成后的递归图设置一个周期估计统计量，最终实现了目标的微动周期估计。

5.2.1　锥柱形目标微动模型分析

建立锥柱形目标如图 5.6 所示，以 o' 为原点建立 $o'-x'y'z'$ 坐标系。雷达视线方向（Line of Sight，LOS）在坐标系中的方位角为 α，β 表示 LOS 俯仰角的余角。P_1、P_2、P_3、P_4、P_5 表示弹头上 5 个散射中心，ω_c 表示进动频率，θ 表示进动角，$\phi(t)$ 表示对称轴与进动轴的夹角。设 o'' 为底面圆心，圆锥的结构参数分别为 $o''P_1=h_1$，$o'o''=h_2$，$o'o'''=h_3$，$o'''P_5=r$，$\angle P_1o'P_3=\gamma_1$，$\angle P_5o'o'''=\gamma_2$。

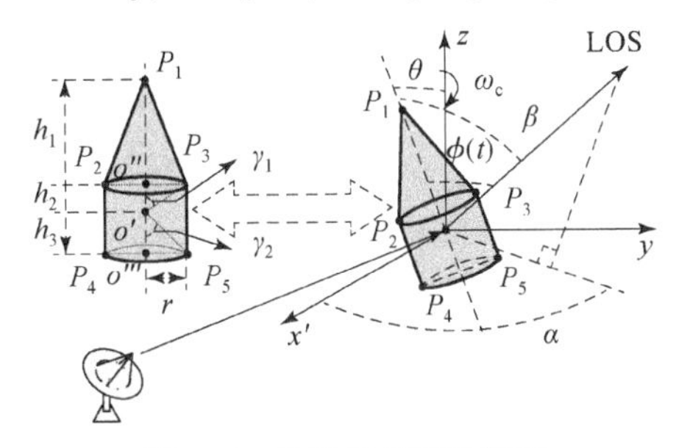

图 5.6　锥柱结构进动模型

在 t 时刻，各散射中心在 LOS 上的投影可以表示为

$$\begin{cases}R_{\mathrm{md}-P_1}=(h_1+h_2)\cos(\phi(t))\\R_{\mathrm{md}-P_2/P_3}=h_2\cos(\phi(t))\pm r\sin(\phi(t))\\R_{\mathrm{md}-P_4/P_5}=-h_3\cos(\phi(t))\mp r\sin(\phi(t))\end{cases}\tag{5.35}$$

雷达发射单载频信号，锥柱体目标的回波表示为 $x(t)$

$$\begin{aligned} x(t) &= s(t) + n(t) \\ &= \left(\sum_{i=1}^{5}\sigma_i \exp\left(\mathrm{j}\,\frac{4\pi f_c R_{\mathrm{md}-P_i}}{c}\right)\right) + n(t) \end{aligned} \tag{5.36}$$

式中：$n(t)$为高斯白噪声，$n(t) \sim N(0,\sigma^2)$。

5.2.2 RP 生成与微动周期估计

前文已经指出，$x(t)$是一个多分量、非平稳以及频率时变的信号。当对这种序列的内部特性进行分析时，采用递归图可以很好地展示信号内部的递归结构。因此，本节采用递归图实现对进动目标的周期估计。

1. RP 基本原理

对于式（5.36）中所示的信号，需要首先对序列信号进行相空间重构，从而生成回波的 RP。

将 $x(t)$离散表示为 $x(1),x(2),\cdots,x(N)$，取时延为 τ，则生成维数为 m 的相空间可以表示为

$$\boldsymbol{X} = \begin{bmatrix} x(1) & x(2) & \cdots & x(M) \\ x(1+\tau) & x(2+\tau) & \cdots & x(M+\tau) \\ \vdots & \vdots & & \vdots \\ x[1+(m-1)\tau] & x[2+(m-1)\tau] & \cdots & x[M+(m-1)\tau] \end{bmatrix} \tag{5.37}$$

相空间中任意相点 $\boldsymbol{X}(k) = [x(k),x(k+\tau),\cdots,x(k+(m-1)\tau)]^{\mathrm{T}}$，相点数 $M = N-(m-1)\tau$。

根据式（5.37）中所示的相空间矩阵，其对应的递归图生成方法可以表示为

$$\boldsymbol{R}(i,j) = \Theta(\varepsilon - \| X(i) - X(j) \|) = \begin{cases} 1, \varepsilon \geqslant \| X(i) - X(j) \|_2 \\ 0, \varepsilon < \| X(i) - X(j) \|_2 \end{cases} \tag{5.38}$$

式中：$\boldsymbol{R}(i,j)$表示矩阵中的第 i 行第 j 列的元素；ε 表示距离阈值；$\|\cdot\|_2$ 表示求解两个相点的 L_2 范数。

从式（5.38）中可以看出，递归图通过将高维运动状态从序列维映射到二维图形中，可以反映出不同相点之间的相似程度以及相似度的周期，进而解释序列中包含的动力学现象。当两个相点的相似性越强，其对应的距离越小；当两个相点的相似性较弱时，对应的距离越大。

2. RP 生成过程中的参数选择

（1）τ 与 m 的选择。

在相空间重构中，基于平均互信息（average mutual information，AMI）的延迟时间确定方法和基于伪最近邻点（false nearest neighbor，FNN）的嵌入维

数确定方法是两种常用的参数选择方法。以此为基础，本节采用这两种算对延迟时间和嵌入维数进行确定。

采用$I(\tau)$来表示$x(t)$和$x(t+\tau)$的AMI，则有

$$I(\tau) = \sum_{i,j=1} p_{ij}(\tau)\lg\left(\frac{p_{ij}(\tau)}{p_i p_j}\right) \tag{5.39}$$

式中：p_i表示$x(t)$出现在由$x(t)$的幅值得到的概率密度曲线中的第i个区间；$p_{ij}(\tau)$为$x(t)$出现在区间i且$x(t+\tau)$出现在区间j的概率。

当τ取值逐渐变大时，$x(t)$和$x(t+\tau)$之间的相关性越弱，当τ足够大时，两者之间接近乃至于独立，此时的$I(\tau)$接近于0。通常情况下，选择$I(\tau)$的值中第一个下降到1/e时所对应的τ作为$x(t)$的最优延迟时间。

若X_i为m维相空间中的一个相点，X_j表示其最近邻点，则在$m+1$维度中对应的X_{i+1}和X_{j+1}分别为$m+1$维相空间中的X_i和X_j的映像点。定义一个距离比值d_i

$$d_i = \left\| \frac{X_{i+1}(n) - X_{j+1}^N(n)}{X_i(n) - X_j^N(n)} \right\| \tag{5.40}$$

如果d_i大于门限值，则认为这两个点是伪最近邻点。如果在当前的嵌入维度下，伪最近邻点的个数较多，则采取增大伪最近邻点的个数，直至个数占比甚至于接近0，此时对应的m为最佳的嵌入维数。

（2）ε的设置。

随着SNR逐渐降低，两个相点的相似性会降低，而距离系数则会相应的变大。因此，ρ和ε之间满足负相关关系。即SNR越小，门限的选取应该越大，从而保证ε选择的合理性。从式（5.38）中可以看出，阈值ε对于递归图的质量至关重要，而决定ε的值的一个重要因素就是回波的SNR。通过估计回波SNR，合理地选择递归矩阵的阈值，可以生成高质量的递归图。

文献［10］对复杂系统中的递归现象进行了深入研究，分析了距离阈值ε对于递归图的影响，文献指出在噪声背景下递归图的阈值与信号噪声的方差σ^2之间应满足$\varepsilon=5\sigma$。

对于式（5.36）中的信号，结合$n(t)$的数学性质，则有

$$\begin{aligned} E([x(t)]^2) &= E\{[s(t)+n(t)]^2\} \\ &= E([s(t)]^2) + 2E[s(t)]E[n(t)] + E([n(t)]^2) \\ &= E([s(t)]^2) + \sigma^2 \end{aligned} \tag{5.41}$$

从信号能量的角度，将SNR的定义表示为

$$\rho = 10\lg\left(\frac{E([s(t)]^2)}{E([n(t)]^2)}\right) = 10\lg\left(\frac{E([x(t)]^2) - \sigma^2}{\sigma^2}\right) \tag{5.42}$$

因此有

$$\varepsilon = 5\hat{\sigma} = 5\sqrt{\frac{E([x(t)]^2)}{10^{\frac{\rho}{10}} - 1}} \tag{5.43}$$

利用观测信号 $x(t)$，根据回波的 SNR 估计值，利用式（5.43）可以实现距离阈值的估计。

根据式（5.38）可以看出，当两个相点之间的延迟为目标的周期时，即 $|i-j| = kN_c, k=1,2,\cdots$，两个相点是非常相似的，此时有 $\|\boldsymbol{X}(i) - \boldsymbol{X}(j)\| \to 0$，即满足 $\boldsymbol{R}(i,j)=1$。也就是说，对于 $\boldsymbol{R}$ 在这一条对角线上的取值大部分均接近于 1。反之，当两个相点之间的延迟不满足周期的整数倍时，该对角线上的元素 1 的个数相对较少。因此，定义 $\boldsymbol{R}$ 统计量 $g(n)$，则有

$$g(n) = \text{mean}[\text{diag}(\boldsymbol{R}, n)], n = -N+1, -N+2, \cdots, N-1 \tag{5.44}$$

式中：$\text{diag}(\boldsymbol{R},n)$ 表示取 $\boldsymbol{R}$ 的第 n 条对角线上的元素；n 为负值时表示取对角线以下的元素，n 为正表示取对角线以上的元素；$\text{mean}(\cdot)$ 表示对括号内的序列求取均值。

通过对 $g(n)$ 进行峰值搜索，提取其中峰值对应的坐标，将该点数转化为对应的周期大小，可以实现对周期的估计。

5.2.3 实验结果及分析

对目标参数及雷达参数进行设置：$\alpha = 135°$，$\beta = 45°$，$\omega_c = 3\pi \text{rad/s}$，$T_c = \frac{2\pi}{\omega_c} \approx 0.6667\text{s}$，$\theta = 10°$，$h_1 = 2\text{m}$，$h_2 = 0.5\text{m}$，$h_3 = 1\text{m}$，$r = 0.5\text{m}$，$\gamma_1 = 45°$，$\gamma_2 = 26.57°$，$f_c = 8\text{GHz}$，$\text{PRF} = 2000\text{Hz}$，$T_d = 1\text{s}$，$\rho = 20\text{dB}$。对目标的回波进行 STFT 处理，得到时频图如图 5.7 所示。

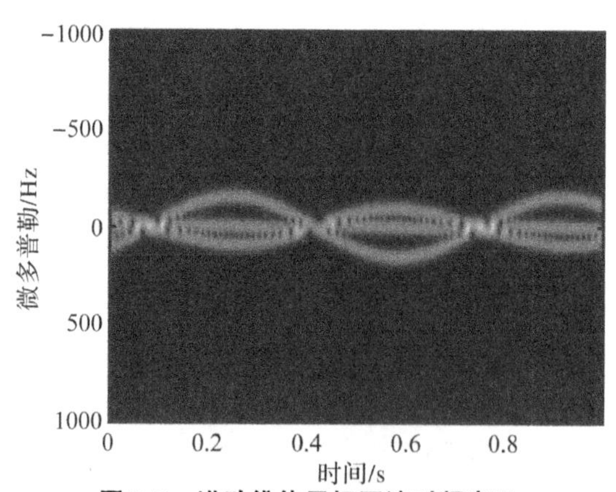

图 5.7　进动锥体目标回波时频表示

考虑到锥柱目标的遮挡效应，仅考虑三个散射中心能有效反射回波的情况，图 5.7 中仅包含了三个散射中心的微多普勒脊线。

采用 5.2.2 节中提出的 AMI 和 FNN 对于 τ 和 m 进行取值选择，得到结果如图 5.8 所示。

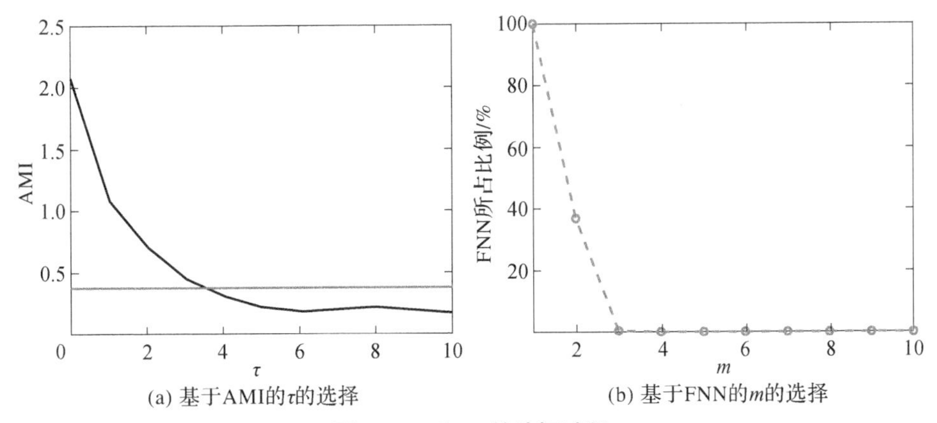

(a) 基于AMI的τ的选择　(b) 基于FNN的m的选择

图 5.8　τ 和 m 的选择过程

根据图 5.8 中两个参数的分布，取 $\tau=4$，$m=3$。对于 SNR 估计，采用 5.1 节中的 SNR 估计网络，最终生成目标的递归图如图 5.9（a）所示。计算递归图中各条对角线对应的统计量 $g(n)$，结果如图 5.9（b）所示。

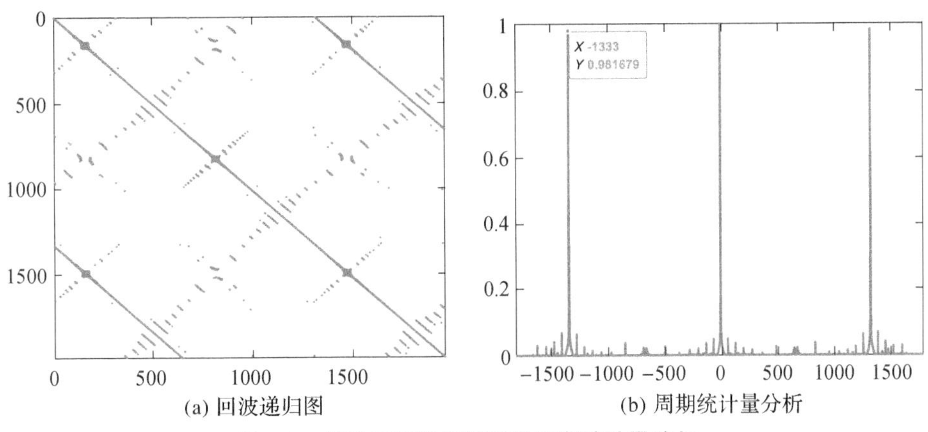

(a) 回波递归图　(b) 周期统计量分析

图 5.9　微动回波递归图以及周期统计量分析

从图 5.9（b）中可以看出，除了在主对角线（$n=0$）外，$g(n)$ 在 $n=\pm1333$ 处出现了峰值。因此 1333 被认为对应于目标的一个周期。利用峰值位置可以估计出目标的进动周期

$$\hat{T}_c = \frac{m}{\text{PRF}} = 1333/2000 \approx 0.6665\text{s} \tag{5.45}$$

从式（5.45）以及前文中的参数设置中看出 $\hat{T}_c$ 与 T_c 的基本上一致，因此认为采用递归图实现了对目标周期的有效估计。

为了进一步评估算法的性能，实验分别给出了本节算法在0dB、-2.5dB和-5dB下的周期估计统计量分布图。此外，文献［11］中的提出的基于时频相关系数的方法也同样可以是一种峰值搜索估计周期的算法，将该算法作为对照，对本节所提算法的性能进行分析。两种方法的周期估计性能分别如图5.10和图5.11所示。

从图5.10中可以看出，尽管随着SNR的增加，周期统计量的幅值有一定的下降，但即使在 $\rho=-5$dB 的情况下，周期对应的峰值仍然非常明显，这表明本节算法仍然具有周期的检测能力。基于时频图相关的周期估计方法在 $\rho=0$dB 时检测效果较好，而且不受半周期分量的影响。但是当 $\rho \leqslant -2.5$dB，已

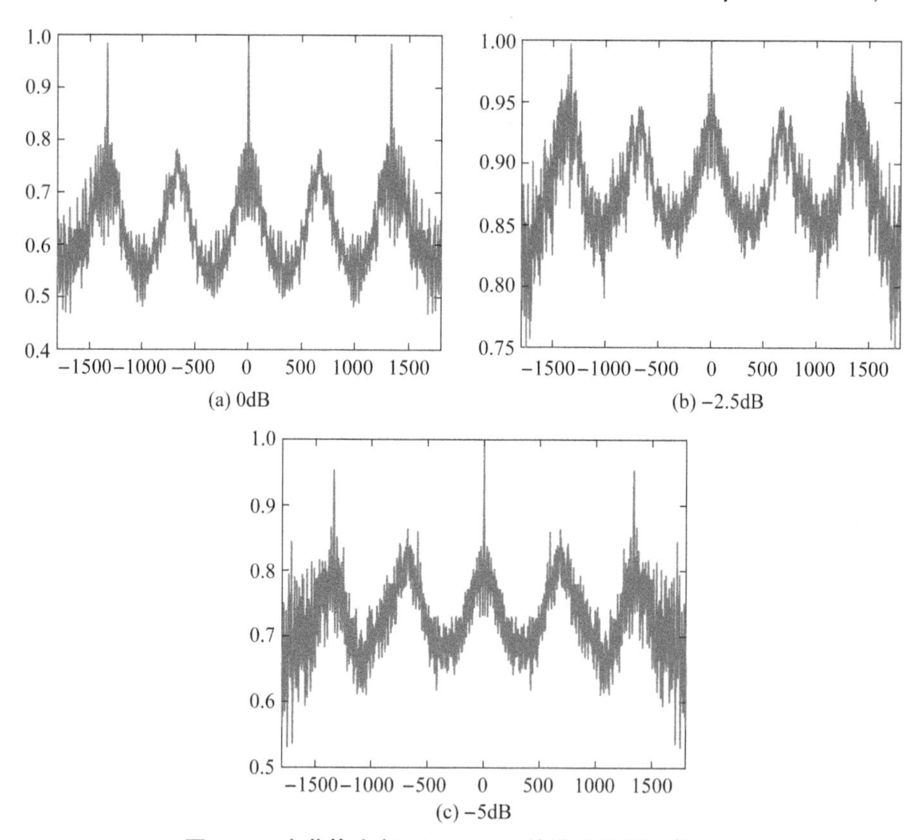

图5.10　本节算法在不同SNR下的微动周期搜索情况

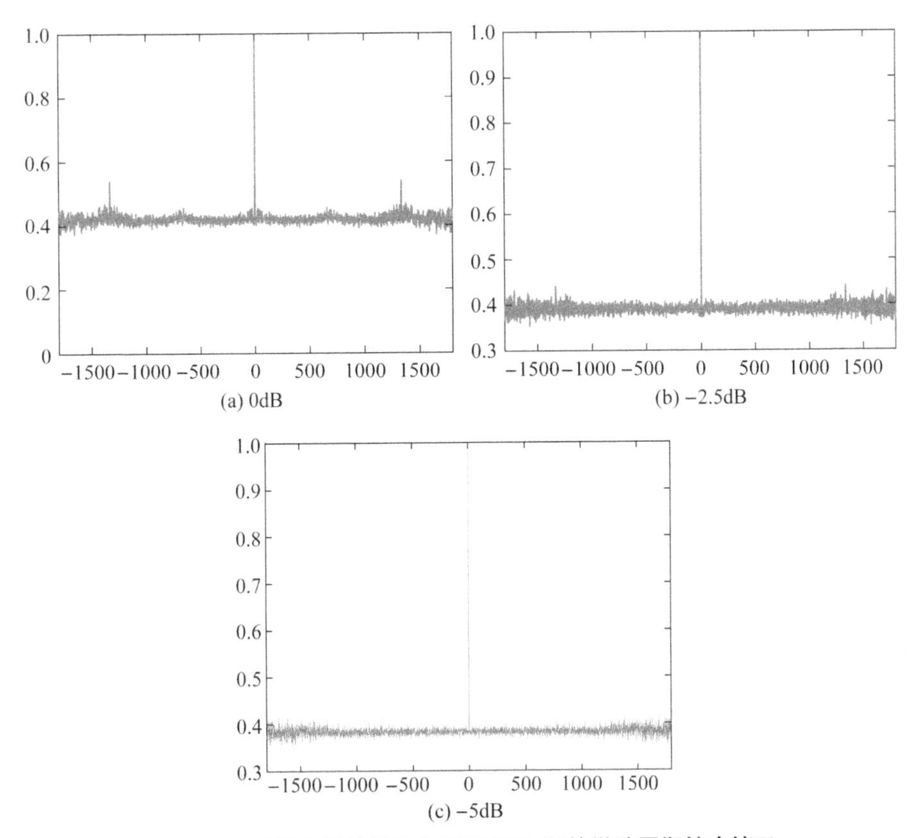

图 5.11　时频自相关算法在不同 SNR 下的微动周期搜索情况

经无法从时频图相关系数中检测到相应的峰值，这说明方法已经无法进行周期估计。由此可以看出，相比于基于时频图相关系数的进动周期估计算法，本节算法具有非常好的稳健性。

5.3　基于三维雷达数据立方体的进动目标微动参数与结构参数估计

与二维雷达图像相比，距离 - 频率 - 时间雷达数据立方体在目标参数估计中更有效，因为它提供了使用综合目标微动信息的可能性。在过去的研究中，已经开发了几种多维处理技术，然而现有方法往往只利用了雷达数据立方体的空间形状，并没有深入挖掘其内在机制及其所包含的丰富信号特性。

本节提出了一种基于距离 - 频率 - 时间雷达数据立方体的参数估计方法。与现有方法相比，该方法能够充分利用距离、频率和时间信息，可以自动完成

LSC 与 SSCE 的区分，并利用三维特征曲线与补偿系数实现遮挡条件下的微动参数和结构参数估计。

5.3.1 基于二进制掩码的强散射中心关联

利用4.2.1节中所提的2D AReSL0 算法获取二维 RD 序列，为了实现对RD 序列散射中心的准确提取，提出了一种基于二进制掩码的特征增强方法。此外，特征增强方法还可以实现 LSC 数据的自动关联。值得注意的是，对于本节提出的参数估计方法，SSCE 的数据关联是不必要的。

假设 $\boldsymbol{X}\in\mathbb{R}^{\bar{M}\times\bar{N}}$ 为稀疏重构后的 RD 像矩阵，其中，$\bar{M}$、$\bar{N}$ 分别代表距离维和频率维度单元数。每个像素周围的局部统计信息可以估计如下

$$E=\frac{1}{UV}\sum_{u,v\in\eta}\boldsymbol{X}(u,v) \tag{5.46}$$

$$\sigma^2=\frac{1}{UV}\sum_{u,v\in\eta}\boldsymbol{X}^2(u,v)-\mu^2 \tag{5.47}$$

式中：η 表示 $\boldsymbol{X}\in\mathbb{R}^{\bar{M}\times\bar{N}}$ 中 $U\times V$ 大小的局部邻域；E 代表局部均值；σ^2 代表局部方差。

之后，像素级的自适应维纳滤波器可以表示为

$$w(u,v)=E+\frac{\sigma^2-\sigma_{\mathrm{n}}^{2}}{\sigma^2}(\boldsymbol{X}(u,v)-E) \tag{5.48}$$

式中：σ_{n}^2 代表噪声方差。

像素级自适应维纳滤波器可以在抑制噪声的同时保留图像矩阵的有用特性。将经过像素级自适应维纳滤波器的 RD 图像矩阵定义为 $\boldsymbol{X}_{w1}$。此外，根据电磁散射理论，SSCE 散射中心的 RCS 值远远低于 LSC 散射中心的 RCS 值。因此，利用一个和 RD 图像矩阵 $\boldsymbol{X}_{w1}$ 相同大小的二进制掩码对矩阵进行处理，将其分割为不同的部分。

构造二进制掩码的第一步是利用大津算法（Otsu's Method）计算出矩阵 $\boldsymbol{X}_{w1}$ 的阈值$(\lambda_{11},\lambda_{12},\lambda_{13})$，第一级二进制掩码可以表示为

$$\boldsymbol{BM}_1(\bar{m},\bar{n})=\begin{cases}1,\boldsymbol{X}_{w1}(\bar{m},\bar{n})>\lambda_{13}\\0,\boldsymbol{X}_{w1}(\bar{m},\bar{n})\leqslant\lambda_{13}\end{cases} \tag{5.49}$$

式中：$\bar{m}\in\bar{M}$；$\bar{n}\in\bar{N}$。

根据式（5.49），$\boldsymbol{BM}_1(\bar{m},\bar{n})$中的元素满足 $\boldsymbol{X}_{w1}(\bar{m},\bar{n})>\lambda_{13}$将会被保留，其余的将置为0。$\boldsymbol{BM}_1(\bar{m},\bar{n})$中的元素满足 $\boldsymbol{X}_{w1}(\bar{m},\bar{n})\leqslant\lambda_{12}$意味着其中

的像素点属于图像的背景或噪声，不包含具体信息，应该丢弃。$\boldsymbol{BM}_1(\bar{m},\bar{n})$中的元素满足$\lambda_{12}<\boldsymbol{X}_{w1}(\bar{m},\bar{n})\leqslant\lambda_{13}$表示像素点属于 SSCE 或强噪声点。$\boldsymbol{BM}_1(\bar{m},\bar{n})$中的元素满足$\boldsymbol{X}_{w1}(\bar{m},\bar{n})>\lambda_{13}$表示像素点属于 LSC。

接着，仅包含强散射中心信息的矩阵$\boldsymbol{X}_{\mathrm{LSC}}$可通过以下提取

$$\boldsymbol{X}_{\mathrm{LSC}}=\boldsymbol{BM}_1\odot\boldsymbol{X} \tag{5.50}$$

式中：⊙代表哈达玛积（hadamard product）。

然后，重复上述操作，可以得到每帧 RD 图像中 LSC 的距离和频率信息。另一方面，由于第一级二进制掩码值只提取 LSC 的信息，还实现了 LSC 的关联处理。

接着，图像矩阵$\boldsymbol{X}_{\xi}$可以通过下面获取，

$$\boldsymbol{X}_{\xi}=(\boldsymbol{BM}_1)^{-}\odot\boldsymbol{X} \tag{5.51}$$

式中：$(\cdot)^{-}$代表逻辑非操作。

利用式（5.51）中的逻辑非操作，使得获取的图像矩阵$\boldsymbol{X}_{\xi}$不包含 LSC 信息。同样的，将$\boldsymbol{X}_{\xi}$通过像素级自适应维纳滤波器后，即可得到图像矩阵$\boldsymbol{X}_{w2}$。再利用 Otsu's Method 计算出矩阵$\boldsymbol{X}_{w2}$的阈值$(\lambda_{21},\lambda_{22},\lambda_{23})$。类似地，第二级二进制掩码可以表示为$\boldsymbol{BM}_2$。

接着，包含 SSCE 信息的图像矩阵$\boldsymbol{X}_{\mathrm{SSCE}}$可以通过式（5.52）提取，

$$\boldsymbol{X}_{\mathrm{SSCE}}=\boldsymbol{BM}_2\odot\boldsymbol{X} \tag{5.52}$$

综上所述，可以从图像矩阵$\boldsymbol{X}_{\mathrm{LSC}}$中提取 LSC 信息，从图像矩阵$\boldsymbol{X}_{\mathrm{SSCE}}$中提取 SSCE 信息。

5.3.2　基于三维特征曲线的参数估计

在实际雷达回波中，在不同的雷达视线角条件下，雷达回波会受到遮挡效应的影响。假设对目标的平动进行精确补偿，则目标回波可描述为

$$s_{\mathrm{occlusion}}(t)=\sum_k\sigma_k h_k(t)\mathrm{e}^{\mathrm{j}2\pi\int f_k(t)\mathrm{d}t} \tag{5.53}$$

式中：h_k是第k个散射中心的遮挡因子。

本节所研究对象为锥形进动目标，其结构如图 5.12所示。对于锥形目标的遮挡情况，其具体分析见 4.3 节。

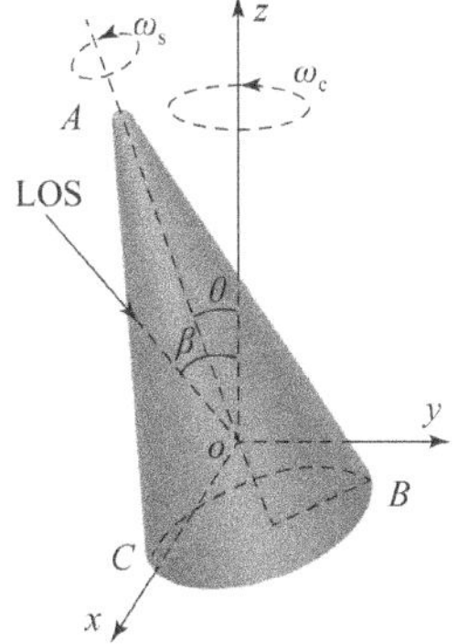

图 5.12　本节中所研究的进动目标模型

首先，利用 RD 序列估计出锥形目标的微动周期。选择t_0作为初始时间点，将t_0时刻的 RD 像X作为参考图像。参考图像$\boldsymbol{X}$与其余图像$\boldsymbol{S}$之间的相关系

数可以表示为

$$\text{sim}=\frac{\sum_{\bar{m}=1}^{\bar{M}}\sum_{\bar{n}=1}^{\bar{N}}(\boldsymbol{X}_{\bar{m}\bar{n}}-E_X)(\boldsymbol{S}_{\bar{m}\bar{n}}-E_S)}{\sqrt{\left(\sum_{\bar{m}=1}^{\bar{M}}\sum_{\bar{n}=1}^{\bar{N}}(\boldsymbol{X}_{\bar{m}\bar{n}}-E_X)^2\right)\left(\sum_{\bar{m}=1}^{\bar{M}}\sum_{\bar{n}=1}^{\bar{N}}(\boldsymbol{S}_{\bar{m}\bar{n}}-E_S)^2\right)}} \tag{5.54}$$

式中：E_X 和 E_S 分别代表矩阵 $\boldsymbol{X}$ 和 $\boldsymbol{S}$ 的平均值。

当参考图像 $\boldsymbol{X}$ 和对比图像 $\boldsymbol{S}$ 匹配程度最大时，相关系数 sim 将取最大值。假设最佳匹配图像的时间为 t_c，则锥形目标微动周期的估计值为 $\hat{T}=t_c-t_0$，估计出的角速度值为 $\hat{\omega}_c=2\pi/\hat{T}$。

接着，可以利用距离－频率－时间三维雷达数据立方体估计出锥形目标进动角 θ、锥形目标顶部到质心的距离 h_1、锥形目标底部中心到质心的距离 h_2、目标底部半径大小 r。

受遮挡效应的影响，下面分别讨论三种情况下的参数估计方法。在任何情况下，只需要区分出强散射中心和弱散射中心，并不需要对弱散射中心进行关联处理。

情况一：三个散射中心均可见。假设 RD 序列中的帧数为 L，局部散射中心 A 的微距离和微多普勒信息可以分别表示为 $r_{\text{LSC}}\in\mathbb{R}^{L\times1}$和 $f_{\text{LSC}}\in\mathbb{R}^{L\times1}$。SSCE 的微距离和微多普勒信息可以分别表示为 $r_{\text{SSCE}}\in\mathbb{R}^{L\times2}$和 $f_{\text{SSCE}}\in\mathbb{R}^{L\times2}$。

定义 $r^*=\boldsymbol{r}_{\text{LSC}}+\boldsymbol{r}_{\text{SSCE\_1}}+\boldsymbol{r}_{\text{SSCE\_2}}$，$f^*=\boldsymbol{f}_{\text{LSC}}-(\boldsymbol{f}_{\text{SSCE_1}}+\boldsymbol{f}_{\text{SSCE_2}})$分别代表同一时刻目标上所有强散射中心微距离和微多普勒信息的叠加。其中，$\boldsymbol{r}_{\text{SSCE_1}}$和 $\boldsymbol{r}_{\text{SSCE_2}}$分别代表 $\boldsymbol{r}_{\text{SSCE}}\in\mathbb{R}^{L\times2}$中的第一列和第二列，$\boldsymbol{f}_{\text{SSCE_1}}$和$\boldsymbol{f}_{\text{SSCE_2}}$分别代表$\boldsymbol{f}_{\text{SSCE}}\in\mathbb{R}^{L\times2}$中的第一列和第二列。

定义锥形进动目标的三维特征曲线 $\boldsymbol{s}^*$，其表达式如下所示：

$$\begin{cases}r^*=\boldsymbol{r}_{\text{LSC}}+\boldsymbol{r}_{\text{SSCE\_1}}+\boldsymbol{r}_{\text{SSCE\_2}}\\ \quad=r_A+r_B+r_C=a+b\sin(\omega_c t^*+\varphi_1)\\ f^*=\boldsymbol{f}_{\text{LSC}}-(\boldsymbol{f}_{\text{SSCE\_1}}+\boldsymbol{f}_{\text{SSCE\_2}})\\ \quad=f_A-(f_B+f_C)=c\cos(\omega_c t^*+\varphi_2)\\ t^*=\Delta t\bar{k},\ \bar{k}=1,2,\cdots,\bar{K}\end{cases} \tag{5.55}$$

式中：φ_1 和 φ_2 均为初始相位；Δt 是两个 RD 帧之间的时间间隔；$a=(h_1-2h_2)\cos\theta\cos\beta$；$b=(h_1-2h_2)\sin\theta\sin\beta$；$c=2\omega_c(h_1+2h_2)\sin\theta\sin\beta/\lambda$。因此，$a$、$b$、$c$ 只受 h_1，h_2 和进动角 θ 的调制（雷达视线 β 预先可知），也就是说只需提

取出 a、b、c 的值就可从中反推出锥形进动目标参数 h_1、h_2、θ。同时，可以发现，a 代表正弦曲线的中值，b 和 c 代表正弦曲线的振幅。至此，锥形进动目标参数提取问题就转换为简单的正弦曲线中值和振幅估计问题。

当进动角 θ 和目标角速度 ω_c 被估计出来后，平均视线角的余弦表达式 $F(t)$ 也可以被估计出来。假设 $F(t)$ 的估计值为 $\hat{F}(t)$，则底面半径的估计值为

$$\hat{r} = \frac{|\boldsymbol{r}_{\mathrm{SSCE\_1}} - \boldsymbol{r}_{\mathrm{SSCE\_2}}|}{2\sqrt{1 - \hat{F}^2(t)}} \tag{5.56}$$

情况二：目标中仅锥顶散射中心和底部一个滑动散射中心可见。根据式(4.1)，可以发现散射中心 C 的微距离和微多普勒表达式可以分为两项，第一部分是正弦项第二部分是非正弦项。正弦部分可表示如下：

$$\begin{cases} r_{C-\mathrm{s}} = -h_2 F(t) = -\dfrac{h_2}{h_1} r_A \\ f_{C-\mathrm{s}} = -\dfrac{2\omega_{\mathrm{c}} \sin\gamma \sin\theta_0 \cos(\omega_{\mathrm{c}} t + \alpha)}{\lambda} h_2 = -\dfrac{h_2}{h_1} f_A \end{cases} \tag{5.57}$$

非正弦部分可以表示为

$$\begin{cases} r_{C-\mathrm{n}} = r\sqrt{1 - F^2(t)} \\ f_{C-\mathrm{n}} = -\dfrac{2\omega_{\mathrm{c}} \sin\gamma \sin\theta_0 \cos(\omega_{\mathrm{c}} t + \alpha) \mathrm{d}F(t)}{\lambda \sqrt{1 - F^2(t)}} \end{cases} \tag{5.58}$$

为了实现遮挡条件下的锥形目标参数估计，提出补偿系数 η 的概念，其定义为

$$\eta = \frac{h_2}{h_1}, \eta \in (0,1) \tag{5.59}$$

在此情况下，可以将散射中心 A 的微距离和微多普勒分别定义为 $\boldsymbol{r}_{\mathrm{LSC}} \in \mathbb{R}^{L\times 1}$ 和 $\boldsymbol{f}_{\mathrm{LSC}} \in \mathbb{R}^{L\times 1}$，散射中心 C 的微距离和微多普勒分别定义为 $\boldsymbol{r}_{\mathrm{SSCE}} \in \mathbb{R}^{L\times 1}$ 和 $\boldsymbol{f}_{\mathrm{SSCE}} \in \mathbb{R}^{L\times 1}$。锥形进动目标的三维特征曲线 s^* 可被表示为

$$\begin{cases} r^* = r_A + r_B + r_C = (1 - 2\eta) r_{\mathrm{LSC}} \\ f^* = f_A - (f_B + f_C) = (1 + 2\eta) \boldsymbol{f}_{\mathrm{LSC}} \\ t^* = \Delta t \bar{k}, \bar{k} = 1, 2, \cdots, \bar{K} \end{cases} \tag{5.60}$$

由于补偿系数 η 未知，可以选择了一个合适的递增序列 $\hat{\eta} = [\hat{\eta}_1, \hat{\eta}_2, \cdots, \hat{\eta}_J]$ 来表示，每一个用来估计的补偿系数 $\hat{\eta}_j$ 都会定义出一个三维特征曲线 s_j^*，具体可以表示为

$$\begin{cases} r_j^{\,*} = (1-2\hat{\eta}_j) r_A \\ f_j^{\,*} = (1+2\hat{\eta}_j) f_A \\ t_j^{\,*} = \Delta t\bar{k},\ \bar{k} = 1,2,\cdots,\bar{K} \end{cases} \tag{5.61}$$

然后，可以得到在不同 $\hat{\eta}_j$ 下的估计值$(\hat{h}_{1j},\hat{h}_{2j},\hat{\theta}_j)$。同理，不同 $\hat{\eta}_j$ 下的平均视线角余弦表达式 $\hat{F}_j(t)$ 也可以估计出来。不同 $\hat{\eta}_j$ 下的底面半径估计值如下所示

$$\hat{r}_j = \frac{|\hat{\eta}_j r_{\mathrm{LSC}} + r_{\mathrm{SSCE}}|}{\sqrt{1-\hat{F}_j^{\,2}(t)}} \tag{5.62}$$

最终，在不同 $\hat{\eta}_j$ 下，可以得到一组锥形目标参数估计集$(\hat{h}_{1j},\hat{h}_{2j},\hat{r}_j,\hat{\theta}_j)$。同样的，在不同 $\hat{\eta}_j$ 下，目标的微距离和微多普勒信息可以描述为$(\hat{r}_{\mathrm{LSC}j},\hat{f}_{\mathrm{LSC}j},\hat{r}_{\mathrm{SSCE}j},\hat{f}_{\mathrm{SSCE}j})$。为了寻找最佳的补偿系数 η，可以通过计算归一化误差实现，具体表达式为

$$\delta_j = \frac{|\hat{r}_{\mathrm{LSC}j} - r_{\mathrm{LSC}}|}{\max|\hat{r}_{\mathrm{LSC}j} - r_{\mathrm{LSC}}|} + \frac{|\hat{r}_{\mathrm{SSCE}j} - r_{\mathrm{SSCE}}|}{\max|\hat{r}_{\mathrm{SSCE}j} - r_{\mathrm{SSCE}}|} + \frac{|\hat{f}_{\mathrm{LSC}j} - f_{\mathrm{LSC}}|}{\max|\hat{f}_{\mathrm{LSC}j} - f_{\mathrm{LSC}}|} + \frac{|\hat{f}_{\mathrm{SSCE}j} - f_{\mathrm{SSCE}}|}{\max|\hat{f}_{\mathrm{SSCE}j} - f_{\mathrm{SSCE}}|} \tag{5.63}$$

根据上述分析，归一化误差 δ_j 的值取决于补偿系数估计值 $\hat{\eta}_j$ 的取值。当归一化误差 δ_j 达到最小时，即散射中心 C 的微多普勒信息中的正弦部分得到了最完全的补偿，意味着此时的补偿系数估计值 $\hat{\eta}_j$ 最接近真实的 η。因此，对应最优匹配补偿系数 $\hat{\eta}_j$ 的参数估计集$(\hat{h}_{1j},\hat{h}_{2j},\hat{r}_j,\hat{\theta}_j)$就是参数的最终估计值。

情况三：目标上仅两个底面的散射中心可见，这种情况下的参数估计过程与情况二类似。

SSCE 的微距离和微多普勒信息可以分别表示为 $\boldsymbol{r}_{\mathrm{SSCE}} \in \mathbb{R}^{L\times 2}$ 和 $\boldsymbol{f}_{\mathrm{SSCE}} \in \mathbb{R}^{L\times 2}$。假设 $\boldsymbol{r}_{\mathrm{SSCE\_1}}$ 和 $\boldsymbol{r}_{\mathrm{SSCE\_2}}$ 分别代表矩阵 $\boldsymbol{r}_{\mathrm{SSCE}} \in \mathbb{R}^{L\times 2}$ 的第一列和第二列，$\boldsymbol{f}_{\mathrm{SSCE\_1}}$ 和 $\boldsymbol{f}_{\mathrm{SSCE\_2}}$ 分别代表矩阵 $\boldsymbol{f}_{\mathrm{SSCE}} \in \mathbb{R}^{L\times 2}$ 的第一列和第二列。锥形进动目标的三维特征曲线 s^* 可以表示为

$$\begin{cases} r^* = r_A + r_B + r_C = \left(1-\dfrac{1}{2\eta}\right)(\boldsymbol{r}_{\mathrm{SSCE\_1}} + \boldsymbol{r}_{\mathrm{SSCE\_2}}) \\ f^* = f_A - (f_B + f_C) = -\left(1+\dfrac{1}{2\eta}\right)(\boldsymbol{f}_{\mathrm{SSCE\_1}} + \boldsymbol{f}_{\mathrm{SSCE\_2}}) \\ t^* = \Delta t\bar{k},\ \bar{k} = 1,2,\cdots,\bar{K} \end{cases} \tag{5.64}$$

选择了一个递增序列 $\hat{\eta}=[\hat{\eta}_1,\hat{\eta}_2,\cdots,\hat{\eta}_J]$。同样的，$(\hat{h}_{1j},\hat{h}_{2j},\hat{\theta}_j)$ 可以被估计出来。不同 $\hat{\eta}_j$ 下的底面半径估计值为

$$\hat{r}_j=\frac{|\boldsymbol{r}_{\mathrm{SSCE\_1}}-\boldsymbol{r}_{\mathrm{SSCE\_2}}|}{2\sqrt{1-F_j^2(t)}} \tag{5.65}$$

同样的，最优匹配补偿系数 $\hat{\eta}_j$ 的参数估计集 $(\hat{h}_{1j},\hat{h}_{2j},\hat{r}_j,\hat{\theta}_j)$ 就是参数的最终估计值。

本节所提的进动锥形目标参数估计的总体架构如图 5.13 所示。

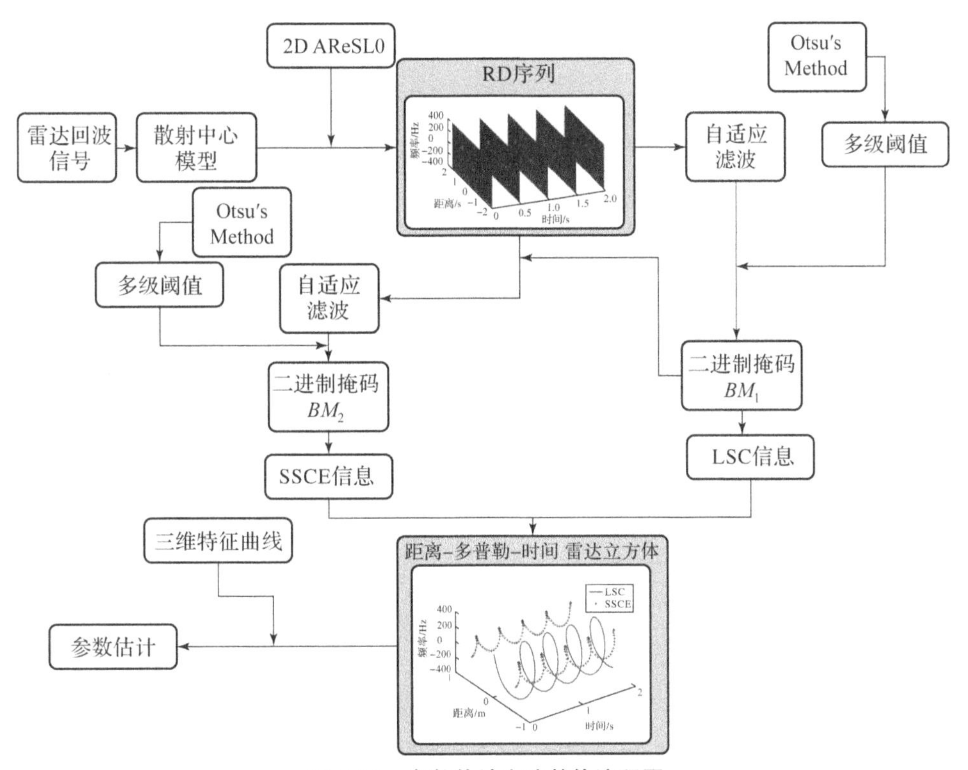

图 5.13　参数估计方法整体流程图

5.3.3　实验结果及分析

5.3.3.1　算法有效性验证

为了证明所提出的参数估计方法的有效性，利用 FEKO 软件和物理光学方法获取锥形目标电磁数据，参数设置见表 5.6。

表 5.6　电磁模型参数

起始频率/GHz	10	载频/GHz	12
截止频率/GHz	11.98	极化方式	水平极化
雷达视线角/(°)	0°～180°	球冠半径/m	0.075
底面半径/m	0.6	锥形目标高度/m	2.8

接下来，在两种不同 LOS 的情况下进行仿真实验。

情况一：$\beta=100°$，此时三个散射中心均可见。2D AReSL0 算法的成像结果如图 5.14（a）所示。

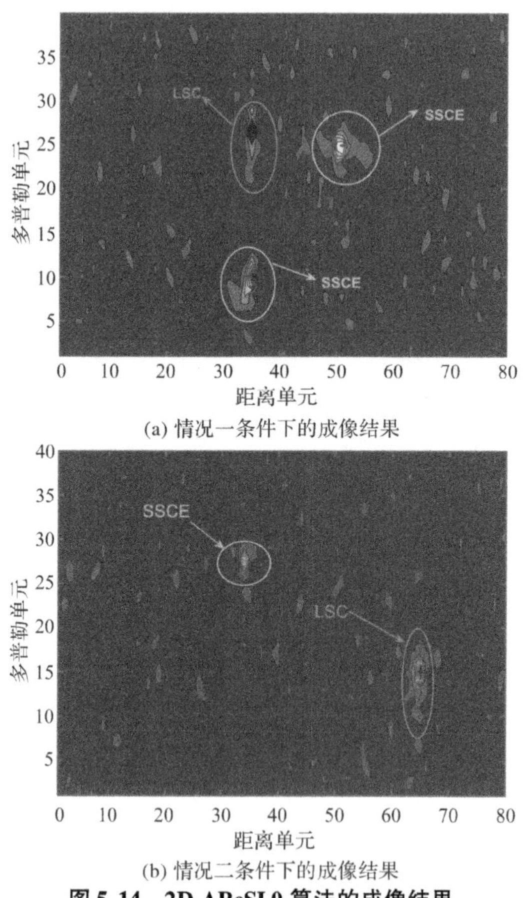

(a) 情况一条件下的成像结果

(b) 情况二条件下的成像结果

图 5.14　2D AReSL0 算法的成像结果

情况二：$\beta=30°$，此时锥顶散射中心和一个锥底散射中心可见。2D AReSL0 算法的成像结果如图 5.14（b）所示。

在仿真中，RD 序列帧的数量为 100，每隔 0.02s 利用 2D AReSL0 算法得到 RD 像。将 RD 序列中的第 7 帧作为参考帧。如图 5.15（a）所示，相关系数 sim 在帧序列号为 29、51、74、96 时取最大。因此，估计出的周期分别为 0.44s、0.44s、0.46s、0.44s，平均周期为 $\hat{T}=0.445\mathrm{s}$。因此，情况一条件下的目标锥旋角速度估计值为 $\bar{\omega}_{\mathrm{c}}=2\pi/\hat{T}=4.4944\pi\mathrm{rad/s}$。同理，如图 5.15（b）所示，情况二条件下的目标锥旋角速度估计值为 $\bar{\omega}_{\mathrm{c}}=2\pi/\hat{T}=4.4944\pi\mathrm{rad/s}$。

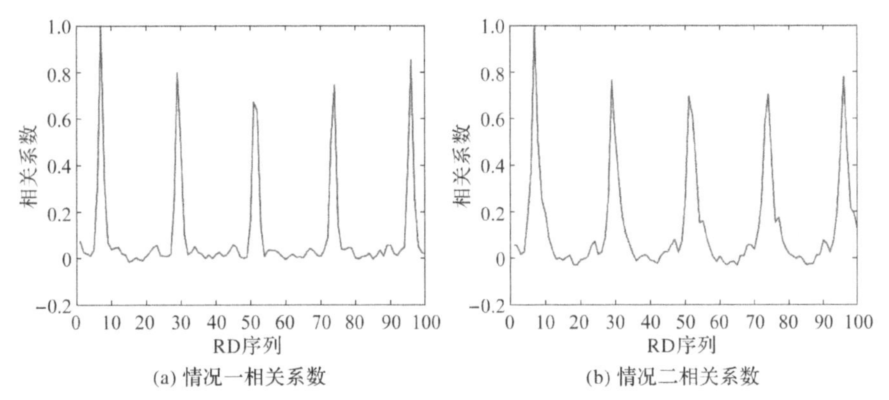

图 5.15　RD 序列的相关系数

情况一条件下的参数估计可以用图 5.16 表示。

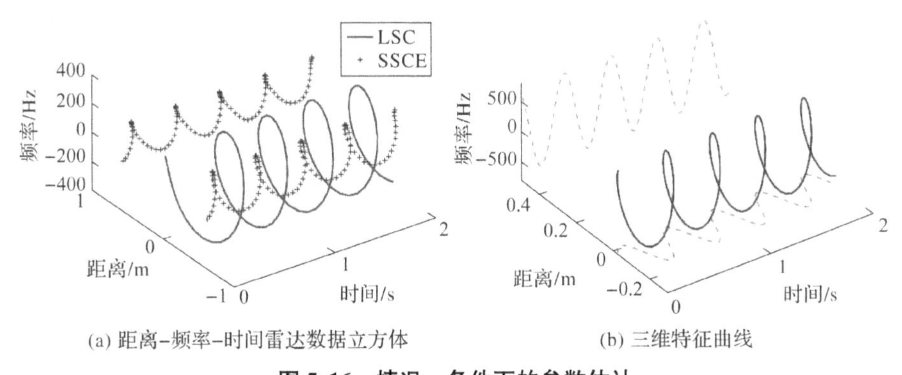

图 5.16　情况一条件下的参数估计

如图 5.16（a）所示，利用二进制掩码可以在距离－频率－时间雷达数据立方体中实现 LSC 的自动关联。如图 5.16（b）所示，当三维特征曲线 s^* 投影在时间－距离域和时频域时，投影曲线满足正弦规律。利用拟合工具即可得到投影曲线的中值和幅值。因此，s^* 的参数估计值 $a=-0.0679$，$b=0.0819$，$c=694.5732$。接着，可以得到进动锥形目标的参数估计值：$\hat{h}_1=1.9995\mathrm{m}$，

$\hat{h}_2 = 0.7998\text{m}$，$\hat{\theta} = 11.9977°$，$\hat{r} = 0.5934\text{m}$。

在情况二中，受遮挡效应影响，距离 - 频率 - 时间雷达数据立方体提供 LSC 信息和其中一个 SSCE 信息，如图 5.17（a）所示。为实现参数估计，将补偿系数的参数设置为：$J = 100$，$\hat{\eta}_J = 1$，$\hat{\eta}_1 = 0.01$。如图 5.17（b）所示，当补偿系数的估计值取 $\hat{\eta} = 0.40$ 时，归一化误差达到最小值。这意味着在 $\hat{\eta} = 0.40$ 时得到的参数集是锥形目标参数的最终估计值。因此，进动锥形目标的参数估计值为 $\hat{h}_1 = 2.0395\text{m}$，$\hat{h}_2 = 0.8066\text{m}$，$\hat{\theta} = 11.7172°$，$\hat{r} = 0.6110\text{m}$。

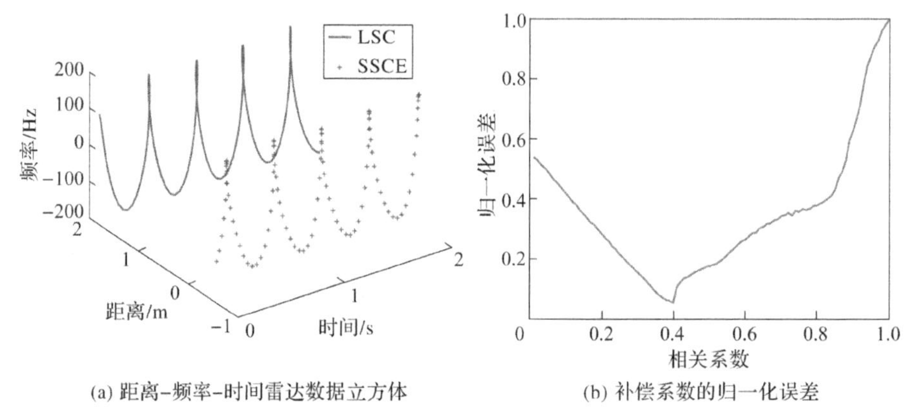

(a) 距离-频率-时间雷达数据立方体　(b) 补偿系数的归一化误差

图 5.17　情况二条件下的参数估计

两种情况下目标的三维重构图像如图 5.18 所示，从中可以看出本节的参数估计算法可以在遮挡条件下实现目标的高精度三维重建。

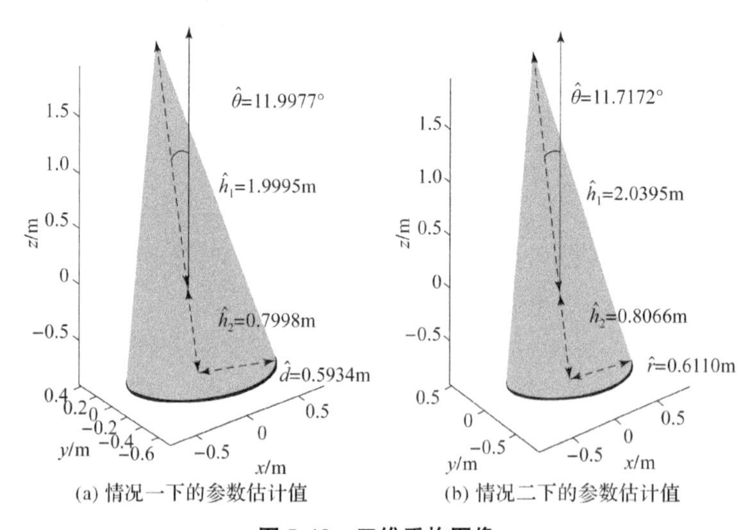

(a) 情况一下的参数估计值　(b) 情况二下的参数估计值

图 5.18　三维重构图像

5.3.3.2　算法性能分析

为了验证所提补偿系数的有效性，在不同补偿系数值下进行了仿真实验，结果如图 5.19 所示。

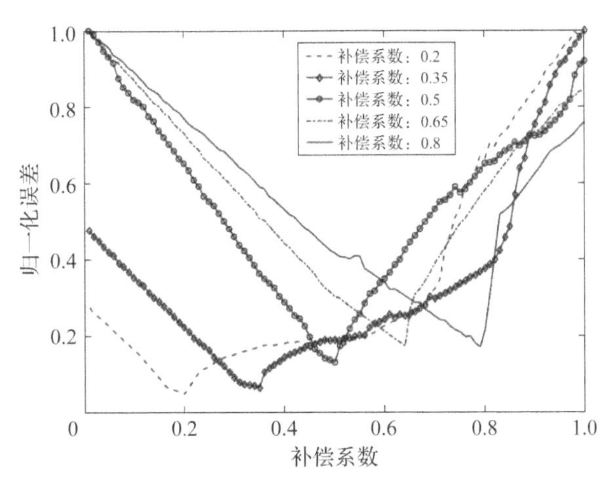

图 5.19　不同补偿系数下的归一化误差

从图 5.19 中可以看出，当补偿系数的估计值满足 $\eta_j = h_2/h_1$ 时，归一化误差 δ_j 的值取最小。

接下来，为了评估该方法在不同 SNR 条件下的性能，将 SNR 范围设置为 −8dB 到 8dB，步长为 2dB。在这里引入平均绝对百分比误差（mean absolute percentage error，MAPE）来定量分析参数估计的精度，其表达式为

$$\frac{100\%}{\dot{N}} \sum_{\dot{n}=1}^{\dot{N}} \left| \frac{\hat{y}(\dot{n}) - y}{y} \right| \tag{5.66}$$

式中：$\dot{N}$ 是蒙特卡罗实验次数；$\hat{y}(\dot{n})$ 代表参数 y 在第 $\dot{n}$ 次实验中的估计值。

图 5.20 描述了 5 个目标参数在不同 SNR 下的 MAPE，不同 SNR 条件下的蒙特卡罗实验次数为 100，故 $\dot{N} = 100$。

可以看出，随着 SNR 的增大，参数 h_1，h_2，r，θ 的估计精度都随着提高，而锥旋角速度 ω_c 的估计精度保持不变。这是因为锥旋转角速度 ω_c 是通过不同 RD 序列之间的相关系数来估计的。由于每个 RD 序列帧都受到噪声的影响，噪声的增加只会减少匹配帧与参考帧之间的相关系数取值的大小，而不会影响最终的估计结果。事实上，在总时间保持不变的情况下，RD 序列帧的数量越多，锥旋角速度估计的准确性就越高。同时，在数据比较中最引人注目的观察结果是当 SNR 小于 −6dB 时，h_1、h_2、r、θ 的 MAPE 急剧增加。这是因为本节参数估计方法的准确性受到 RD 成像性能的影响。当 SNR 小于 −6dB 时，部

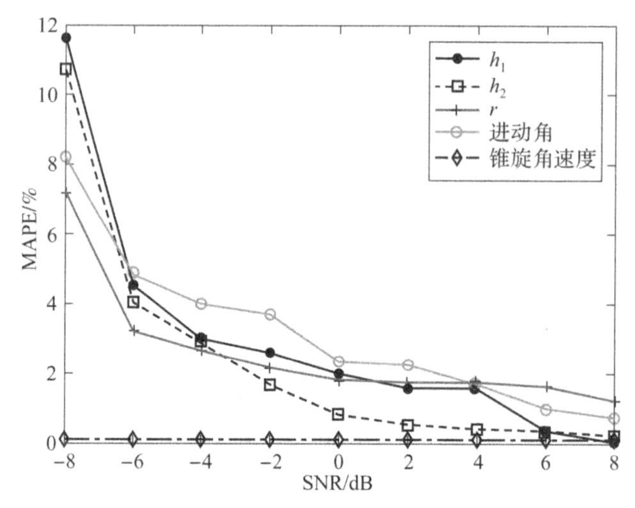

图 5.20　不同 SNR 条件下目标参数的 MAPE(LOS =30°)

分噪声强度大于弱散射中心强度，导致部分弱散射中心信息缺失。

接下来，评估所提出的方法在不同雷达 LOS 下的性能。图 5.21 为不同参数估计值的 MAPE 随 LOS 的变化。可以看到，本节所提参数估计方法在任意 LOS 条件下都具有较好的估计性能，参数估计值的 MAPE 均保持在 2% 以下。

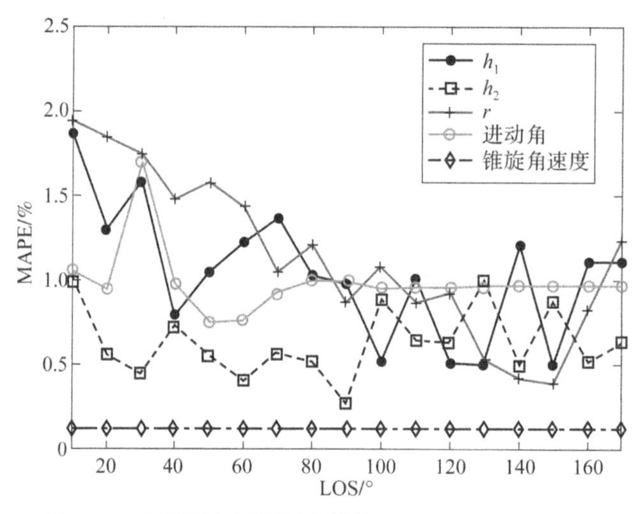

图 5.21　不同视角下目标参数的 MAPE（SNR =4dB)

为了进一步验证方法的有效性，将本节提出的参数估计方法与文献［12］中方法、文献［13］中方法、文献［14］、文献［15］中方法的方法进行比较，对比结果如表 5.7 所列。

表5.7　不同方法得到的参数估计值的MAPE

SNR/dB	方法	H	r	θ
8	文献［12］中方法	1.1456	2.3117	1.5514
	文献［13］中方法	0.6811	2.3064	1.1740
	文献［14］中方法	0.2341	1.3117	0.7542
	文献［15］中方法	1.4418	1.8452	1.8924
	本节所提方法	0.1297	1.2335	0.7281
4	文献［12］中方法	2.2778	2.2447	1.9515
	文献［13］中方法	1.5088	2.6920	1.4463
	文献［14］中方法	1.2345	1.8764	2.3749
	文献［15］中方法	1.8864	2.1523	2.1291
	本节所提方法	1.2549	1.7454	1.6949
0	文献［12］中方法	2.4135	3.9482	2.5326
	文献［13］中方法	2.6396	3.2837	2.6079
	文献［14］中方法	3.5632	5.5478	5.4750
	文献［15］中方法	2.7256	1.8448	5.3267
	本节所提方法	1.6531	1.8346	2.3568
-4	文献［12］中方法	8.1545	7.3670	8.1754
	文献［13］中方法	8.0829	6.9260	7.1740
	文献［14］中方法	12.3467	13.5623	9.7423
	文献［15］中方法	7.3691	8.3445	5.8345
	本节所提方法	2.9851	2.6969	3.9784
-8	文献［12］中方法	17.645	16.487	13.015
	文献［13］中方法	15.5556	13.9438	11.9201
	文献［14］中方法	21.4789	21.4587	23.1426
	文献［15］中方法	19.5678	19.3748	20.7918
	本节所提方法	11.4079	7.2017	8.2215

结果表明本节所提参数估计方法在不同 SNR 下的 MAPE 明显低于文献［12］中方法、文献［13］中方法、文献［14］、文献［15］的方法。

接下来，比较平均计算时间来评估不同方法的计算复杂度，如表 5.8 所列。所有实验都是在同一电脑上运行，软件平台为 MATLAB R2022b。可以看出，本节所提方法的计算时间短于与文献［12］中方法、文献［14］中方法以及文献［15］中的方法，略高于文献［13］。

表 5.8　不同方法的计算时间

	文献［12］	文献［13］	文献［14］	文献［15］	本节所提方法
时间/s	21.483	0.864	42.952	2.317	1.098

5.4　组网雷达条件下有翼弹道目标微动参数估计与三维成像

弹道目标微多普勒信号参数与散射中心的三维空间位置密切相关，这为组网条件下弹道目标的三维成像提供了依据。

对复杂目标而言，对多个视角观测得到的距离像进行散射中心匹配是一项复杂而具有挑战性的问题，但对弹道目标而言，由于其等效散射中心数目少、运动模式已知，其散射中心匹配的复杂程度有所降低。本节在首先分离出锥顶散射中心与尾翼散射中心对应的微多普勒信息，估计得到目标的自旋频率和锥旋频率，并通过非线性最小二乘拟合求得散射中心对应的幅度、相位信息；然后对多个雷达观测到的锥顶散射中心进行匹配，通过多视角下同一时刻目标的幅度信息估计目标的进动特征及坐标转换参数，在此基础上，对尾翼散射中心对应的微多普勒信息进行匹配，进而解算出目标各散射中心的瞬时空间位置，得到目标的三维像。

5.4.1　有翼弹道目标微多普勒信息提取

如图 5.22 所示，有尾翼弹道目标旋转中心为 O，以 O 为原点建立参考坐标系 $O-XYZ$，弹道目标绕对称轴 Oz 轴以角速度 ω_s 自旋，绕进动轴 ON 以角速度 ω_c 锥旋，其中，参考坐标系绕 X 轴旋转 β 得到本体坐标系，目标的$(\alpha_L, \beta_L)g$ 本地坐标系为 $O-xyz$。进动轴 ON 在参考坐标系 $O-XYZ$ 的方位角和俯仰角分别为 α_c 和 β_c。雷达视线 LOS 在参考坐标系中的方位角和高低角分别为。ψ_g 为雷达视线方向与目标自旋轴夹角，g 表示雷达的序号。

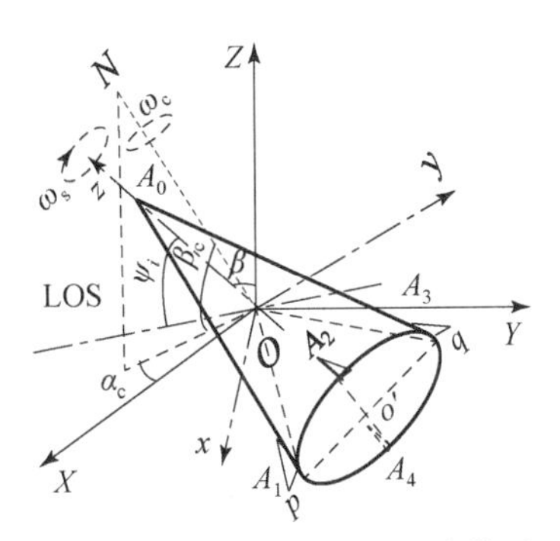

图 5.22　有翼弹道目标进动模型

有尾翼进动目标的散射中心可等效为锥顶强散射中心 A_0，尾翼强散射中心 A_1、A_2、A_3、A_4，滑动散射中心 p、q 同时存在于底面边缘。弹头自旋轴与锥旋轴的夹角为进动角 θ。锥顶强散射中心 A_0 与旋转中心 O 的距离为 h_1，旋转中心 O 到锥底的距离为 h，锥底半径为 r。

则在参考坐标系下，锥旋轴 ON 的单位向量为 $\boldsymbol{e}_{ON}$

$$\boldsymbol{e}_{ON}=[\cos\alpha_c\cos\beta_c,\sin\alpha_c\cos\beta_c,\sin\beta_c]^{\mathrm{T}} \tag{5.67}$$

目标上任意一点 l 在本地坐标系 $O-xyz$ 中的初始位置矢量为 $r_{l0}=(x_{l0},y_{l0},z_{l0})$，用 $\boldsymbol{R}_{\mathrm{init}}$ 表示初始欧拉旋转矩阵。l 点在参考坐标系 $O-XYZ$ 中的位置矢量如式（5.68）所示

$$\boldsymbol{r}_l=\boldsymbol{T}_c\boldsymbol{T}_s\boldsymbol{R}_{\mathrm{init}}r_{l0} \tag{5.68}$$

式中：$\boldsymbol{T}_s$ 和 $\boldsymbol{T}_c$ 分别为弹头的自旋和锥旋矩阵，具体表示为

$$\boldsymbol{T}_s=\boldsymbol{I}+\hat{\boldsymbol{e}}_s\sin\omega_s t+\hat{\boldsymbol{e}}_s^2(1-\cos\omega_s t) \tag{5.69}$$

$$\boldsymbol{T}_c=\boldsymbol{I}+\hat{\boldsymbol{e}}_c\sin\omega_c t+\hat{\boldsymbol{e}}_c^2(1-\cos\omega_c t) \tag{5.70}$$

式中：$\boldsymbol{I}$ 为单位矩阵；$\hat{\boldsymbol{e}}_c$ 和 $\hat{\boldsymbol{e}}_s$ 分别为 $\boldsymbol{\omega}_c$、$\boldsymbol{\omega}_s$ 的斜对称矩阵；$\omega_c=(\omega_{cX},\omega_{cY},\omega_{cZ})^{\mathrm{T}}$，$\boldsymbol{\omega}_s=(\omega_{sX},\omega_{sY},\omega_{sZ})^{\mathrm{T}}$。$\hat{\boldsymbol{e}}_c$ 和 $\hat{\boldsymbol{e}}_s$ 的具体形式可以表示为

$$\hat{\boldsymbol{e}}_c=\begin{bmatrix}0 & -\omega_{cZ} & \omega_{cY}\\ \omega_{cZ} & 0 & \omega_{cX}\\ -\omega_{cY} & \omega_{cX} & 0\end{bmatrix},\hat{\boldsymbol{e}}_s=\begin{bmatrix}0 & -\omega_{sZ} & \omega_{sY}\\ \omega_{sZ} & 0 & \omega_{sX}\\ -\omega_{sY} & \omega_{sX} & 0\end{bmatrix} \tag{5.71}$$

则 t 时刻第 l 个散射中心到雷达的距离为

$$R_l(t)=\|\boldsymbol{R}_g+\boldsymbol{r}_l(t)\|=\boldsymbol{n}_g^{\mathrm{T}}\cdot(\boldsymbol{R}_g+\boldsymbol{T}_c\boldsymbol{T}_s\boldsymbol{R}_{\mathrm{init}}\boldsymbol{r}_{l0}) \tag{5.72}$$

式中：$\boldsymbol{R}_g$ 为参考坐标系坐标原点在雷达网中的位置矢量；$\boldsymbol{n}_g$ 为雷达视线方向。

假设目标的平动分量已补偿。设宽带雷达载频为 f_c，T_p 为脉冲宽度，γ 为

调频率，$m=0,1,\cdots,M-1$ 为发射脉冲的序号，T_{ref}为宽带雷达测得的参考时间。T_{r} 为脉冲重复周期，$t_m=mT_{\mathrm{r}}$ 是慢时间。目标的回波信号经快速傅里叶变换后将包络斜置项去除，可得到高分辨距离像表达式为

$$s_{\mathrm{r}}(f,t_m) = \sum_{l}^{L}\sigma_l T_{\mathrm{p}}\mathrm{sinc}\left(T_{\mathrm{ref}}\left(f+\frac{2\gamma}{c}\cdot r_{\mathrm{B}l}(t_m)\right)\right)\cdot \exp\left\{-\mathrm{j}\frac{4\pi f_{\mathrm{c}}}{c}r_{\mathrm{B}l}(t_m)\right\} \tag{5.73}$$

式中：$r_{\mathrm{B}l}(t_m)$表示宽带雷达测得的第 l 个散射中心相对于 O 点的径向距离。

则散射中心的微距离可以表示为

$$r_{\mathrm{B}l}\approx \boldsymbol{B}_{\mathrm{p}l}(\boldsymbol{\omega})\boldsymbol{B}_{\mathrm{r}l} \tag{5.74}$$

式中：$r_{\mathrm{B}l}$为第 l 个散射中心的多普勒信息；频率信息 $\omega=(\omega_{\mathrm{c}}+\omega_{\mathrm{s}},\omega_{\mathrm{c}}-\omega_{\mathrm{s}},\omega_{\mathrm{c}},\omega_{\mathrm{s}})$；$\boldsymbol{B}_{\mathrm{r}l}$为第 l 个散射中心对应的幅度信息和$\boldsymbol{B}_{\mathrm{r}l}(\boldsymbol{\omega})$为与之匹配的相位信息。

$$\boldsymbol{B}_{\mathrm{p}l}(\boldsymbol{\omega})=\begin{bmatrix} 1 & \boldsymbol{O}_{4\times 1} & \boldsymbol{Z}_{4\times 1} \\ 1 & \cos\boldsymbol{\omega}\Delta t & \sin\boldsymbol{\omega}\Delta t \\ \vdots & \vdots & \vdots \\ 1 & \cos\boldsymbol{\omega}(N-1)\Delta t & \sin\boldsymbol{\omega}(N-1)\Delta t \end{bmatrix} \tag{5.75}$$

$$\boldsymbol{B}_{\mathrm{r}l}=\rho(\Lambda),\Lambda=(\omega_{\mathrm{c}},\omega_{\mathrm{s}},\hat{\boldsymbol{e}}_{\mathrm{c}},\boldsymbol{e}_{\mathrm{c}},\boldsymbol{\eta}_l,\boldsymbol{r}_l)^{\mathrm{T}} \tag{5.76}$$

式中：N 为雷达采样次数；Δt 表示采样时间间隔；$\boldsymbol{O}_{4\times 1}$为 4×1 的全 1 矩阵；$\boldsymbol{Z}_{4\times 1}$为 4×1 的全零矩阵；Λ 为 $\boldsymbol{B}_{\mathrm{r}l}$的参量空间。$\boldsymbol{B}_{\mathrm{r}l}$的幅度信息与目标进动参数、结构参数及雷达视角有关。

5.4.2 微动信息获取

对图 5.22 所示模型进行化简，令 $\beta_{\mathrm{c}}=90°$，$\beta=\theta$，尾翼散射中心的微距离可表示为[16]

$$r_{A_j}(t_m) = \sum_{i=1}^{4}k_{ij}\sin[\boldsymbol{\omega}(i)t_m+\varphi_{ij}]+r_0 \tag{5.77}$$

式中：r_0 为常量；i 为调制系数编号；$j=1,2,3,4$ 表示尾翼散射中心的序号；调制系数 k_{ij}与 θ 和 β_{L} 有关；φ_{ij}表示尾翼散射中心微多普勒信息的相位，与 θ、α_{L} 有关；k_{ij}、φ_{ij}的具体表示参考文献［16］。对式（5.77）进行 a 次求导，得到尾翼散射中心 A_j 的 a 阶微距离

$$r_{A_j}^{(a)}(t_m) = \sum_{i=1}^{4}k_{ij}\boldsymbol{\omega}^a(i)\cos\left(\omega(i)t_m+\varphi_{ij}+\frac{\pi}{2}(a\mathrm{mod}4)\right) \tag{5.78}$$

式中：mod( )为取余运算符。同类型散射中心 A_1、A_2 的 a 阶微距离的比值为

$$\frac{r_{A_1}^{(a)}(t_m+\Delta t)}{r_{A_2}^{(a)}(t_m)}=\begin{cases}\dfrac{\sum\limits_{i=1}^{4}k_{i1}\boldsymbol{\omega}^a(i)\cos(\boldsymbol{\omega}(i)t_m+\varphi_{i1})}{\sum\limits_{i=1}^{4}k_{i2}\boldsymbol{\omega}^a(i)\cos(\boldsymbol{\omega}(i)t_m+\varphi_{i2})}, a\bmod 4=0,2\\[2ex] \dfrac{\sum\limits_{i=1}^{4}k_{i1}\boldsymbol{\omega}^a(i)\sin(\boldsymbol{\omega}(i)t_m+\varphi_{i1})}{\sum\limits_{i=1}^{4}k_{i2}\boldsymbol{\omega}^a(i)\sin(\boldsymbol{\omega}(i)t_m+\varphi_{i2})}, a\bmod 4=1,3\end{cases}, \Delta t\to 0 \tag{5.79}$$

从式（5.79）可以看出，若 A_1 和 A_2 为同一散射中心，除 $r_{A_j}^{(a)}(t_m)=0$ 的情况外，同一散射中心在邻近时刻的 a 阶微距离变化趋势近似不变。同类型不同散射中心的 a 阶微距离变化趋势与 $\omega^a(i)$、θ、β_{L}、α_{L} 以及散射中心的在参考坐标系中的初始位置有关[16]，且随着阶数的上升，a 阶微距离的比值逐渐趋向于定值。

锥顶散射中心 A_0 位于自旋轴上，仅受锥旋频率 ω_{c} 的调制，散射中心 A_0 的 a 阶微距离可以表示为

$$r_{A_0}^{(a)}(t_m)=\cos\beta\sqrt{x_{A_0}+y_{A_0}}\,\omega_{\mathrm{c}}^a\cos\left(\omega_{\mathrm{c}}t+\varphi+\frac{\pi}{2}(a\bmod 4)\right) \tag{5.80}$$

进一步分析同一目标不同类型散射中心的 a 阶微距离比值，以 A_j 与 A_0 为例，则有

$$\frac{r_{A_j}^{(a)}(t_m)}{r_{A_0}^{(a)}(t_m)}=\sum_{i=1}^{4}\frac{k_{ij}}{\cos\beta\sqrt{x_{A_0}+y_{A_0}}}\frac{\cos(\omega(i)t_m+\varphi_{ij})}{\cos(\omega_{\mathrm{c}}t_m+\varphi)}\frac{\omega(i)^a}{\omega_{\mathrm{c}}^a} \tag{5.81}$$

式中：$\varphi=-\operatorname{atan}(x_{A_0}/y_{A_0})-\alpha$，从式（5.80）可以看出不同类型的散射中心对应的 a 阶微距离比值与 $\omega^a(i)/\omega_{\mathrm{c}}^a$、$\theta$、$\beta_{\mathrm{L}}$、$\alpha_{\mathrm{L}}$、$t_m$ 有关。选取适当的阶数 a，不同类型散射中心的 a 阶微距离随时间的变化趋势存在较大的差异，而相同类型散射中心呈现较为相似的变化特性，A_j 与滑动散射点 p、A_0 与 q 的 a 阶微距离比值同理。因此，比较不同散射中心微多普勒曲线的变化快慢，可以实现不同散射中心微多普勒曲线的分类标记。在此基础上，设同类型散射中心距离像信息相交的点为“交叉点”，利用微多普勒曲线的连续性，对同一类型散射中心的微多普勒信息从“交叉点”处进行双向搜索，实现分离。

根据式（5.80），锥旋频率 ω_{c} 可表示为

$$\omega_{\mathrm{c}}=\sqrt{\frac{1}{M}\sum_{m}^{M}\left|\frac{\hat{r}_{A_0}^{(a+2)}(t_m)}{\hat{r}_{A_0}^{(a)}(t_m)}\right|} \tag{5.82}$$

将 $\hat{\omega}_{\mathrm{c}}$ 代入式（5.80），由式（5.80）可知，$r_{A_j}^{(a)}(t_m)$中，自旋频率 ω_{s} 及

系数 $k_{ij}\cos(\boldsymbol{\omega}(i)t_m+\varphi_{ij})$ 未知，取阶数 $a+2n', a>0, n'=1,2,3,4,5$，根据式（5.80）建立方程组可求得自旋频率 $\hat{\omega}_s$。

根据非线性最小二乘估计方法，散射中心的幅度信息满足

$$\boldsymbol{B}_{rl}=(\boldsymbol{B}_{pl}^{\mathrm{T}}(\hat{\boldsymbol{\omega}})\boldsymbol{B}^{pl}(\hat{\boldsymbol{\omega}}))^{-1}\boldsymbol{B}_{pl}^{\mathrm{T}}(\hat{\boldsymbol{\omega}})\boldsymbol{r}_{Bl} \tag{5.83}$$

5.4.3 目标进动参数和结构参数解算

有翼进动目标中，主要包括锥顶散射中心 A_0、尾翼散射中心 A_j 的匹配。在 5.4.2 节中通过比较不同类型散射中心的幅度信息可以实现散射中心 A_0 的匹配，而同一视角下，尾翼散射中心 A_0 均匀分布在锥尾，微多普勒曲线之间仅有相位的差别，且其相位差也均匀恒定，因此，在雷达组网中，通过微多普勒曲线的频率、幅度、曲线的 a 阶微距离并不能直接将尾翼散射中心 A_j 区分开来。为实现尾翼散射中心 A_j 的匹配，在锥顶散射中心 A_0 已匹配的条件下，通过不同视角下 A_0 的幅度信息估计参考坐标系与本体坐标系的转换参数，在此基础上，利用同一时刻散射中心在不同视角上投影分量的差异，实现尾翼散射中心 A_j 的匹配。

经化简，t_0 时刻 A_0 关于相位信息 $\boldsymbol{B}_{pl}(\omega)$ 的前两个宽带雷达幅度信息可表示为

$$\begin{cases}\hat{B}_{rA_0g}(1)=\boldsymbol{r}_{A_0g}^{\mathrm{T}}(\boldsymbol{I}+\hat{\boldsymbol{e}}_c^2)^{\mathrm{T}}\boldsymbol{n}_g\\ \hat{B}_{rA_0g}(2)=\boldsymbol{r}_{A_0g}^{\mathrm{T}}(\hat{\boldsymbol{e}}_c^2)^{\mathrm{T}}\boldsymbol{n}_g\end{cases} \tag{5.84}$$

式中：$\boldsymbol{r}^{A_0g}=\boldsymbol{T}_c\boldsymbol{R}_{\mathrm{init}}\cdot(0,0,h_s)^{\mathrm{T}}$，则式（5.84）中包含四个未知参量 α_c、β_c、β、h_1，选同一时刻的两部雷达观测到的幅度信息构成非线性方程组，利用区间迭代法可解得对应参量。

根据 Rodrigues 方程，自旋矢量可以表示为

$$\boldsymbol{\omega}_s=(\omega_{sX},\omega_{sY},\omega_{sZ})^{\mathrm{T}}=\frac{\boldsymbol{T}_c\boldsymbol{T}_c\boldsymbol{R}_{\mathrm{init}}(0,0,\hat{\omega}_s)^{\mathrm{T}}}{\|\boldsymbol{T}_c\boldsymbol{T}_c\boldsymbol{R}_{\mathrm{init}}(0,0,\hat{\omega}_s)^{\mathrm{T}}\|} \tag{5.85}$$

式中：$\boldsymbol{\omega}_s$ 为自旋矢量，表示自旋轴的方向。进动角 θ 为任意时刻自旋轴与锥旋轴的夹角，选择雷达 x 初始时刻自旋轴的方向 $\boldsymbol{\omega}_{s0g}=\dfrac{\boldsymbol{R}_{\mathrm{init}}\cdot(0,0,\hat{\omega}_s)^{\mathrm{T}}}{\|\boldsymbol{R}_{\mathrm{init}}\cdot(0,0,\hat{\omega}_s)^{\mathrm{T}}\|}$进行计算[17]，将 $\hat{\alpha}_c$、$\hat{\beta}_c$ 代入 $\hat{\boldsymbol{e}}_{ON}$，锥旋矢量为 $\hat{\boldsymbol{\omega}}_{cg}=\hat{\omega}_{cg}\hat{\boldsymbol{e}}_{ON}$，则有

$$\theta=\frac{1}{G}\sum_{g}^{G-1}\arccos\frac{\langle\hat{\boldsymbol{\omega}}_{s0g},\hat{\boldsymbol{\omega}}_{cg}\rangle}{\|\hat{\boldsymbol{\omega}}_{s0g}\|\cdot\|\hat{\boldsymbol{\omega}}_{cg}\|} \tag{5.86}$$

式中：G 为雷达组网中宽带雷达的数量。

5.4.4　有翼弹道目标三维重构

本体坐标系 $O-xyz$ 中，尾翼散射中心 A_j 在 z 轴的初始纵坐标相同，在 x、y 轴上的坐标关于坐标原点 O 中心对称，若设 A_1 在本体坐标系中的坐标为 $(x_{A_1},y_{A_1},z_{A_1})$，则 A_2、A_3、A_4 在本体坐标系中的坐标可以表示为 $(x_{A_1},-y_{A_1},z_{A_1})$、$(-x_{A_1},-y_{A_1},z_{A_1})$、$(-x_{A_1},y_{A_1},z_{A_1})$。根据式（5.68），$A_1$ 在参考坐标系 $O-xyz$ 中的坐标为 $(x'_{A_1},y'_{A1},z'_{A1})$，其中，$x'_{A_1}=\boldsymbol{M}(1,1)x_{A_1}$，$y'_{A_1}=\boldsymbol{M}(2,2)\cos\beta y_{A_1}-\boldsymbol{M}(2,3)\sin\beta z_{A_1}$，$z'_{A_1}=\boldsymbol{M}(3,3)\cos\beta z_{A_1}-\boldsymbol{M}(3,2)\sin\beta y_{A_1}$，$\boldsymbol{M}=\boldsymbol{T}_c\boldsymbol{T}_s$。设雷达1、雷达2的视线方向分别为 $\boldsymbol{\eta}_1=(a_1,b_1,c_1)$、$\boldsymbol{\eta}_2=(a_2,b_2,c_2)$，尾翼散射中心 A_1、A_3、A_2、A_4 为均匀分布的尾翼散射中心。设时间－距离像中，t' 时刻，A_1 在雷达1的视线方向上投影到 O 点的长度的最大值为 $r_{11}(t')$，此时 A_3 在雷达1的视线方向上投影到 O 点的长度记为 $r_{31}(t')$，A_2、A_4 的微距离相等，记为 $r_{21}(t')$，为，即 A_2A_4 与雷达视线方向垂直。代入本体坐标系坐标，有

$$
\begin{cases}
a_1\boldsymbol{M}(1,1)x_{A_1}+b_1(\boldsymbol{M}(2,2)\cos\beta y_{A_1}+\boldsymbol{M}(2,3)\sin\beta z_{A_1})+\\
c_1(\boldsymbol{M}(3,3)\cos\beta z_{A_1}-\boldsymbol{M}(3,2)\sin\beta y_{A_1})=r_{11}(t')\\
-a_1\boldsymbol{M}(1,1)x_{A_1}-b_1(\boldsymbol{M}(2,2)\cos\beta y_{A_1}+\boldsymbol{M}(2,3)\sin\beta z_{A_1})+\\
c_1(\boldsymbol{M}(3,3)\cos\beta z_{A_1}+\boldsymbol{M}(3,2)\sin\beta y_{A_1})=r_{31}(t')\\
a_1\boldsymbol{M}(1,1)x_{A_1}-b_1(\boldsymbol{M}(2,2)\cos\beta y_{A_1}+\boldsymbol{M}(2,3)\sin\beta z_{A_1})+\\
c_1(\boldsymbol{M}(3,3)\cos\beta z_{A_1}+\boldsymbol{M}(3,2)\sin\beta y_{A_1})=r_{21}(t')\\
-a_1\boldsymbol{M}(1,1)x_{A_1}+b_1(\boldsymbol{M}(2,2)\cos\beta y_{A_1}+\boldsymbol{M}(2,3)\sin\beta z_{A_1})+\\
c_1(\boldsymbol{M}(3,3)\cos\beta z_{A_1}-\boldsymbol{M}(3,2)\sin\beta y_{A_1})=r_{21}(t')
\end{cases}
\tag{5.87}
$$

根据式（5.87）可得到 t' 时刻 A_1 在本体坐标系 $O-xyz$ 中的坐标 $(x_{A_1},y_{A_1},z_{A_1})$，进一步得到 A_1 在参考坐标系中的坐标 $(x'_{A_1},y'_{A_1},z'_{A_1})$，则在雷达2视线方向上，$A_1$ 对应的微距离为 $r_{A_12}(t')=a_2\hat{x}'_{A_1}+\hat{b}'_2y_{A_1}+a_2\hat{c}'_{A_1}$，$r_{A_12}(t')$ 表示雷达2上 t' 时刻散射中心 A_1 对应的投影分量，从而根据投影分量找出 A_1 对应的微多普勒曲线，实现不同视角下散射中心的匹配。

以尾翼散射中心 A_1 为例，将估计得到的 $\hat{\alpha}_c$、$\hat{\beta}_c$、β、$\hat{h}_1$、$\hat{\theta}$ 代入式（5.74），根据式（5.68）~式（5.70）、式（5.75）可知方程中三个未知数 x_{A_1}、y_{A_1}、z_{A_1}，选取至少三部雷达同一时刻的微多普勒幅度信息，可估计得到尾翼散射中心 A_1 的瞬时空间位置，同理求得锥顶散射中心 A_0 及尾翼散射中心 A_j 的瞬时空间坐标可实现目标的重构。

综上所述，基于组网雷达的有翼进动目标三维成像步骤总结如下。

步骤1：获取雷达组网中 G 部雷达的回波信息得到高分辨距离像。首先对距离像信息进行高斯平滑处理转化为二值像，然后采用骨架提取方法抑制距离像旁瓣，接着比较任一时刻 a 阶微距离的大小，分离不同类型散射中心的微多普勒信号并进行标记，最后用5.4.2节方法分离同类型散射中心。分离后的结果在交叉项处存在“模糊”，根据分离结果，利用同一微多普勒曲线上的其他点进行拟合，对交叉项位置的微多普勒信息进行估计。

步骤2：根据5.4.2节方法估计自旋频率 $\hat{\omega}_s$ 及锥旋频率 $\hat{\omega}_c$，在此基础上，根据式（5.75）、获取散射中心的幅度、相位信息。

步骤3：不同视角下，根据5.4.3节、5.4.4节方法分离出锥顶散射中心并进行匹配。根据同一时刻 g 部雷达获取的幅度信息及进动特征的不变性，将 $\hat{\boldsymbol{\omega}}_c$ 代入式（5.84）建立非线性方程组，估计目标的进动参数 $\hat{\theta}$ 及结构参数 $\hat{h}_1$，获取坐标转换参数 $\hat{\alpha}_c$、$\hat{\beta}_c$、$\boldsymbol{\beta}$。

步骤4：从雷达1的时间－距离像中获取尾翼散射中心 A_j 关于 O 点在 t' 时刻的瞬时投影距离 $\hat{r}_{A_j1}(t')$，根据步骤3得到的坐标转换参数，用5.4.4节方法估计同一时刻在雷达2视角下 A_j 关于 O 点的瞬时投影距离 $\hat{r}_{A_j2}(t')$。根据 $\hat{r}_{A_j2}(t')$ 找出雷达2视角下 A_j 对应的微多普勒曲线，实现不同视角下散射中心的匹配。

步骤5：将步骤3得到的参数代入式（5.83），取至少三部雷达同一时刻关于同一散射中心的微多普勒幅度信息，解得对应散射中心的瞬时空间位置，实现目标的三维重建。

5.4.5 实验结果及分析

假设雷达组网中有宽带雷达三部，均发射线性调频信号。三部雷达的参数如下：雷达1：$f_c = 10\text{GHz}$，$\text{PRF} = 2000\text{Hz}$，脉宽为 $T_p = 50\mu\text{s}$，带宽为 $B = 2\text{GHz}$。雷达2：$f_c = 12\text{GHz}$，$\text{PRF} = 2000\text{Hz}$，$T_p = 40\mu\text{s}$，$B = 3\text{GHz}$。雷达3：$f_c = 10\text{GHz}$，$\text{PRF} = 3000\text{Hz}$，$T_p = 50\mu\text{s}$，$B = 2.5\text{GHz}$。因此，本节采用多重射频的工作方式解测距模糊。进动轴 ON 在参考坐标系 $O-XYZ$ 的方位角和俯仰角分别为 $\alpha_c = 10°$ 和 $\beta_c = 60°$，欧拉角 $\beta = 10°$。雷达视线方向分别为 $\boldsymbol{\eta}_1 = (1/\sqrt{3}, 1/\sqrt{3}, 1/\sqrt{3})$、$\boldsymbol{n}_2 = (2/3, 2/3, 1/3)$、$\boldsymbol{\eta}_3 = (1/\sqrt{3}, -1/\sqrt{3}, 1/\sqrt{3})$，已有研究表明，在低SNR条件下，高分辨雷达测角误差可控制在 $\pm 0.3°$[18]，同时受骨架精度提取影响，测角精度对重构精度的影响在本节中可忽略不计，因此在后续仿真分析中不讨论雷达测角精度对重构结果的影响。锥高 $H = 2.4\text{m}$，底面

半径 $r=0.5\mathrm{m}$，目标质心 O 与顶点的距离为 $h_1=1.5\mathrm{m}$，锥旋频率 $\omega_c=4\pi\mathrm{rad/s}$，自旋频率 $\omega_s=8\pi\mathrm{rad/s}$，SNR 设为 0dB。图 5.23（a）、（b）、（c）分别为组网雷达中雷达 1、2、3 的时间 - 距离像。尾翼散射中心由于主体遮挡，仅在半个周期内存在回波。在时间 - 距离像中，A_1、A_3 的连线与雷达视线相垂直时，两散射中心的微距离相交于“交叉点”，而此时散射中心 A_2、A_4 的连线平行于雷达视线，以该交叉点为中心，记该交叉点两侧 A_2、A_4 连线垂直于雷达视线的两个连续的时刻为一个周期 T_Δ，在“交叉点”所在的周期 T_Δ 内，A_2、A_4 关于该“交叉点”中心对称，在此基础上，可进行拼接处理实现遮挡效应的补偿，然后提取散射中心微多普勒曲线幅度、相位信息及后续输入参数。

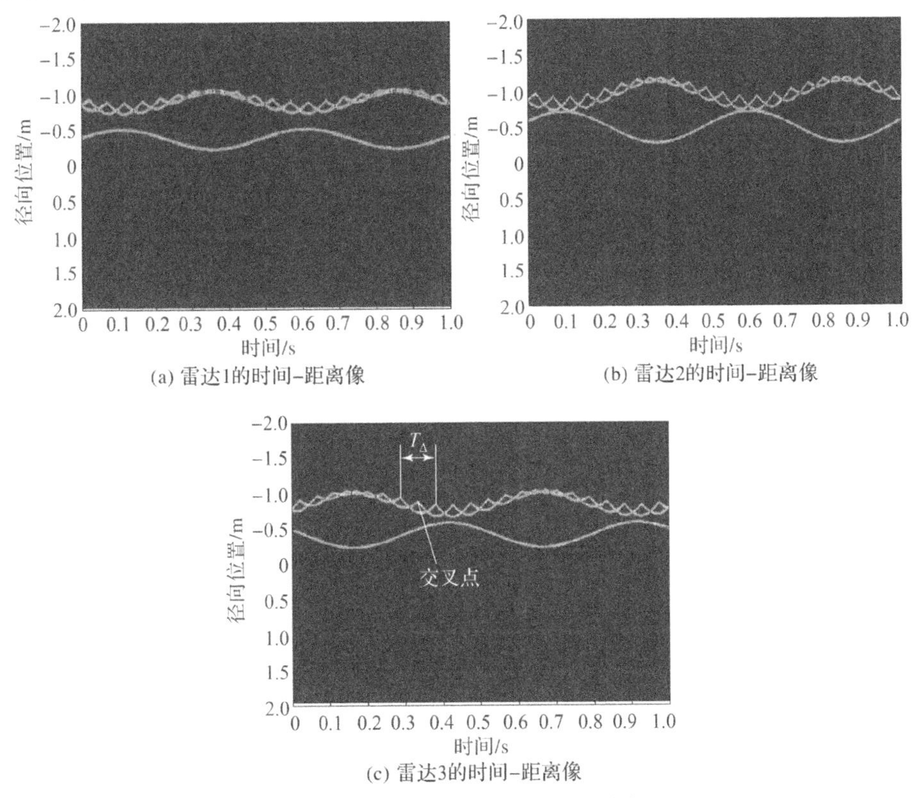

图 5.23　组网雷达中的时间距离像

为详细说明提取的微多普勒信息精度，并量化其误差对进动参数估值的影响，引入平均相对误差概念。设预设的锥顶散射中心及四个尾翼散射中心的微多普勒信息为 $\boldsymbol{X}_c=(x_{A_0},x_{A_1},x_{A_2},x_{A_3},x_{A_4})$，估计的锥顶散射中心及四个尾翼散射中心的微多普勒信息为 $\hat{\boldsymbol{X}}_c=(\hat{x}_{A_0},\hat{x}_{A_1},\hat{x}_{A_2},\hat{x}_{A_3},\hat{x}_{A_4})$，则平均相对误差可以表示为

$$E(i) = \| \hat{\boldsymbol{X}}_c(i,:) - \boldsymbol{X}_c(i,:) \| / \| \boldsymbol{X}_c \|$$
$$i = 1,2,3,4,5 \tag{5.88}$$

式中：$\| \cdot \|$ 为 L_2 范数；$\hat{\boldsymbol{X}}_c$ 为估计值；$\boldsymbol{X}_c$ 为理论值。由于在本节中，使用到的微多普勒信息仅集中在尾翼散射中心距离徙动范围较大的时间段，将骨架提取中的断点部分计入骨架提取精度估计中，难以真实反映骨架提取进度对进动参数误差估计结果的影响，因此，取尾翼散射中心距离徙动范围最大的时刻 $t_{\max} \pm 0.1\mathrm{s}$ 内的微多普勒信息进行比较，设 SNR 为 -15 ~ 10dB，对雷达 1、2、3 获取的时间 - 距离像进行骨架提取。图 5.24 为 SNR 为 0dB 时对雷达 1 获取的时间距离像进行骨架提取得到的微多普勒曲线信息，图 5.25 为从骨架提取结果中得到的微多普勒信息点，图 5.26 为尾翼弹道目标的微多普勒信息在不同带宽下对应的平均相对误差随 SNR 的变化。

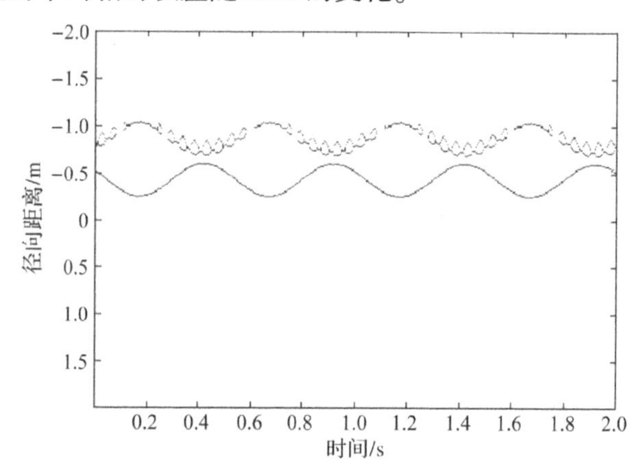

图 5.24　雷达 1 的时间 - 距离像骨架提取结果

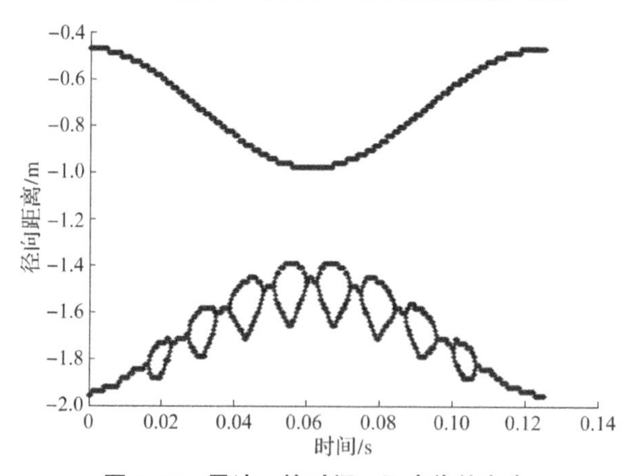

图 5.25　雷达 1 的时间 - 距离像信息点

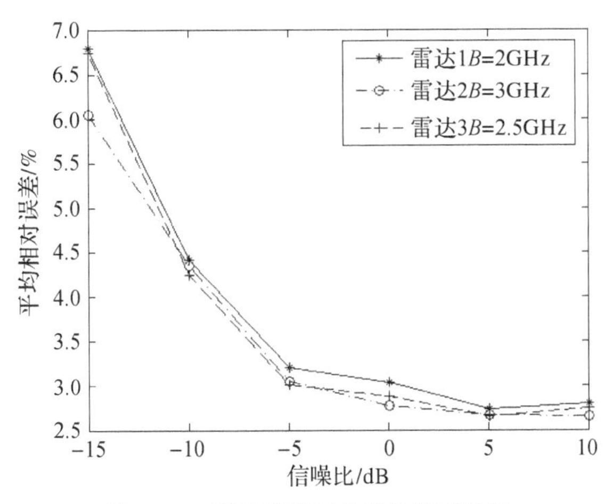

图 5.26　不同带宽下的平均相对误差

从图 5.24 和图 5.25 可以看出，尾翼散射中心的微多普勒曲线可以较为完整地提取出来，在微多普勒曲线交叉处提取的散射中心信息有部分模糊，四条微多普勒曲线接近的地方存在断点。图 5.26 表明随着 SNR 的提高，骨架提取的误差迅速下降，当 SNR 大于 −5dB，微多普勒信息的提取误差基本保持在 2% 到 3% 。且当雷达带宽大于 2GHz 时，随着带宽的上升，提取精度提高。

图 5.27 给出了不同散射中心的 a 阶微距离曲线，图 5.28 为尾翼散射中心微多普勒曲线骨架提取结果及拟合结果，对骨架提取方法在交叉项处“模糊”的部分通过拟合进行矫正。

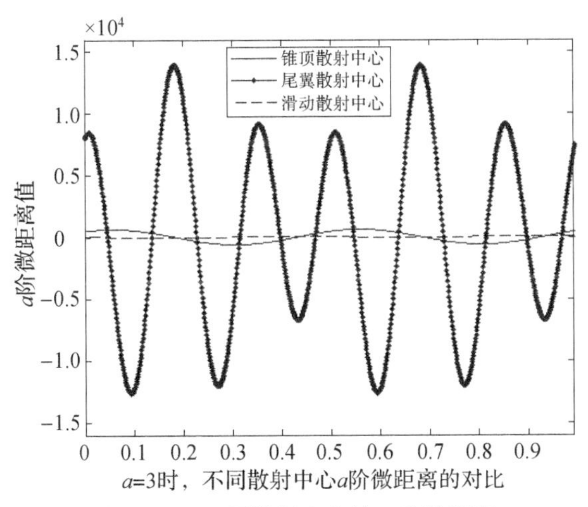

图 5.27　不同散射中心的 a 阶微距离

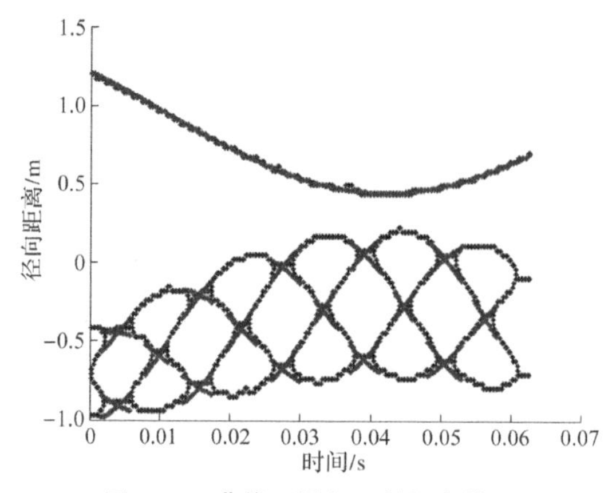

图 5.28　曲线“骨架”的拟合结果

从图 5.27 可以看出，$a=3$ 时，锥顶散射中心与底面边缘滑动散射中心的 a 阶微距离差距在10^2 倍以上，而尾翼散射中心的 a 阶微距离远大于前两类散射中心，所以，根据 5.4.2 节方法，三种散射中心的微多普勒曲线可较准确地分离。在实际操作中，底面边缘滑动散射中心的回波强度相对较弱，本节方法中仅利用了锥顶散射中心 A_0 尾翼散射中心 A_j 的微多普勒信息估计进动特征，为避免此弱信号分量对锥顶散射中心 A_0、尾翼散射中心 A_j 的提取造成影响，在进行 5.4.4 节的步骤 1 处理之前，先采用基于极大值能量搜索的统计 Relax 算法估计弱目标信号并消除。

在图 5.28 的基础上，估计自旋频率 $\hat{\omega}_s$ 及锥旋频率 $\hat{\omega}_c$，其中，从雷达 1 获取的自旋频率 $\hat{\omega}_{s1}=8.3133\pi\text{rad/s}$、锥旋频率为 $\hat{\omega}_{c1}=4.2009\pi\text{rad/s}$，从雷达 2 获取的自旋频率 $\hat{\omega}_{s2}=8.3029\pi\text{rad/s}$、锥旋频率为 $\hat{\omega}_{c2}=4.1321\pi\text{rad/s}$，从雷达 3 获取的自旋频率 $\hat{\omega}_{s3}=8.2989\pi\text{rad/s}$、锥旋频率为 $\hat{\omega}_{c3}=4.1300\pi\text{rad/s}$，对组网雷达估计得到的参数统计平均，求得 $\hat{\omega}_c$、$\hat{\omega}_s$ 与理论值的误差分别为 3.81%、3.86%。根据式（5.83）获取散射中心的幅度信息。表 5.9 为雷达 1 获取的各散射中心对应的幅度值。

表 5.9　雷达 1 获取的各散射中心对应的幅值

	$\hat{B}_{rl1}(1)$	$\hat{B}_{rl1}(2)$	$\hat{B}_{rl1}(3)$	$\hat{B}_{rl1}(4)$	$\hat{B}_{rl1}(5)$	$\hat{B}_{rl1}(6)$	$\hat{B}_{rl1}(7)$	$\hat{B}_{rl1}(8)$	$\hat{B}_{rl1}(9)$
A_0	0.9017	−0.0449	0.2423	−0.2559	−0.0102	0.0014	−0.3110	0.0353	0.0070
A_1	−0.5328	−0.2411	−1.1305	1.1426	−0.1249	0.0573	0.0248	−0.1653	−0.0952
A_2	−0.5492	0.2950	0.8397	−0.8355	0.1371	−0.0591	0.3484	0.1229	0.0868
A_3	−0.5390	−0.0344	−1.6003	1.6109	0.0994	−0.2718	−0.0398	−0.2276	−0.1360
A_4	−0.5431	0.0883	1.3095	−1.3038	−0.0872	0.2700	0.4129	0.1852	0.1276

由表 5.9 可以看出，锥顶散射中心 A_0 的幅度信息与尾翼散射中心 A_j 有较大区别，可以根据幅度信息实现散射中心 A_0 的匹配。雷达 1、2 获取的锥顶散射中心 A_0 对应的幅值信息分别为 $\hat{B}_{rA_01}(1)$、$\hat{B}_{rA_01}(2)$、$\hat{B}_{rA_02}(1)$、$\hat{B}_{rA_02}(2)$，根据步骤 3，代入 $\hat{\omega}_c$ 建立非线性方程组，获取目标的进动特征 $\hat{\theta}=27.98°$，误差为 6.04%，结构特征 $\hat{h}_1=1.55\text{m}$，误差为 3.33%，进动轴在参考坐标中的方位角 $\hat{\alpha}_c=10.62°$，误差为 6.20%，俯仰角 $\hat{\beta}_c=63.27°$，误差为 5.45%，欧拉角 $\hat{\beta}=10.59°$，误差为 5.90%。在此基础上，根据步骤 4、5 代入求得微动参数和坐标转换参数解算散射中心的瞬时空间位置，实现目标的重构如图 5.29 所示，目标的重构精度较好。

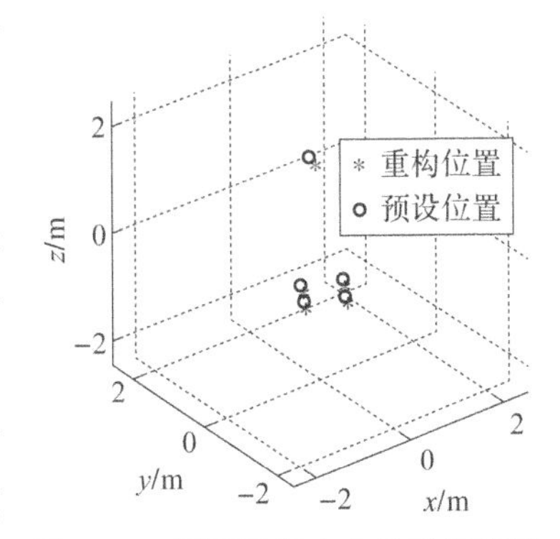

图 5.29　不同散射中心的重构结果

为验证算法性能，表 5.10 列出了 α_c、β_c、ω_s 均保持不变，不同微动参数及信噪比条件下参数的估计误差。

表 5.10　不同进动参数及 SNR 条件下参数的估计误差

	SNR/dB	−5	−5	−5	−5	0	0	0	0	5	5	5	5
参数设置	ω_c/(rad/s)	4π	4π	4π	6π	4π	4π	4π	6π	4π	4π	4π	6π
	β/(°)	−5	10	25	25	−5	10	25	25	−5	10	25	25
平均估计误差/%	ω_c	4.21	3.89	3.58	3.66	4.02	3.81	3.25	3.33	3.03	2.99	2.68	2.79
	ω_s	4.56	4.22	4.13	4.19	4.21	3.86	3.72	3.99	3.27	3.23	3.11	3.42
	θ	7.88	6.98	7.27	8.32	7.34	6.04	6.91	7.98	7.26	6.02	6.22	7.26
	h_1	4.01	3.82	3.66	3.89	3.82	3.33	3.27	3.12	2.98	2.82	2.81	3.20

进动角 θ 的估计值由于误差的积累远大于其他参数，而 ω_c 的估计精度贯穿整个参数估计过程，ω_c 的估计精度受微多普勒曲线的提取精度限制，同时 ω_c、ω_s 以及微多普勒曲线的提取精度对尾翼散射中心的匹配正确率有影响。随着 β 的改变，进动角 θ 随之变化，参数的估计误差随 θ 的增大而减小，这是由于在一定范围内，θ 的增大使得散射中心在投影面上的分布范围变大，微多普勒曲线提取精度提高。ω_c 的增大改变了进动周期及 ω_s/ω_c 的比值，随着 ω_c

增大，参数的估计误差增大。随着信噪比的上升，微动参数和结构参数的估计误差下降，在信噪比为 -5dB 时，参数估计误差仍能控制在 10% 以内，证明了本节方法的可行性。

参考文献

[1]MA L, LIU J, WANG T, et al. Micro - Doppler characteristics of sliding - type scattering center on rotationally symmetric target [J]. Sci China Inform Sci, 2011, 54(9): 1957 - 1967.

[2]SEDDIGHI Z, AHMADZADEH M R, TABAN M R. Quantitative analysis of SNR in bilinear time frequency domain [J]. Signal Image Video Process, 2020, 14(8): 1583 - 1590.

[3]XIE X J, PENG S L, YANG X. Deep learning - based signal - to - noise ratio estimation using constellation diagrams [J]. Mob Inf Syst, 2020, 2020: 1 - 7.

[4]WANG M Y, ZHANG Y M D, CUI G L. Human motion recognition exploiting radar with stacked recurrent neural network [J]. Digit Signal Process, 2019, 87: 125 - 131.

[5]QUE Z J, JIN X H, XU Z G. Remaining useful life prediction for bearings based on a gated recurrent unit [J]. IEEE T Instrum Meas, 2021, 70.

[6]XU Y, HUANG J N, WANG J X, et al. ESA - VLAD: A lightweight network based on second - order attention and netVLAD for loop closure detection [J]. IEEE Robot Autom Let, 2021, 6(4): 6545 - 6552.

[7]ZHU L Z, ZHANG S N, WANG X, et al. Multilevel recognition of UAV - to - ground targets based on micro - doppler signatures and transfer learning of deep convolutional neural networks [J]. IEEE T Instrum Meas, 2021, 70.

[8]WANG Y Z, FENG C Q, HU X W, et al. Classification of space micromotion targets with similar shapes at low SNR [J]. IEEE Geoscience and Remote Sensing Letters, 2021, 19: 3504305.

[9]ZHANG Y P, ZHANG Q, KANG L, et al. End - to - End recognition of similar space cone - cylinder targets based on complex - valued coordinate attention networks [J]. IEEE T Geosci Remote, 2022, 60: 5106214.

[10]MARWAN N, CARMEN ROMANO M, THIEL M, et al. Recurrence plots for the analysis of complex systems [J]. Physics Reports, 2007, 438(5): 237 - 329.

[11]ZHU L J, CHEN Y K. Fast micro - doppler period estimation method for ship target [J]. Journal of Electronic Measurement And Instrumentation , 2020, 34(06): 169 - 175.

[12]BAI X R, BAO Z. High - Resolution 3D imaging of precession cone - shaped targets [J]. IEEE T Antenn Propag, 2014, 62(8): 4209 - 4219.

[13]CHOI I O, PARK S H, KANG K B, et al. Efficient parameter estimation for cone - shaped target Based on Distributed Radar Networks [J]. IEEE Sens J, 2019, 19(21): 9736 - 9747.

[14]ZHOU Y, CHEN Z Y, ZHANG L R, et al. Micro - Doppler curves extraction and parameters estimation for cone - shaped target with occlusion effect [J]. IEEE Sensors Journal, 2018, 18(7): 2892 - 2902.

[15]ZHU N N, HU J, XU S Y, et al. Micro - Motion parameter extraction for ballistic missile with wideband radar using improved ensemble EMD method [J]. Remote Sensing, 2021, 13(17).

[16]雷腾，刘进忙，余付平，等. 基于时间 - 距离像的弹道目标进动特征提取新方法 [J]. 信号处理，

2012, 28(01): 73 - 79.
[17]韩勋, 杜兰, 刘宏伟. 基于窄带雷达组网的空间锥体目标特征提取方法 [J]. 电子与信息学报, 2014, 36(12): 2956 - 2962.
[18]张龙, 李亚超, 苏军海, 等. 一种统计 RELAX 方法的 ISAR 成像研究 [J]. 西安电子科技大学学报, 2010, 37(06): 1065 - 1070.

第 6 章
基于窄带特征的弹道目标智能识别

窄带雷达具有部署方便、性价比高、便于维护特点，因而具有广泛的应用。早期的反导雷达大都采用的是窄带体制，因此，基于窄带雷达获取的窄带特征弹道目标识别受到了广泛的关注。如前文所述，不同目标的微动会对雷达的回波产生调制，反映在窄带雷达上的特征包括 RCS 统计特征、RCS 序列特征、时频图以及时频图的统计特征等。

本章主要研究了基于窄带特征的弹道目标智能识别方法，主要包括四部分内容：6.1 节以微动目标的回波 RCS 序列作为输入，设计了一种基于 RCS 序列时频图生成方法，并针对 RCS 序列时频图设计了相应的识别网络；6.2 节以微动目标的回波 RCS 序列作为输入，采用马尔可夫迁移场（markov transition field，MTF）、格拉姆角场（gramian angular field，GAF）以及递归图（recurrence plot，RP）三种编码方式，得到序列的二维表征，并设计了一种多尺度卷积神经网络用来对目标进行识别；6.3 节以回波的时频图作为输入，设计了一种 CNN－LSTM 的网络结构，实现了基于回波时频图的目标识别；6.4 节在回波时频图的基础上引入了目标的 CVD 图，研究了时频图和 CVD 图不同网络上的目标识别性能差异。

6.1 基于 RCS 序列时频变换的弹道目标识别

6.1.1 典型目标的 RCS 特性

根据电磁计算的相关方法，可以得出一些典型目标的 RCS 解析式，从而了解不同结构参数对于 RCS 数值的具体影响。因此，本节首先对几种典型结构弹道目标的 RCS 进行简单介绍。

（1）椭球体。

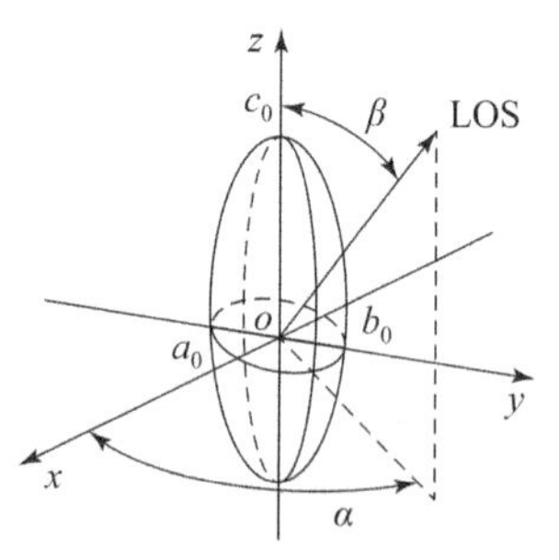

图 6.1　椭球体

中心在原点处的椭球如图 6.1 所示，定义如下

$$\left(\frac{x}{a_0}\right)^2+\left(\frac{y}{b_0}\right)^2+\left(\frac{z}{c_0}\right)^2=1 \tag{6.1}$$

式中：a_0、b_0、c_0 是椭球三个轴的极半径。

椭球后向散射 RCS 近似为

$$\sigma=\frac{\pi {a_0}^2 {b_0}^2 {c_0}^2}{({a_0}^2(\sin\beta)^2(\cos\alpha)^2+{b_0}^2(\sin\beta)^2(\sin\alpha)^2+{c_0}^2(\cos\beta)^2)^2} \tag{6.2}$$

式中：α、β 分别表示雷达视线的方位角和俯仰角。

当 $a_0=b_0$ 时，即为旋转对称椭球，此时有

$$\sigma=\frac{\pi {b_0}^4 {c_0}^2}{({a_0}^2(\sin\beta)^2+{c_0}^2(\cos\beta)^2)^2} \tag{6.3}$$

当 $a_0=b_0=c_0$ 时，即为球体，此时有

$$\sigma=\pi c_0^2 \tag{6.4}$$

（2）圆锥弹头。

线性极化入射波非垂直入射时，其 RCS 近似为

$$\sigma=\frac{\lambda z\tan\varepsilon}{8\pi\sin\beta}\left(\frac{\sin\beta-\cos\beta\tan\varepsilon}{\sin\beta\tan\varepsilon+\tan\varepsilon}\right)^2 \tag{6.5}$$

式中：λ 为电磁波波长；z 等于 z_1 或 z_2，取决于电磁波入射方向。

（3）三角板。

等腰三角板结构如图 6.2 所示，其中 a_1 为底边的高，b_1 为半底边长。

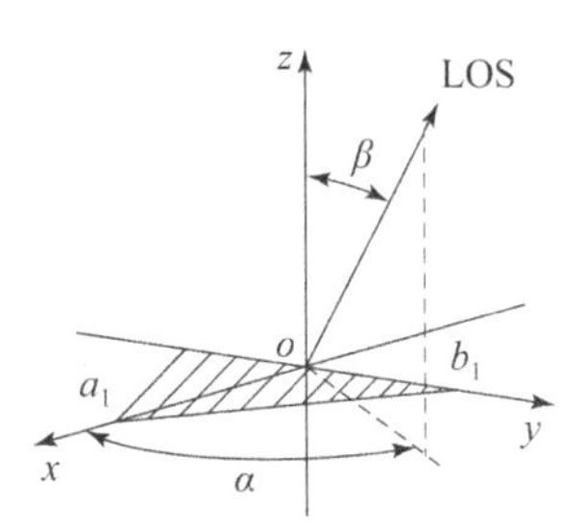

图 6.2　三角板

当视线角小于等于 30°时，其后向散射 RCS 近似为

$$\begin{cases}\sigma=\dfrac{\pi {a_1}^2 {b_1}^2}{\lambda^2}(\cos\beta)^2\dfrac{[(\sin A)^2-(\sin(B/2))^2]^2+\sigma_{01}}{A^2-(B/2)^2}\\ \sigma_{01}=0.25(\sin\alpha)^2[(2a_1/b_1)\cos\alpha\sin B-\sin\alpha\sin 2A]^2\end{cases} \tag{6.6}$$

式中：$A=2\pi\sin\beta\cos\alpha/\lambda$；$B=2\pi\sin\beta\sin\alpha/\lambda$。

（4）圆柱体。

椭球截面圆柱体结构如图 6.3 所示，其中 r_1、r_2 分别为短轴和长轴半径，H 为圆柱体的高。

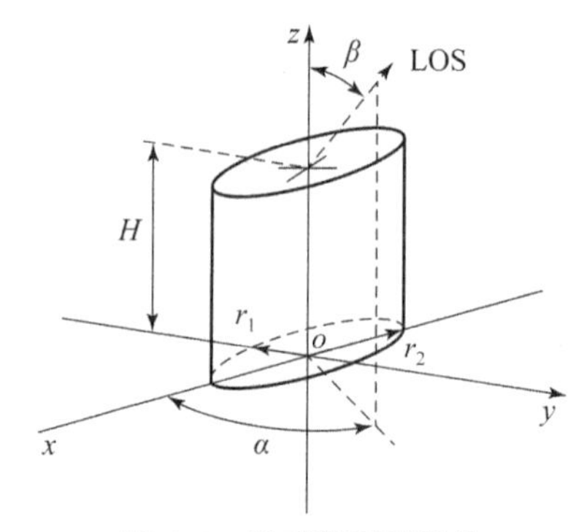

图 6.3　椭球截面圆柱体

线性极化入射波垂直入射和非垂直入射时，其 RCS 分别为

$$\begin{cases}\sigma_n=\dfrac{2\pi H^2 r_2^2 r_1^2}{\lambda\left[r_1^2(\cos\alpha)^2+r_2^2(\sin\alpha)^2\right]^{1.5}}\\ \sigma=\dfrac{\lambda r_2^2 r_1^2\sin\beta}{8\pi\cos\beta\left[r_1^2(\cos\alpha)^2+r_2^2(\sin\alpha)^2\right]^{1.5}}\end{cases}\tag{6.7}$$

当 $r_1=r_2=r$ 时，为圆形圆锥体，其 RCS 分别为

$$\begin{cases}\sigma_n=\lambda r\sin\beta/\left[8\pi(\cos\beta)^2\right]\\ \sigma=2\pi H^2 r/\lambda\end{cases}\tag{6.8}$$

6.1.2　RCS 序列统计特征

RCS 除包含目标的形状信息外，还包含目标的运动信息，因此可根据目标运动方式，通过空间积累获得随着目标姿态角变换的 RCS 时间序列。该 RCS 序列可以直接作为特征进行识别。此外，目标 RCS 序列还包含位置、散布、分布及相关等特征。

记目标 RCS 序列为 $\boldsymbol{\sigma}=[\sigma_1,\sigma_2,\cdots,\sigma_N]$，下面给出几类特征的数学表达或文字描述。

（1）位置特征：主要包括 RCS 序列的均值和极值。

均值：

$$\bar{\sigma}=\sum_{i=1}^{N}\sigma_i/N\tag{6.9}$$

极小值：

$$\sigma_{\min}=\min(\sigma)=\min\{\sigma_1,\sigma_2,\cdots,\sigma_N\}\tag{6.10}$$

极大值：

$$\sigma_{\max} = \max(\sigma) = \max\{\sigma_1, \sigma_2, \cdots, \sigma_N\} \tag{6.11}$$

（2）散布特征：主要包括极差、标准差以及变异系数等。

极差：

$$\sigma_L = \sigma_{\max} - \sigma_{\min} \tag{6.12}$$

标准差：

$$S = \left[\sum_{i=1}^{N} (\sigma_i - \bar{\sigma})^2/(N-1)\right]^{0.5} \tag{6.13}$$

标准均差：

$$M_\sigma = \sum_{i=1}^{N} (|\sigma_i - \bar{\sigma}|/S - \sqrt{2/\pi})/\sqrt{N(1-2/\pi)} \tag{6.14}$$

变异系数：

$$C_\sigma = S/\bar{\sigma} \tag{6.15}$$

（3）分布特征：主要包括标准偏差系数、标准峰度系数等。

标准偏差系数：

$$g_1 = \sum_{i=1}^{N} [(\sigma_i - \bar{\sigma})/S]^3/\sqrt{6N} \tag{6.16}$$

标准峰度系数：

$$g_2 = \left\{\sum_{i=1}^{N} [(\sigma_i - \bar{\sigma})/S]^4/3N\right\}/\sqrt{24N} \tag{6.17}$$

（4）相关特征：主要包括线性相关系数、线性时关系数。

线性相关系数：

$$r(j) = \sum_{i=1}^{N-1} [(\sigma_i - \bar{\sigma})/S][(\sigma_{i+j} - \bar{\sigma})/S](N-j) \tag{6.18}$$

线性时关系数：

$$r_t = \sqrt{12}/N\sum_{i=1}^{N} [(\sigma_i - \bar{\sigma})/S](i/N - 0.5) \tag{6.19}$$

通过以上方法得到的RCS统计特征序列，可利用两种方法进行目标识别。一是将RCS统计特征序列直接输入到分类器，如支持向量机、贝叶斯（Bayes）分类器、决策树（decision tree，DT）等分类器；二是利用具有序列分类能力的DL网络，对RCS统计特征序列进行特征提取，再利用序列分类器实现目标识别。

6.1.3　RCS信息的图像特征及组合特征识别

6.1.2节所分析的都是RCS序列的一维特征，表征能力有限，因此可将

RCS 信息由低维变成高维进行表征，从而得到更有效的特征来提高识别效果。考虑通过时频变换，将 RCS 一维时间序列变为二维时频图，利用时频域信息进行识别。

由于目标 RCS 具有姿态敏感性，使得目标 RCS 的幅值序列是一个剧烈变化的序列。根据分析，本节需要采用小波变换（continuous wavelet transform，CWT）[1]进行时频分析来生成时频图，然后结合在处理图像识别问题上所具有的突出优势的 CNN，可实现弹道目标的有效识别。

小波变换定义如下

$$\mathrm{WT}_x(a,b) = \int_{-\infty}^{+\infty} x(t)\psi_{a,b}^{*}(t)\,\mathrm{d}t \tag{6.20}$$

$$\psi_{a,b}(t) = \exp\left(-\mathrm{j}\omega_0\frac{(t-b)}{a}\right)\exp\left(-\frac{(t-b)^2}{2a^2}\right) \tag{6.21}$$

式中：$\psi_{a,b}(t)$ 是小波基函数；ω_0 是指定的中心频率；a 是尺度因子；b 是时移。

由于式（6.21）中的 a、b 及 t 都是连续的，因此又称为 CWT，其实质就是选一个中心频率 ω_0 确定母小波，改变 a 和 b 得到一簇小波基函数，分别与原始信号的某一段相乘再积分，取极值即为频率，对应的时移为时间位置。

相比于 STFT，CWT 具有多分辨率分析的特点外，其分辨率示意图如图6.4 所示。

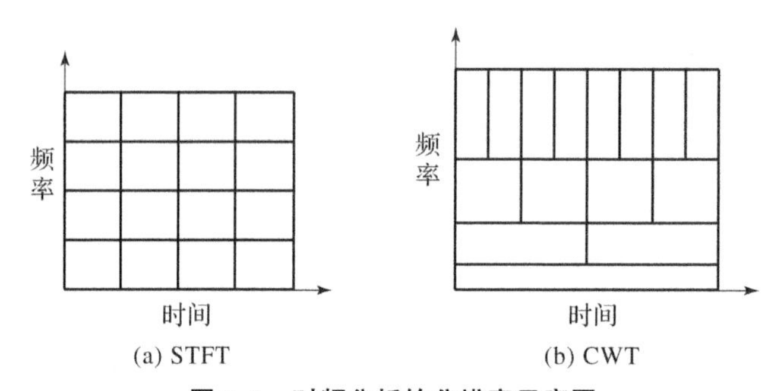

(a) STFT　　(b) CWT

图 6.4　时频分析的分辨率示意图

由图 6.4（a）知，STFT 将信号划分为不同的块，每个块的尺寸是固定的，因此在使用时有一定的局限性；由图 6.4（b）知，CWT 具有更灵活的分辨率，克服了 STFT 存在的固有分辨率问题。

CWT 还具有同时捕获时间序列数据中的稳态和瞬态行为的能力。如图 6.5 所示，STFT 的基函数是平滑的正弦波函数，而 CWT 的基函数是不规则的小波基函数，故 CWT 可更好地分析具有急剧变化的信号。

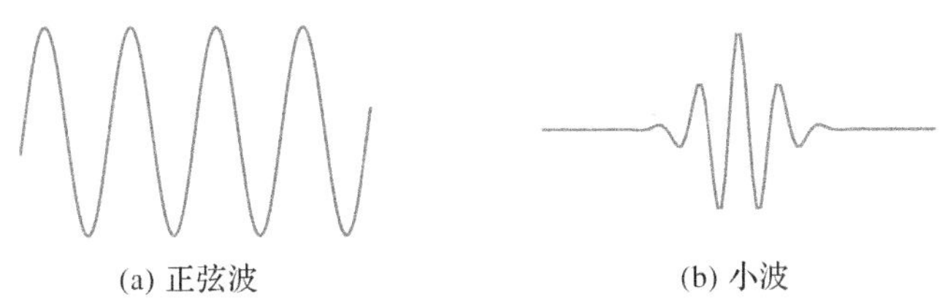

图6.5　基波函数

CNN结构如图6.6所示，其中隐藏层包括多个基本处理栈。基本处理栈通过对图像数据进行卷积、非线性激活和池化操作，得到高维抽象的特征图。

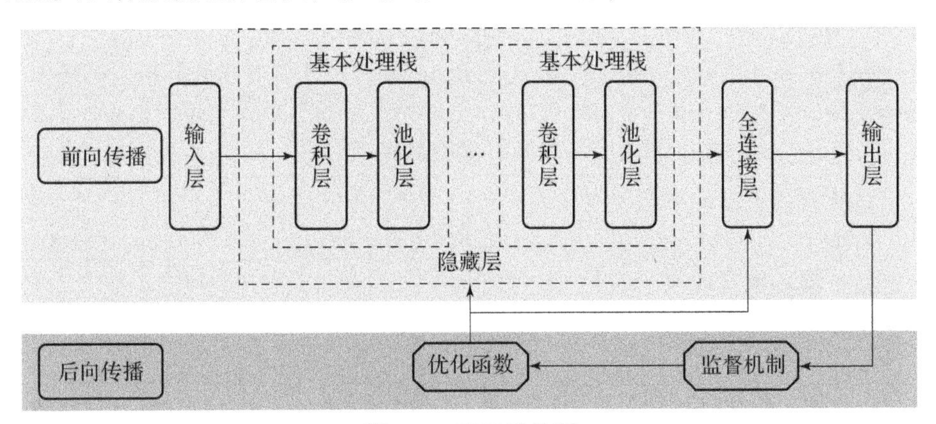

图6.6　CNN结构图

原始图像数据经过隐藏层提取到高维抽象特征后，由全连接层通过非线性映射对特征降维得到特征向量，然后分类层对特征向量进行分类，前向传播结束。设置损失函数，利用监督机制衡量进行预测类别概率与真实标签数据之间的损失，并进行参数优化，后向传播结束。经过反复前、后传播及参数更新，当损失函数值低于监督机制要求的阈值时，保留网络参数并得到最终的预测标签，分类结束。

通常对于CNN分类问题，损失函数采用分类交叉熵，其定义为

$$L = -\sum_{i} p_i \lg(y_i) + (1 - p_i)\lg(1 - y_i) \tag{6.22}$$

式中：p_i 表示预测标签；y_i 表示真实标签。

CNN包括特征提取与识别两部分，因此也可以考虑仅用CNN进行特征提取，从而通过利用多种不同结构的CNN网络提取RCS序列的时频图特征。虽然不同结构的网络所提取到的特征不一样，但是这些都是频域特征，具有一定的相似性。

为了提高识别性能，可以利用RCS的多类信息进行识别。如上分析的

RCS 时域序列和 RCS 序列的频域时频图，将两者结合起来，从时域和频域共同提取更强的表征特征。处理流程如图 6.7 所示。

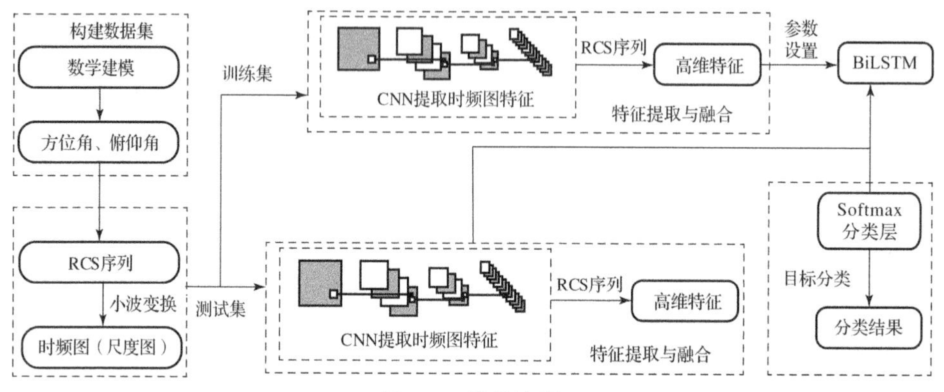

图 6.7 算法流程

具体步骤总结如下。

步骤 1：建立运动模型。分析不同弹道目标的运动模型，得到对应的目标方位角、俯仰角。

步骤 2：构建数据集。按照目标 RCS 解析式构建 RCS 序列数据集，同时利用连续小波变换得到对应的时频图数据集，数据集分为训练集和测试集。

步骤 3：特征提取与融合。通过 RCS 序列找到对应的小波时频图，并利用多种 CNN 网络分别提取对应时频图的特征序列，与 RCS 序列共同融合成高维特征。

步骤 4：目标识别。将高维特征输入到 BiLSTM，加上丢失层、全连接层及 Softmax 层及分类层构成分类模块，利用测试集训练网络并设置参数，最后实现对测试集的分类。

6.1.4 实验结果及分析

设雷达工作频率为 $f_c=10\text{GHz}$，$T_d=10\text{s}$，PRF = 1000Hz，观察采样频率 $f_1=25\text{Hz}$，导弹飞行速度 $v=5\text{km/s}$。结构参数：①锥形目标，底面半径 0.25m，高 1.5m；②椭球诱饵，$a_0=b_0=(0.2:0.05:0.3)\text{m}$，$c_0=1.5\text{m}$；③燃料箱，底面半径 0.5m，高 4.5m；④三角碎片，$a_1=(0.1:0.05:0.3)\text{m}$，$b_1=(0.15:0.15:0.3)\text{m}$。微动参数：①椭球诱饵摆动，雷达视线角$(30:3:57)°$，摆动角振幅 15°，摆动角速度 4πrad/s，摆动平面角$(10:4:46)°$；②燃料箱翻滚，雷达视线角$(30:15:60)°$，翻滚角速度 $\omega_1=(1.5:0.5:6)\text{rad/s}$，摆动平面角$(20:5:65)°$；③三角碎片翻滚，雷达视线角$(30:15:60)°$，翻滚角速度

(7：1：11)rad/s，摆动平面角(30：10：40)°；④锥形弹头旋转，雷达视线角为(30：1：59)°，本地坐标系自旋轴与 X 轴的夹角(13：1：22)°；⑤锥形弹头进动，雷达视线角为(30：3：57)°，章动角(15：3：21)°，锥旋角速度(3：0.1：3.9)rad/s；⑥锥形弹头章动，雷达视线角为(30：3：57)°，章动初始角(15：3：21)°，锥旋角速度(3：0.1：3.9)rad/s，章动角速度 2.6πrad/s，章动角摆动振幅 10°。关于雷达视线角、摆动平面角、章动角以及章动初始角的概念见文献［2］。

图 6.8 给出近似曲线轨道与实际椭圆轨道的比较及雷达坐标系中初始观测点与初始雷达视线角的关系。

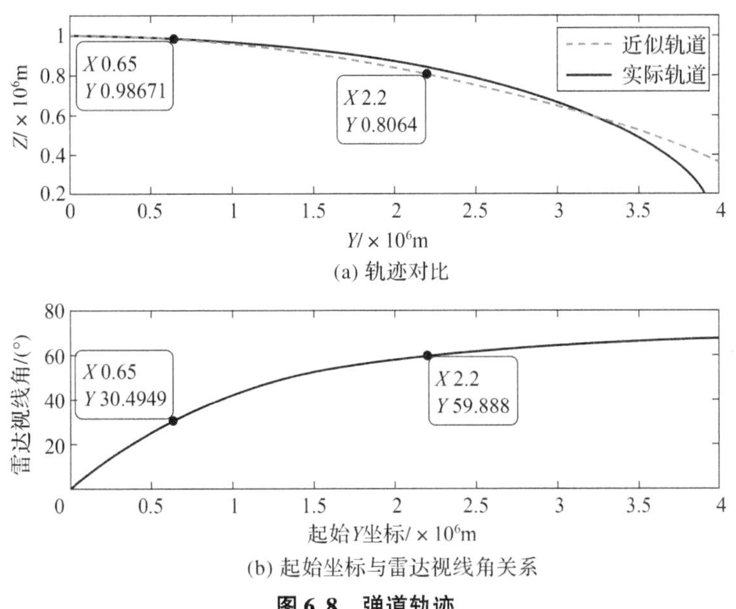

(a) 轨迹对比

(b) 起始坐标与雷达视线角关系

图 6.8　弹道轨迹

分析图 6.8 可知，可选取适当的初始雷达视线角范围（标注部分），使得所给曲线能较好地拟合真实的椭圆弹道，加之观察时间较短，因此可认为拟合轨道有效。

根据以上参数设置得到 6 组数据集，每一组都包含 300 个长度为 250 的 RCS 序列，利用 CWT 处理 RCS 序列得到小波时频图。图 6.9、图 6.10 分别给出理想条件时 RCS 序列及其对应的时频图样本。

观察图 6.9 和图 6.10 可知，理想条件下不同运动类型的弹道目标 RCS 序列及其对应的小波时频图都存在明显差异，可为弹道目标的有效识别提供依据。

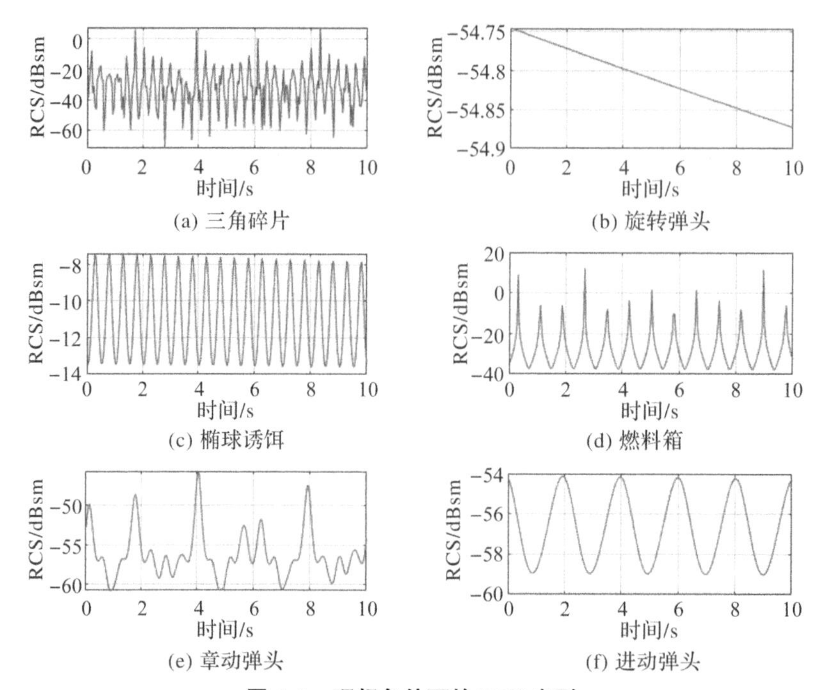

图 6.9 理想条件下的 RCS 序列

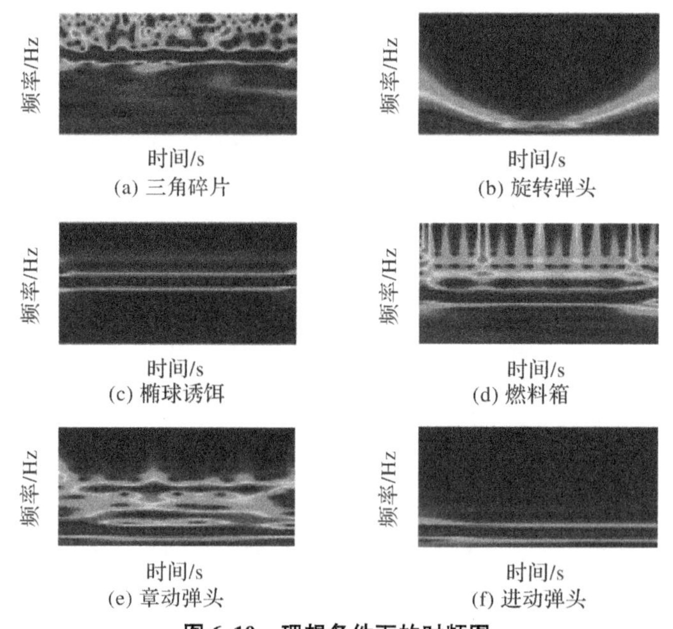

图 6.10 理想条件下的时频图

考虑到强噪声条件中存在的噪声、干扰以及测量误差等因素，对 RCS 序列加上高斯白噪声来模拟噪声条件。

整个数据集包含理想条件及 SNR = (0 : 2 : 10) dB 共 7 种情况，并将数据集随机分为训练、测试集。图 6.11 和图 6.12 给出 SNR = 10dB 时的数据集，观察可知：RCS 序列发生剧烈变化，同时对应的时频图也出现多个频率“斑点”，使得图像不再像理想条件那样简单。

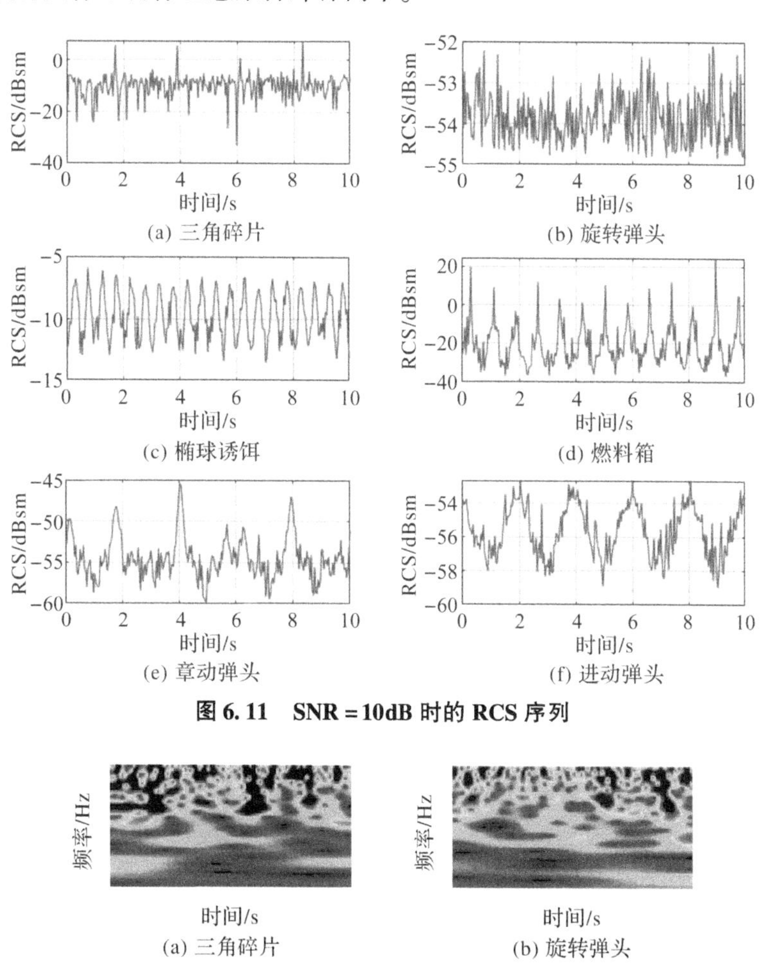

图 6.11　SNR = 10dB 时的 RCS 序列

时间/s　时间/s

(a) 三角碎片　(b) 旋转弹头

时间/s　时间/s

(c) 椭球诱饵　(d) 燃料箱

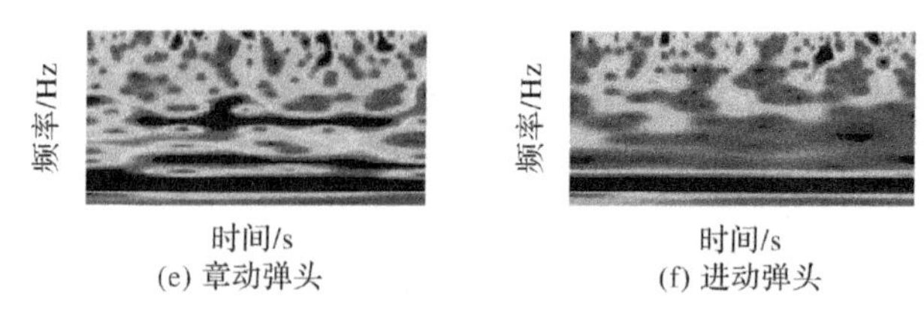

(e) 章动弹头　　(f) 进动弹头

图 6.12　SNR = 10dB 时的时频图

下面进行识别性能研究。首先研究利用 RCS 信息的序列特征进行识别的有效性。

(1) 基于 RCS 序列特征识别。

将 SNR = 10dB 时的 RCS 序列数据集按照 70%、30% 随机分成训练、测试集。通过对训练集的训练，以最高的分类准确性为目的，同时兼顾有较快的分类速度来进行网络参数的设置。BiLSTM 网络的训练参数如表 6.1 所列。

表 6.1　网络参数

参数名称	数值/方法
运行环境	GPU
验证频率	20
梯度门限	2
隐藏单元数	200
初始学习率	0.0001
批大小	50
求解器名称	RMSProp

比较 BiLSTM 网络与典型序列分类器的分类效果，包括：SVM、Bayes（贝叶斯）及 DT（决策树）。分类混淆矩阵图如图 6.13 所示，并取三次平均值绘制分类性能如表 6.2 所列。

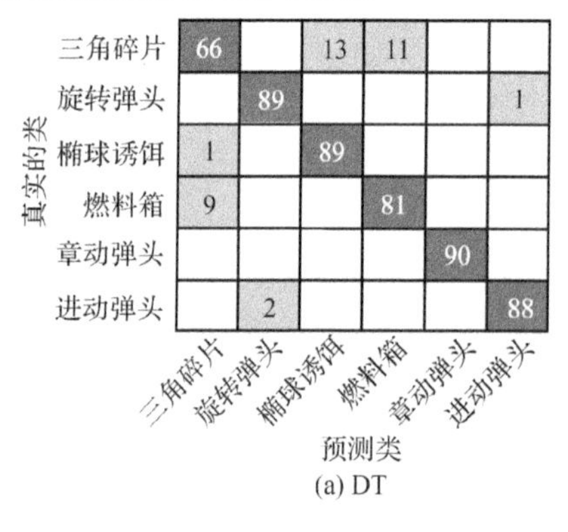

(a) DT

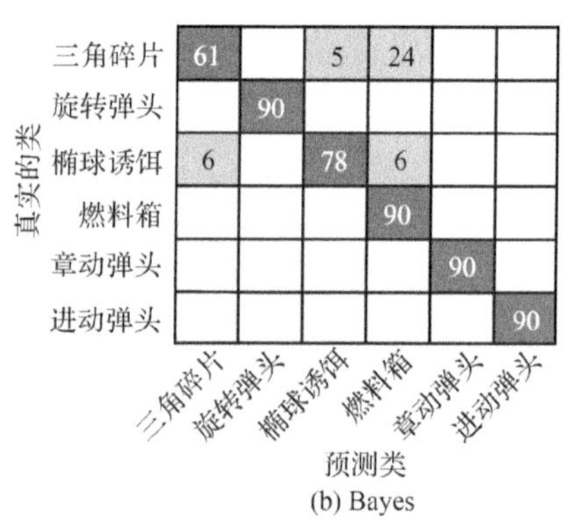

(b) Bayes

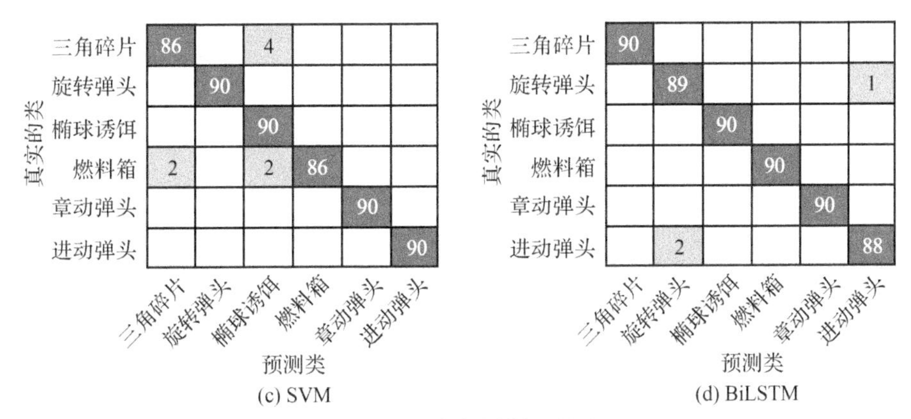

(c) SVM

(d) BiLSTM

图 6.13 分类混淆矩阵图

表 6.2 分类性能对比

分类方法	BiLSTM	SVM	Bayes	DT
准确性/%	99.63	97.22	92.41	91.30

分析图 6.13 和表 6.2 可知：对于 RCS 序列分类而言，BiLSTM 模型具有更高的准确性。

接下来，本节考虑利用 RCS 序列的统计学特征进行识别。分析通过 RCS 幅度序列的统计学特征进行分类识别的效果。图 6.14 给出的数据集中部分样本的四种统计学特征：均值、极值、标准差、变异系数。

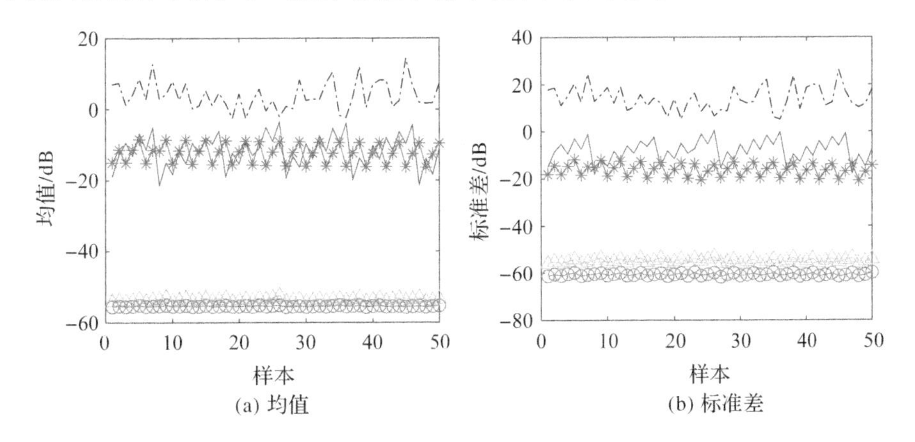

(a) 均值

(b) 标准差

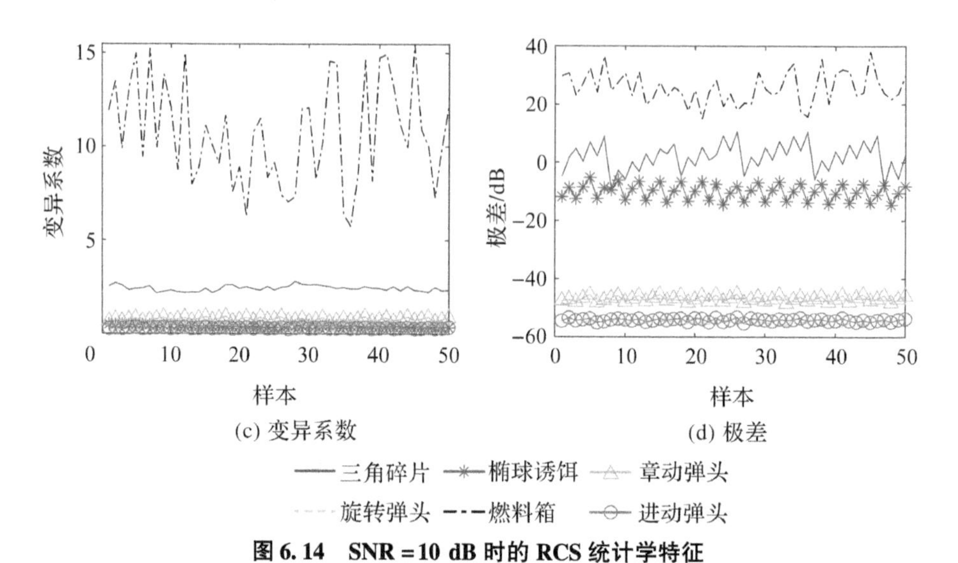

图 6.14　SNR = 10 dB 时的 RCS 统计学特征

在 SNR = 10dB 条件下利用 BiLSTM 网络分类，参数如表 6.3 所列，其训练过程如图 6.15 所示，分类结果如图 6.16 所示。

表 6.3　网络参数

参数名称	数值/方法
运行环境	GPU
验证频率	200
梯度门限	2
隐藏单元个数	200
初始学习率	0.0001
批大小	100
求解器名称	RMSProp

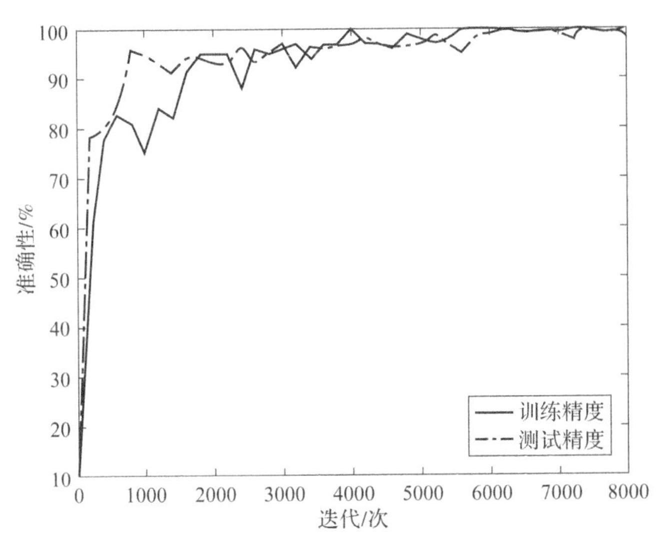

图6.15　训练过程

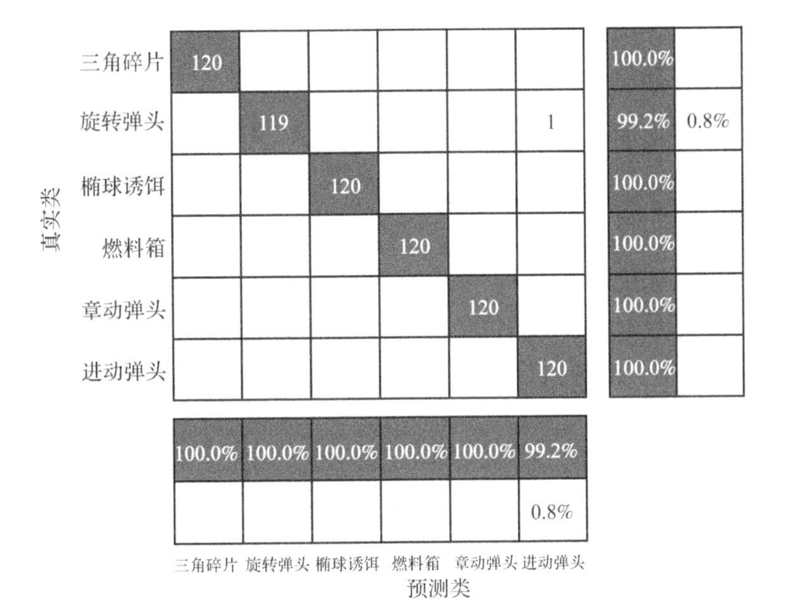

图6.16　分类混淆矩阵图

由图6.16知，利用BiLSTM网络取得了非常好的分类效果。为了验证BiLSTM网络分类的有效性，与一些典型的序列分类器进行比较，取三次平均值绘制分类性能如表6.4所列。

表 6.4　分类性能对比

分类器类型	准确性/%
BiLSTM	99.86
SVM	99.20
Bayes	98.46
分类决策树	97.84
K 近邻分类器	97.48

分析表 6.4 可知：对于 RCS 幅度序列的统计学特征分类而言，BiLSTM 模型具有更高的准确性。

（2）基于 RCS 图像特征识别。

利用 RCS 信息的时频图图像特征进行识别。将时频图按照 70%、30% 的比例随机分为训练集和测试集，采用迁移学习法对 CNN 网络进行微调进行识别分类。

CNN 通过反复迭代学习来强化提取的图像特征，但需要消耗大量时间，同时随着网络层次的加深也会影响训练速度，因此需要根据实际需求选取合适网络。以 AlexNet 和 ResNet－18 网络为例，根据训练集设置的网络参数如表6.5 所列。

表 6.5　网络参数

参数名称	数值/方法
运行环境	GPU
验证频率	20
梯度门限	2
初始学习率	0.0001
批大小	50
求解器	Adam

按照上述参数设置，给出两种网络的训练时间—准确率如表 6.6 所列，分类结果及训练精度曲线图 6.17 所示。

表 6.6 网络迭代训练时间—准确率表

迭代次数	AlexNet		ResNet - 18	
	训练时间/s	识别率/%	训练时间/s	识别率/%
2	56	88.70	59	91.48
5	128	92.04	139	95.18
8	198	93.89	230	94.63
10	243	93.22	275	94.81

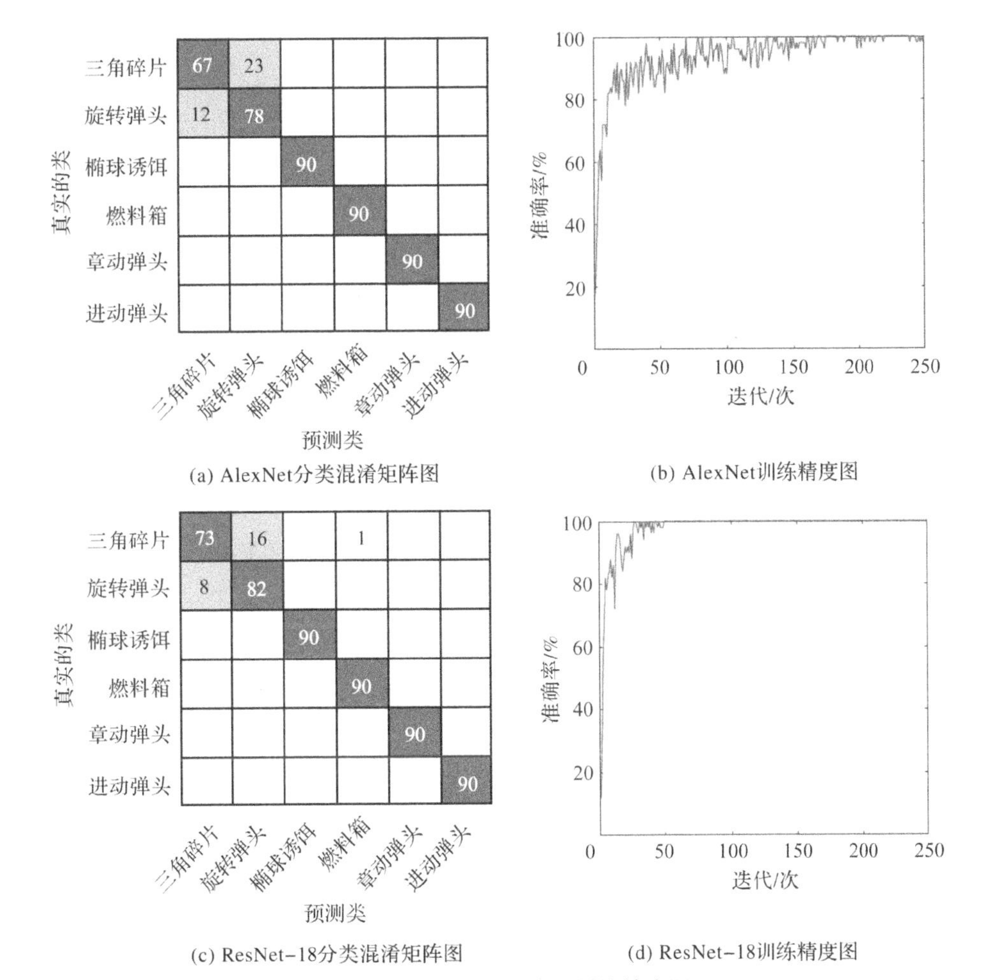

(a) AlexNet分类混淆矩阵图

(b) AlexNet训练精度图

(c) ResNet-18分类混淆矩阵图

(d) ResNet-18训练精度图

图 6.17 分类混淆矩阵及训练精度图

分析表6.6、图6.17可知，两种CNN模型的主要误判都在旋转弹头和三角碎片之间。由图6.11可知，两者的RCS序列变化剧烈，导致图6.12中的时频图相似引起误判。虽然ResNet－18网络结构更加复杂，但其残差结构很好地提高了训练速度使得与AlexNet网络差不多，同时单次训练效率更高，且最终分类精度也更高。

（3）基于RCS组合特征识别。

进行时域、频域组合特征的识别分析。利用组合特征和CNN＋BiLSTM算法进行识别，即通过CNN模块提取特征然后利用BiLSTM模块进行分类。数据集由RCS序列和时频图共同构成，将每个类别RCS序列随机分为70％、30％，并找到对应的时频图，分别作为训练集和测试集，网络参数设置与上保持一致。

组合特征包括三部分：RCS序列、AlexNet网络及ResNet－18网络提取的图像特征。其中，AlexNet、ResNet－18网络提取的特征序列长度分别为1×4096、1×512，因此将这两个特征序列分别分成8段、2段，并取前250个值与RCS序列组成一个11×250的高维特征作为BiLSTM网络的输入，在保证准确率的同时还可提高网络分类速度。表6.7给出了三种分类方法在SNR＝5dB的分类性能对比。

表6.7　SNR＝5dB时的分类性能

网络模型	迭代次数	训练时间/s	仿真时间/s	识别率/%
ResNet－18	6	171	202	90.56
BiLSTM	130	345	349	97.41
CNN＋BiLSTM算法	45	105	137	98.07

由表6.7知：①BiLSTM网络的单次训练速度远远高于ResNet－18网络，且最终识别率也更高，但前者需要迭代更多的次数导致训练时间更久；②虽然BiLSTM网络的分类识别率与CNN＋BiLSTM算法的近似，但前者需要迭代训练次数是后者的3倍，尽管后者需要进行卷积层的特征提取，但其分类的速度仍比前者快2.5倍，且比CNN更快。

在SNR＝0dB数据集中，图6.18给出了不同分类方法的网络训练过程图，表明CNN＋BiLSTM算法的网络训练准确性最高，且相比于BiLSTM过程更稳健，迭代训练效率也更高。对不同SNR时的分类结果取三次平均值如图6.19所示，分析知：CNN对时频图的分类效果受噪声影响较大，且序列分类效果比时频图像分类更好；基于组合特征的 CNN + BiLSTM 算法不仅分类准确性最高，且具有很好的稳健性。

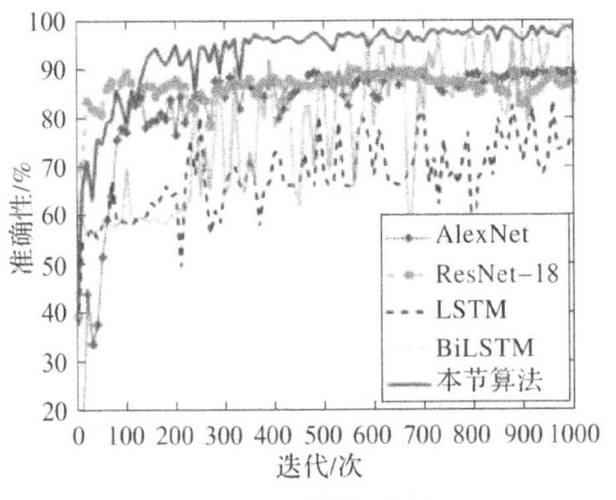

图 6.18　训练过程

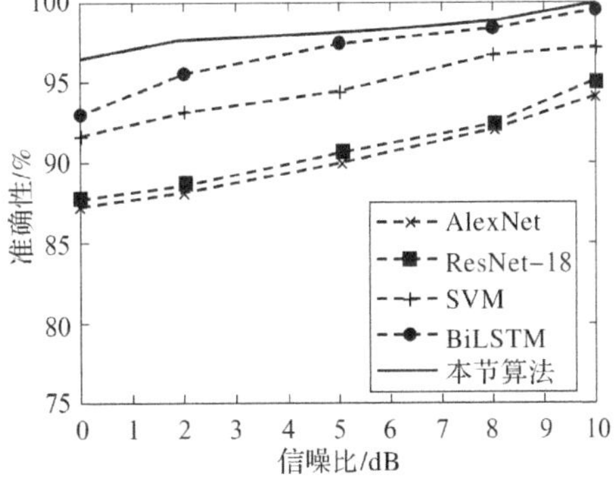

图 6.19　分类性能对比图

6.2　基于 RCS 序列编码的弹道目标识别

6.1 节的分析中由于观测时间相对较长，因此考虑了平动对 RCS 序列的影响。而当雷达观测时间相对较短时，其中的 RCS 序列可认为是弹道目标微动产生的 RCS 序列。有学者将这种微动产生的 RCS 序列变化称为“微 RCS”。然而，现有的大部分研究对于微动目标产生的 RCS 并没有专门将其强调为微 RCS 序列。也就是说，对于微动目标的 RCS 研究中，默认 RCS 序列与微 RCS 序列的定义相同。因此，本节也按照这一写法，不对微 RCS 进行专门的强调，而是将其统称为 RCS 序列。

6.1 节采用了时频分析对 RCS 序列进行编码，然而 RCS 序列的时频分析缺乏比较准确的物理含义。基于此，本节提出一种多尺度卷积神经网络的弹道目标 RCS 序列识别方法。采用三种 RCS 序列编码方法获取 RCS 特征图像，提高 RCS 序列的特征信息丰富程度，设计了一个多尺度 CNN，用来对编码后的 RCS 特征进行分类，从而实现了对弹道目标的识别。

6.2.1　问题分析

RCS 是一种描述目标散射能力的物理量，在远场条件下，其定义可以表示为

$$\sigma = 4\pi \frac{|E_{\mathrm{far,H}}|^2 + |E_{\mathrm{far,V}}|^2}{|\boldsymbol{E}_{\mathrm{i}}|^2} = \sigma_{\mathrm{H}} + \sigma_{\mathrm{V}} \tag{6.23}$$

式中：$E_{\mathrm{far,H}}$和 $E_{\mathrm{far,V}}$分别表示代表远场条件下的水平电场分量和垂直电场分量；

σ_H 和 σ_V 分别表示对应方向的 RCS。

目标几何结构的目标、目标与雷达的相对位置、雷达极化方式、入射波频率等因素都会对 RCS 产生显著的调制。对于弹道目标而言，不同目标类型的结构和运动方式一般不同，由此导致的 RCS 序列也会产生显著的差异。因此，根据 RCS 序列的变化，可以反演目标的运动状态和结构，从而实现对弹道目标的分类。

大部分弹道目标的结构为锥形、锥柱形、椭球形结构，这些结构都是旋转对称的。因此，这些目标的 RCS 主要目标对称轴和雷达视线的夹角确定。以锥形目标为例，本节主要研究不同的目标下三种微动方式的分类。为了统一不同微动中的参数表示，本节在图 6.20 给出了三种微动雷达和雷达观测示意图。

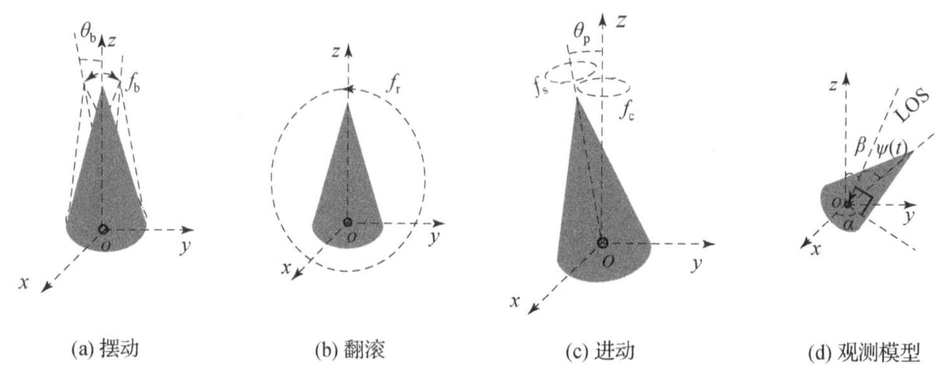

图 6.20　三种微动模型以及雷达观测示意图

摆动：如图 6.20（a）所示，假设目标在 yoz 平面沿着 oz 量测进行小角度匀速摆动。设摆动角 θ_b，摆动初始角为 θ_{b_0}，摆动频率为 f_b。则 t 时刻，目标对称轴与 oz 的夹角表示为 $\mathrm{ang}_{sw}(t)$。则 $\mathrm{ang}_{sw}(t)$ 可以表示为

$$\mathrm{ang}_{sw}(t)=\theta_b\sin(2\pi f_b t+\theta_{b\_0}) \tag{6.24}$$

因此，摆动目标 t 时刻对称轴的方向可以表示为

$$\boldsymbol{n}_{sw}=[0,\sin(\mathrm{ang}_{sw}(t)),\cos(\mathrm{ang}_{sw}(t))] \tag{6.25}$$

翻滚：如图 6.20（b）所示，假设目标在 yoz 平面内进行翻滚运动。设目标的初始相位 θ_{r_0}，翻滚频率为 f_r。将目标对称轴与 oz 轴的夹角表示为 $\mathrm{ang}_{rol}(t)$，则 $\mathrm{ang}_{rol}(t)$ 可以表示为

$$\mathrm{ang}_{rol}(t)=\theta_{r\_0}+2\pi f_r t \tag{6.26}$$

因此，翻滚目标 t 时刻对称轴的方向可以表示为

$$\boldsymbol{n}_{rol}=[0,\sin(\mathrm{ang}_{rol}(t)),\cos(\mathrm{ang}_{rol}(t))] \tag{6.27}$$

进动：如图 6.20（c）所示，对于旋转对称目标，自旋不会对回波产生调

制。因此，仅需要考虑锥旋对回波的调制作用。假设进动角为 θ_p，进动频率为 f_p，初始相位 θ_{p_0}，则 t 时刻目标对称轴的方位角可以表示为

$$\mathrm{ang}_{\mathrm{pre}}(t)=2\pi f_p t+\theta_{p\_0}-\frac{\pi}{2} \tag{6.28}$$

因此，进动目标 t 时刻对称轴的方向可以表示为

$$\boldsymbol{n}_{\mathrm{pre}}=[\cos(\mathrm{ang}_{\mathrm{pre}}(t))\sin(\theta_p),\sin(\mathrm{ang}_{\mathrm{pre}}(t))\sin(\theta_p),\sin(\theta_p)] \tag{6.29}$$

建立雷达对目标的观测模型如图 6.20（d）所示。假设 LOS 在坐标系中的方位角为 α，与 OZ 轴的夹角为 β，则 LOS 在坐标系中的单位向量可以表示为

$$\boldsymbol{n}_{\mathrm{LOS}}=[\cos\alpha\sin\beta,\sin\alpha\sin\beta,\ \cos\beta] \tag{6.30}$$

设 $\phi(t)$ 为雷达视线与对称轴的夹角，则 $\phi(t)$ 可以表示为

$$\phi(t)=\mathrm{acos}(\boldsymbol{n}_{\mathrm{LOS}}\cdot\boldsymbol{n}_{\mathrm{m}}) \tag{6.31}$$

式中：$\boldsymbol{n}_{\mathrm{m}}$ 表示不同微动样式下目标对称轴的方向矢量，可以对应 $\boldsymbol{n}_{\mathrm{pre}}$、$\boldsymbol{n}_{\mathrm{rol}}$ 以及 $\boldsymbol{n}_{\mathrm{sw}}$。

6.2.2 特征编码

将 RCS 序列转换为二维图像可以更丰富、直观地显示特征，是一种有效的细节和特征可视化方法。本节将这种转换过程称为 RCS 序列编码。将有限长度的 RCS 序列变换到图像域，在序列的时间相关特性得到保持前提下尽可能得到丰富的图像特征，这是 RCS 序列编码的基本要求。针对这一要求，本节分别设计了基于 MTF、GAF 和 RP 三种 RCS 序列图像编码方法。

（1）MTF。

MTF 能够捕捉 RCS 序列的状态转移信息，从而提高时间序列的特征表达[3]。

定义长度为 N 的 RCS 序列 $Y=(y_1,y_2,\cdots,y_n,\cdots,y_N)$，按照幅值的大小分布情况将 Y 的 Q 个分位数按照幅值划分为 Q 个状态，每一个 y_n，$n\in[1,N]$ 都会被划分到一个对应的状态 $q_i,i\in[1,Q]$ 上。沿着时间维求解 Y 中所有数据的一步状态转移概率，形成大小为 $Q\times Q$ 概率转移矩阵 W。其中 w_{ij} 表示从状态 q_i（$i\in[1Q]$）到 q_j 的一步转移概率，即

$$w_{ij}=\sum_{y_i\in q_i,y_j\in q_j,y_i+1=y_j}1/\sum_{j=1}^{Q}w_{i,j} \tag{6.32}$$

$\boldsymbol{W}$ 表示了状态之间的变化概率，对时间序列的步长不敏感。为了增强时间信息的表达性，设计 MTF 来强调时间序列的时间相关性。定义 MTF 矩阵为 $\boldsymbol{M}$，则有

$$\boldsymbol{M}=\begin{bmatrix} w_{ij}\mid_{y_1\in q_i,y_1\in q_j} & \cdots & w_{ij}\mid_{y_1\in q_i,y_N\in q_j} \\ \vdots & & \vdots \\ w_{ij}\mid_{y_N\in q_i,y_1\in q_j} & \cdots & w_{ij}\mid_{y_N\in q_i,y_N\in q_j} \end{bmatrix} \tag{6.33}$$

$\boldsymbol{M}_{i,j}$表示 y_i 对应的 q_i 与 y_j 对应的 q_j 之间的转移概率。相比于转移概率矩阵 $\boldsymbol{W}$，$\boldsymbol{M}$ 中既包含了时间序列的步长信息 i 和 j，又包含了从 q_i 到 q_j 状态转移信息。因此，MTF 广泛地应用于时间序列分析。

（2）GAF。

GAF 在二维图像中显示序列的时间相关性，其中序列的运动信息表示为左上角到右下角的变化[4]。GAF 是基于从笛卡儿坐标系到极坐标的转换。生成过程主要包括三个步骤。

步骤 1：对序列 Y 幅值进行归一化，得到归一化后的序列 $\tilde{Y}$，将其调整至 $[-1,1]$

$$\tilde{y}_n=\frac{(y_n-\max(Y))+(y_n-\max(Y))}{\max(Y)-\min(Y)} \tag{6.34}$$

步骤 2：对缩放后的序列变换进行坐标转换，使其从直角坐标系(t,z)转换到极坐标系(r,ϕ)。

$$\begin{cases}\phi_n=\arccos(\tilde{y}_n)\\ r_n=\dfrac{t_n}{N_0}\end{cases} \tag{6.35}$$

式中：t_n 表示时间步信息；N_0 表示一个用来规范极坐标系尺度的常数因子。

步骤 3：利用极坐标下的角度信息，生成信号的 GAF。GAR 有两种表示方法，分别为格拉姆角和场（gramian angular summation fields，GASF）和格拉姆角场（gramian angular difference fields，GADF）。两者的定义为

$$\begin{aligned}\boldsymbol{G}_{\text{GASF}}&=\begin{bmatrix}\cos(\phi_1+\phi_1) & \cdots & \cos(\phi_1+\phi_N)\\ \vdots & & \vdots\\ \cos(\phi_N+\phi_1) & \cdots & \cos(\phi_N+\phi_N)\end{bmatrix}\\ &=\tilde{\boldsymbol{Y}}^{\mathrm{T}}\tilde{\boldsymbol{Y}}-(\sqrt{\boldsymbol{I}-\tilde{\boldsymbol{Y}}^2})^{\mathrm{T}}\sqrt{\boldsymbol{I}-\tilde{\boldsymbol{Y}}^2}\end{aligned} \tag{6.36}$$

$$\begin{aligned}\boldsymbol{G}_{\text{GADF}}&=\begin{bmatrix}\sin(\phi_1-\phi_1) & \cdots & \sin(\phi_1-\phi_N)\\ \vdots & & \vdots\\ \sin(\phi_N-\phi_1) & \cdots & \sin(\phi_N-\phi_N)\end{bmatrix}\\ &=(\sqrt{\boldsymbol{I}-\tilde{\boldsymbol{Y}}^2})\tilde{\boldsymbol{Y}}-\tilde{\boldsymbol{Y}}(\sqrt{\boldsymbol{I}-\tilde{\boldsymbol{Y}}^2})\end{aligned} \tag{6.37}$$

式中：$\boldsymbol{I}$ 表示单位矩阵；$(\cdot)^{\mathrm{T}}$ 表示对元素取转置。

GAF 将序列的时间相关性在图像中显示，其中序列的运动信息在图像上的表征为从左上角到右下角的变化。其中，GASF 和 GADF 分别通过采用 cos 函数和 sin 函数来表示相关性。经过 GAF 处理后，时间序列的特征会得到显著地增强。

（3）RP。

作为一种非线性系统分析工具，RP 能够较好察觉 RCS 中包含的非线性特征，并将其中的递归行为可视化[5]。5.2.2 节中已经给出了有效的 RP 生成方法，但采用该方法需要考虑阈值、延迟时间和嵌入维数等参数的选择。如果利用该方法生成递归图，需要耗费大量的时间资源。因此，本节重点考虑这三个参数的设置办法。

①阈值 ε 的设置。为了保留图像中的更多细节，本节不考虑 ε 的设置，将（5.38）中的有阈值递归图修改为无阈值递归图，其表达式如式（6.38）所示。

$$\boldsymbol{R}(p,q)=\|\boldsymbol{y}_p-\boldsymbol{y}_q\|_2^2 \tag{6.38}$$

②τ、m。选取这两个参数的方法很多，但不同的方法得到的结果可能不同[6]。因此，本节采用多个不同的 τ 和 m 来生成不同尺度的递归图，用来进行目标分类实验。

以上三种编码方法各有特点，每张图像包含不同的 RCS 序列信息。MTF 强调序列的状态转换，GAF 善于表示时间关系，RP 能够表现混沌特性。通过评估这些方法的分类性能，可以确定最合适的编码方法。

6.2.3 多尺度 CNN

为了实现高效地分类，本节设计了一个多尺度 CNN，用来对编码后的 RCS 序列特征图进行分类。

6.2.3.1 Res2Net

残差结构是 CNN 中最常用的结构之一，其结构框图如图 6.21（a）所示。两端的 1×1 卷积用来对通道的数目进行调整，中间的 3×3 卷积主要用于对输入的特征进行提取。Gao 通过在单个残差块中建立分层的类残差连接，开发了一个多尺度模块 Res2Net[7]。Res2Net 是一种有效的多尺度技术，可以进一步探索多尺度特征，扩展感受野的范围。

Res2Net 是在传统残差块的基础上，将一个单分支 3×3 卷积核拆分成多个分支的，每个分支上包含一个 3×3 卷积核，网络的结构如图 6.21（b）所示。

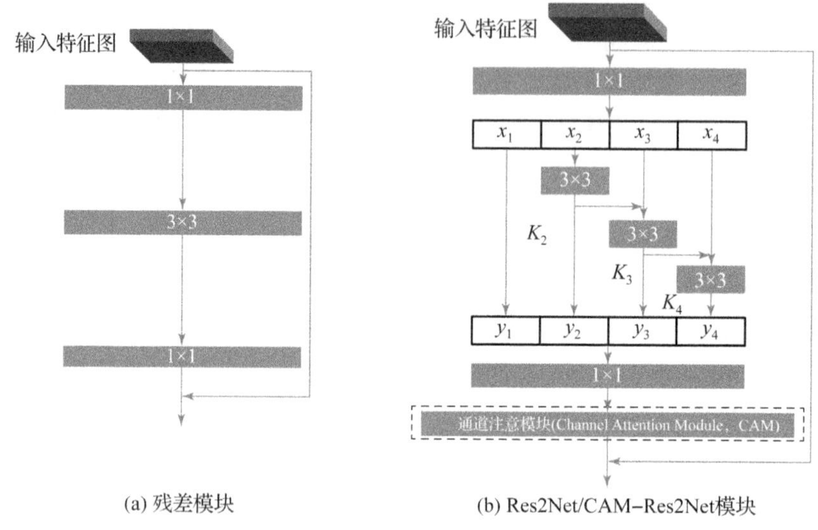

(a) 残差模块　　(b) Res2Net/CAM-Res2Net模块

图 6.21　残差块与 Res2Net 对比分析

对于前层的输出特征图，首先采用 1×1 卷积调整通道数目，然后将特征图按照通道数拆分成 s 个分支 $x_i, i \in [1\ s]$，s 表示 Res2Net 的尺度因子。将每一个分支的特征图与上一层的输出求和，将得到的特征图输入一个大小为 3×3 的卷积核得到输出 y_i，将不同的分支沿通道维进行堆叠，有效地扩大了网络的感受野。Res2Net 的计算过程如式（6.39）所示。

$$y_i = \begin{cases} x_i, & i=1 \\ K_i(x_i), & i=2 \\ K_i(x_i + y_{i-1}), & 2 < i \leqslant s \end{cases} \tag{6.39}$$

式中：x_i 表示拆分后的每个特征子集；y_i 表示对应的输出；K_i 表示卷积操作。

最后将堆叠后的特征图输入一个 1×1 卷积模块来对通道数目进行调整，从而与输入相比配。

6.2.3.2　通道注意力机制

为了充分利用特征图中不同通道的特征，Woo 设计了一种通道注意模块(channel attention module，CAM)[8]。

CAM 模块用于对输入特征的通道信息进行注意力加权，对特征图中的重要特征赋予更高的权重，CAM 的结构如图 6.22 所示。对于输入的特征图($W \times H \times C$)，采用全局最大池化（global max pooling，GMP）/全局平均池化(global average pooling，GAP）对特征图进行压缩，得到一个初始权值矢量($1 \times 1 \times C$)。对于特征图 $M \in \mathbf{R}^{w \times h \times c}$；接着，通过一个“全连接 + ReLU + 全连接层”对初始矢量的非线性处理（第一个 FC 层用来对序列进行压缩$(1\times1\times C/s)$，第二个 FC 层用来恢复其对应的长度$(1\times1\times C)$，其中，s 表示压缩因子）。本节中将压缩因子设置为16。

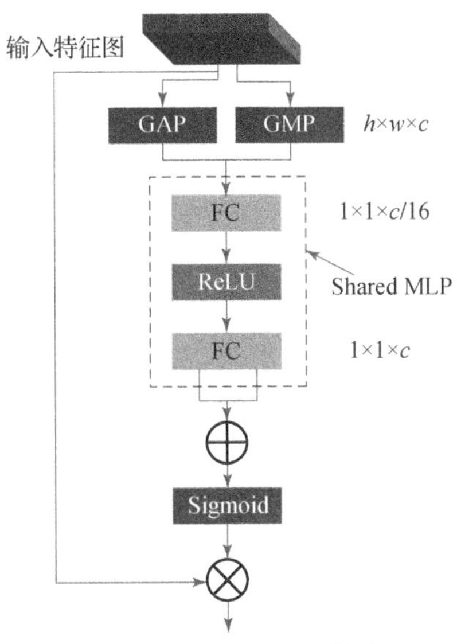

图6.22　通道注意力模块

CAM 作为一种嵌入式模块，通常会被嵌入到 CNN 当中。当 CAM 嵌入到 Res2Net 中时，会生成一种新的结构 CAM－Res2Net。

6.2.3.3　深度可分离卷积

2017 年，谷歌实验室的 F. Chollet 提出了一个新的 CNN 命名为 Xception。Xception 最重要的亮点是深度可分离卷积（depthwise separable convolution，DS－Conv），Xception 通过采用 DS－Conv 的结构降低了网络的复杂性而不损失准确性。

DS－Conv 用一个深度卷积和一个逐点卷积（一个卷积核大小为标准的 1×1卷积）代替常规卷积。首先，通过深度卷积对输入的每个通道进行卷积，从而实现空间相关性；然后，通过逐点卷积将各信道的特征组合在一起，实现通道相关性。设置 DS－Conv 的核大小为 $K\times K$，其流程图如所示图6.23 所示。

数学上，DS－Conv 可以表示为

$$\boldsymbol{G}(x_{\mathrm{d}},y_{\mathrm{d}},j_{\mathrm{d}})=\sum_{u=1}^{k}\sum_{v=1}^{k}K(u,v,j_{\mathrm{d}})\times\boldsymbol{F}_{\mathrm{in}}\left(x_{\mathrm{d}}+u-\frac{k+1}{2},y_{\mathrm{d}}+v-\frac{k+1}{2},j_{\mathrm{d}}\right)\tag{6.40}$$

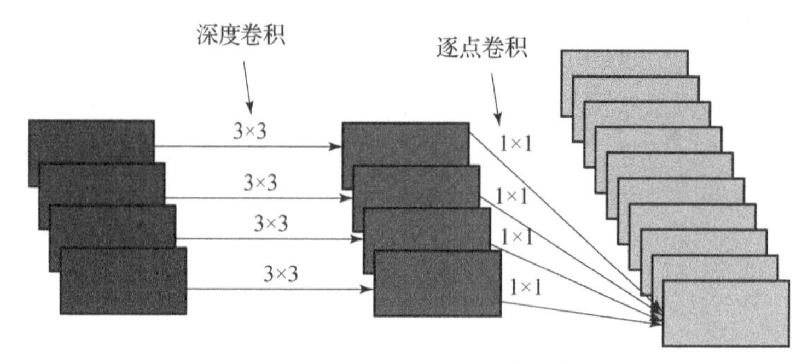

图 6.23　深度可分离卷积示意图

式中：K 表示卷积操作；k 表示卷积核的尺寸；$\boldsymbol{F}_{\text{in}}$ 表示输入特征图($h \times w \times c_{\text{in}}$)；$x_{\text{d}}$ 和 y_{d} 分别表示每一个像素的坐标；u 和 v 表示卷积核移动的步长；j_{d} 表示通道的序号；$\boldsymbol{G}$ 表示输出的特征图。式（6.40）中总共涉及的参数个数为 $k \times k \times c_{\text{in}}$。

接下来，采用逐点卷积处理通道维的数据。对应的，逐点卷积在数学上可以表示为

$$\boldsymbol{F}_{\text{out}}(x,y,l) = \sum_{j=1}^{c_{\text{in}}} \boldsymbol{G}(x,y,j) \times \boldsymbol{P}(j,l) \tag{6.41}$$

式中：$P(j,l)$ 表示 1×1 的卷积核，$l \in [1, c_{\text{out}}]$。逐点卷积对应的参数量为 $1 \times 1 \times c_{\text{in}} \times c_{\text{out}}$。对于常规卷积，假设输入特征图为 $h \times w \times c_{\text{in}}$，卷积核大小为 k，个数为 c_{out}，普通卷积的参数量为 $k \times k \times c_{\text{in}} \times c_{\text{out}}$，而 DS - Conv 的参数量为 $c_{\text{in}} \times c_{\text{out}} + k \times k \times c_{\text{in}}$，由此可以看出参数量得到了有效减少。

6.2.3.4　激活函数和惩罚函数

作为 CNN 中最常见的非线性激活函数，ReLU 具有运算简单，求解方便的特点，但是缺点也是非常显著的。对于输入特征图 x_{f}，经过 ReLU 后，x_{f} 中的负数部分会被直接置零，因此会影响信息的传输。Mish 激活函数是 Yolov4（一种用于目标监测的网络）的一种经典的激活函数[9]，是 Tanh 激活函数和 Softplus 激活函数的组合，能够有效地保证训练过程中信息的有效传递，其可以表示为

$$\text{Mish}(x_{\text{f}}) = x_{\text{f}} \times \tanh(\ln(1 + e^{x_{\text{f}}})) \tag{6.42}$$

此外，本节同样选择式（6.22）中的交叉熵损失函数作为本节中的损失函数。

根据上文的描述，本节提出的多尺度微动目标分类网络融合 Res2Net、通道注意力、深度可分离卷积等多种技术的结构如表 6.8 所列。

表 6.8 多尺度卷积神经网络结构参数配置

序号	是否存在直连	循环次数	层结构（通道数，核尺寸，步长）	输出尺寸
1	—	—	输入	64 ×64 ×1
2	—	—	卷积层：32，3 ×3，stride =1	62 ×62 ×32
3	—	—	卷积层：128，3 ×3，stride =1	62 ×62 ×128
4	—	—	最大池化层：3 ×3，stride =2	30 ×30 ×128
5	—	—	Res2Net 128 –256 –128	30 ×30 ×128
6	卷积层：1 ×1，stride =2	—	深度可分离卷积：768，3 ×3，stride =1 深度可分离卷积：768，3 ×3，stride =1 最大池化，3 ×3，stride =2	15 ×15 ×768
7	—	2	Res2Net	15 ×15 ×768
8	—		CAM – Res2Net	15 ×15 ×768
9	卷积层：1 ×1，stride =2	—	深度可分离卷积：1024，3 ×3，stride =1 深度可分离卷积：1024，3 ×3，stride =1 最大池化，3 ×3，stride =2	8 ×8 ×1024
10	—	—	CAM – Res2Net	8 ×8 ×1024
11	—	—	深度可分离卷积：256，3 ×3，stride =1	8 ×8 ×256
12	—	—	全局平均池化层	1 ×1 ×256
13	—	—	遗忘层：0.2	1 ×1 ×256
14	—	—	全连接层：4	1 ×1 ×4
15	—	—	输出	预测类

需要注意的是，表 6.8 中没有显示批处理归一化层和非线性激活层。实际上，在本节中卷积层后面总是有一个批归一化层和一个非线性激活层。此外，在第 1 ~7 部分中使用 ReLU 函数，而在其后的 8 ~ 14 部分中采用 Mish 激活函数。这是因为深层网络的特征往往更加重要，因此要确保信息能够相对完整的被传递。

6.2.4 实验结果及分析

本节采用图 6.24 中的四种结构来表示弹道目标中的弹头、重诱饵、轻诱饵以及助推火箭残骸[11]。

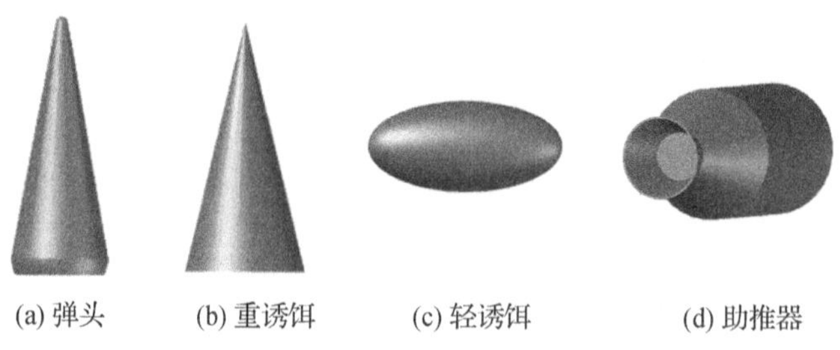

图 6.24 弹道目标几何结构

在微动目标的分类任务中，对运动相似、结构相似的目标进行分类是一个比较困难的问题。本节中，弹头和重诱饵在结构上存在一定的相似性，轻诱饵与助推器的微动类型相似。这个配置是为了验证所提出的网络可以有效地解决相似运动和相似结构目标的分类问题。

表 6.9 中给出了 4 种不同目标微动时对应的参数设置。

表 6.9 各目标运动参数设置

	弹头	重诱饵	轻诱饵	助推器
	进动	摆动	翻滚	翻滚
α/(°)	20 : 20 : 60	20 : 20 : 60	15 : 10 : 65	15 : 10 : 65
β/(°)	30 : 10 : 60	20 : 15 : 155	20 : 15 : 155	15 : 10 : 65
f_p/Hz	0.5 : 1 : 3.5	—	—	—
f_b/Hz	—	0.5 : 1 : 3.5	—	—
f_r/Hz	—	—	0.5 : 0.4 : 3.3	0.5 : 0.4 : 3.3
θ_p/(°)	6 : 1 : 15	—	—	—
θ_b/(°)	—	6 : 3 : 15	—	—

表 6.9 中的每一种微动类型都有 480 组不同的微动参数来生成目标的 RCS 序列。

对于弹道导弹分类任务，基于实测数据的数据集往往难以获取。因此，这些研究通常采用基于电磁计算的数据集。本节同样采用电磁计算方法对 RCS 序列进行了模拟。RCS 序列数据集生成过程总结如下。

步骤 1：基于目标的真实几何结构，采用 Auto CAD 建立目标的简化几何模型。

步骤2：将上述的几何模型输入到FEKO（一种广泛使用的电磁软件）来计算目标的RCS。在FEKO中，采用均匀平面波在远场条件下对目标进行照射，电磁波的频率设置为8GHz，极化方式为垂直线极化。此外，本节采用物理光学法（physical optics，PO）作为电磁计算的方法。

步骤3：根据上述设置，本节从0°到180°的俯仰照射角度对目标进行照射，角度变化的步长为0.001°，从而得到目标的静态RCS$\sigma_{0\sim180°}$。

需要说明的是，由于入射波为垂直线极化波，因此式（6.23）可以改进为式（6.43）来计算$\sigma_{0\sim180°}$。

$$\sigma_{\text{Total}}\approx\sigma_{\text{Vertical}}=4\pi\frac{|E_{\text{far,V}}|^2}{|E_0|^2} \tag{6.43}$$

步骤4：根据表6.9中所示的微动参数，结合2.3.1节中的平均视界角计算方法，计算每一个目标在每一组微动参数下对应的$\psi(t)_{t=0\sim3\text{s}}$。

需要说明的是在$\phi(t)_{t=0\sim3\text{s}}$的计算过程中，设置PRF=256Hz，$T_{\text{d}}=3\text{s}$。

步骤5：基于$\phi(t)_{t=0\sim3\text{s}}$和$\sigma_{0\sim180°}$，采用插值的方法最终得到一个RCS序列$\sigma_{\phi(t)}$。

步骤6：对于每一个$\sigma_{\phi(t)}$，从中提取两段作为RCS序列的数据集的样本，两段序列对应的观测时间分别为$t=0\sim2\text{s}$和$t=0.25\sim2.25\text{s}$。每一段序列的长度为512。

步骤7：对每一段获取的RCS序列执行不同的编码方法，从而获取RCS的特征图像。将图像的尺寸调整成64×64×1从而匹配网络的输入尺寸，因此弹道目标分类的数据集得以生成。

最终生成的数据集中有四种类型的微动目标，每种类型的样本数为960。当我们需要在RCS中添加噪声，应该将噪声添加到$E_{\text{far,V}}$中，然后通过式（6.43）去求解$\sigma_{\phi(t)}$。对于每个固定的SNR，数据集中有3840个样本。

为了可视化RCS序列和编码图像上的微动调制，为每个目标随机选择一个样本，四个目标的RCS序列和相应的编码图像如图6.25～图6.28所示。

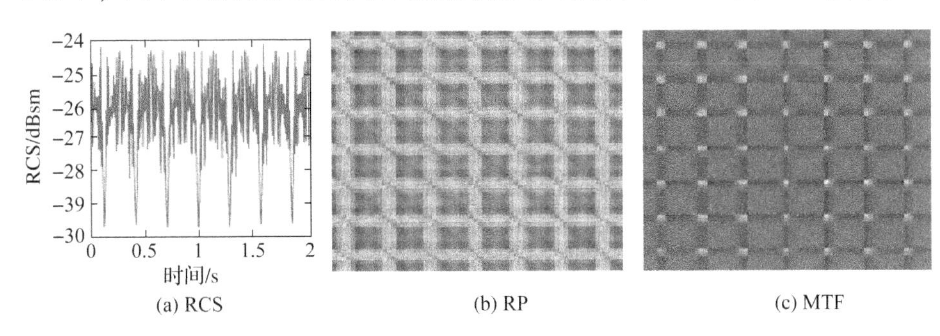

(a) RCS　　(b) RP　　(c) MTF

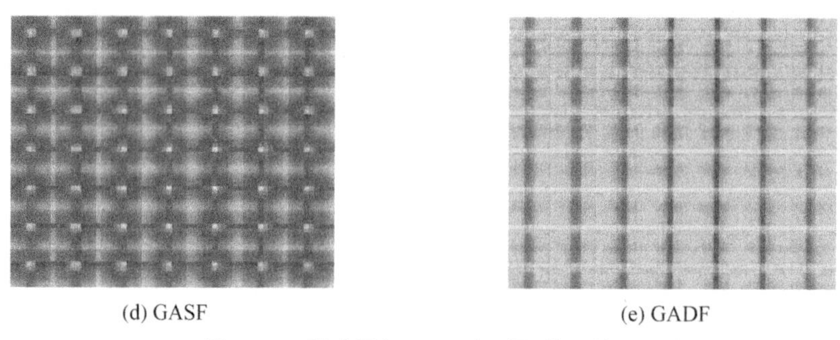

(d) GASF　　(e) GADF

图 6.25　弹头目标 RCS 序列及编码结果

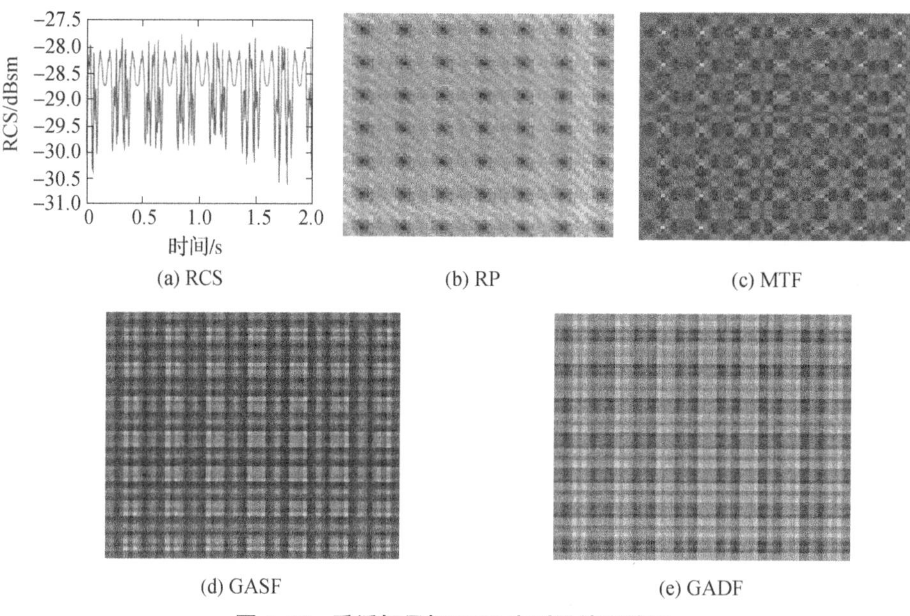

(a) RCS　　(b) RP　　(c) MTF

(d) GASF　　(e) GADF

图 6.26　重诱饵目标 RCS 序列及编码结果

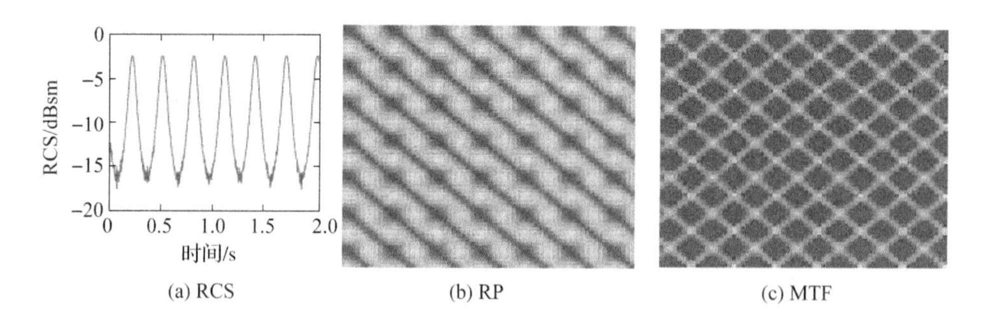

(a) RCS　　(b) RP　　(c) MTF

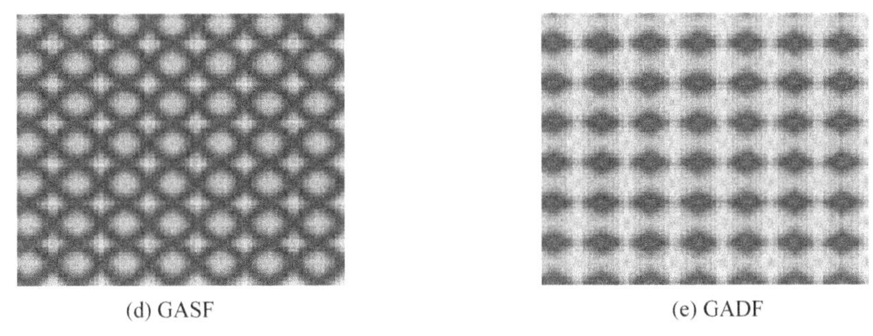

(d) GASF　　(e) GADF

图6.27 轻诱饵目标RCS序列及编码结果

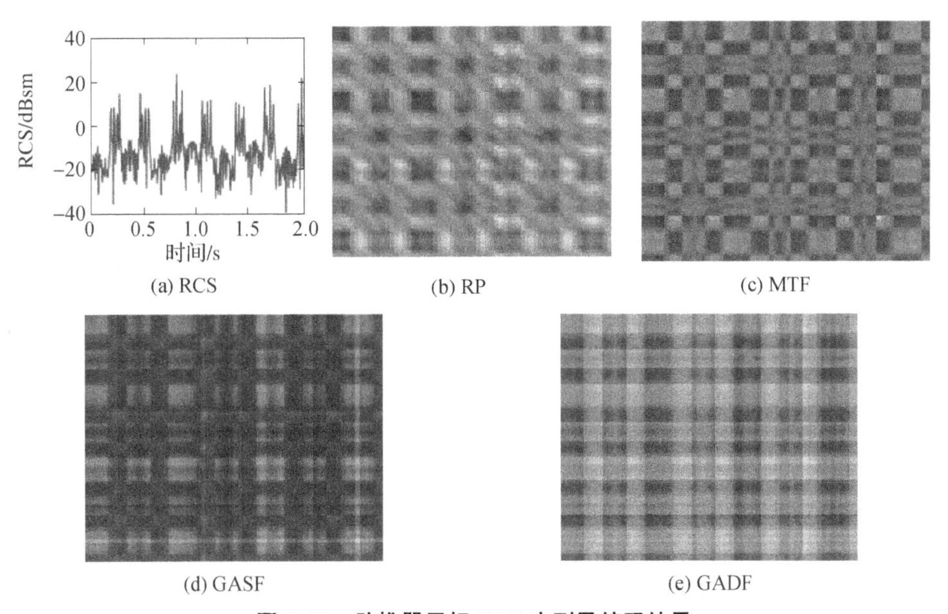

(a) RCS　　(b) RP　　(c) MTF

(d) GASF　　(e) GADF

图6.28 助推器目标RCS序列及编码结果

需要说明的是上述编码图像的生成过程中，RP对应延迟时间和嵌入维数分别为 $\tau=4$，$m=5$。在生成MTF的过程中，设置 $Q=8$。根据图6.25～图6.28所示，不同的弹道目标会生成不同的RCS序列。弹头的RCS是相对复杂的，这意味着进动是一个复杂的运动。轻诱饵的RCS趋势简单，编码图像中显示出明显的周期性。助推器的几何结构是四种目标中最复杂的，RCS序列也比较复杂。在编码方法上，RP上的四种目标的纹理比较明显，这意味着RCS序列的混沌特性较强。相比之下，其他三幅图像的纹理不规则，可能导致分类精度不高。

将上述的分类网络在一台显卡为NVIDIA GeForce RTX 3070、显存为8GB

的服务器上进行训练，网络的超参数如表 6.10 所列。

表 6.10 超参数设置

求解器	批大小	学习率	学习率衰减因子	训练次数（Epoch）	数据集组成
SGDM	32	0.02	0.5/4epoch	20	训练集（60%），验证集（20%），测试集（20%）

识别精度（Accuracy）、准确率（Precision）、召回率（Recall）和 F1 分数是评价分类任务的 4 个常用指标。本节内容中关于性能分析的部分都是基于这四个指标来进行的。

$$\begin{cases} \text{Accuracy} = \dfrac{\text{TP}+\text{TN}}{\text{TP}+\text{TN}+\text{FP}+\text{FN}} \\ \text{Precision} = \dfrac{\text{TP}}{\text{TP}+\text{FP}} \\ \text{Recall} = \dfrac{\text{TP}}{\text{TP}+\text{FN}} \\ F_1 = \dfrac{2\times\text{Precision}\times\text{Recall}}{\text{Precision}+\text{Recall}} \end{cases} \tag{6.44}$$

式中：TP 表示预测类和真实类都是正样本；FP 表示真实类为负样本预测类为正样本；TN 表示真实类为正样本预测类负样本；FN 表示真实类为负样本而预测类为负样本。

为了评价所提出的编码方法和所提出网络的性能，本节进行了三组实验。第一组实验用来验证了不同编码方法的准确性。结果如表 6.11 ~ 表 6.13 所列。

表 6.11 基于 MTF 的目标分类性能分析

Q	弹头	重诱饵	轻诱饵	助推器	
	召回率				精度
4	0.8854	0.7474	0.8964	0.9125	0.8604
8	**0.9219**	0.7604	**0.9115**	**0.9427**	**0.8841**
16	0.9083	**0.7724**	0.8828	0.9323	0.8740
32	0.8906	0.7380	0.8573	0.8875	0.8434
64	0.7953	0.6510	0.8224	0.7917	0.7651

表6.11给出了基于MTF的目标分类性能分析。从表6.11表中可以看出，不同的Q值会对网络的识别性能产生明显的调制。随着Q值的不断增大，网络性能先升高然后开始降低。这样的现象表明Q的取值过大或者过小时，MTF都不能很好地反映RCS序列的特征。在这6组试验中，当Q值取8时，网络的识别精度达到最高。因此，在后续的实验中取Q值为8。

表6.12给出了基于GAF的目标分类性能分析方法。尽管在单类别上存在一定的差异，如对于重诱饵的分类上差距为接近2.5个百分点，在助推器的分类上相差近6个百分点。综合来看，GADF在识别精度上不如GASF，两者相差了接近1.5个百分点。

表6.12　基于GAF的目标分类性能分析

不同的GAF	弹头	重诱饵	轻诱饵	助推器	
	召回率				精度
GASF	**0.9323**	**0.7917**	0.9115	**0.9740**	**0.9023**
GADF	0.9167	0.7708	**0.9479**	0.9167	0.8880

如表6.13所列，7组不同的延迟时间τ和嵌入维数m被用来产生不同尺度的递归图。总体而言，不同的延迟时间和嵌入维数会导致所提出网络的精度不同，但在本组实验中其差异并不明显。最佳精度与最差精度的差值仅为0.0034。然而，相比基于MTF和基于GAF的分类，基于RP的分类精度明显高于其他两种编码方法。

表6.13　基于RP的分类精度分析

(τ, m)	弹头	重诱饵	轻诱饵	助推器	
	召回率				精度
(1, 1)	0.9573	0.8891	0.9599	0.9938	0.9500
(1, 3)	0.9526	0.8844	0.9620	0.9923	0.9478
(1, 5)	0.9635	0.8734	0.9609	0.9932	0.9478
(4, 3)	0.9547	0.8734	**0.9740**	0.9953	0.9493
(7, 3)	0.9620	0.8990	0.9484	0.9953	**0.9512**
(4, 5)	0.9635	**0.9010**	0.9531	0.9792	0.9492
(4, 7)	**0.9672**	0.8776	0.9599	0.9958	0.9501

为了使分类结果更加准确和清晰，图 6.29 给出了不同编码方法的混淆矩阵。需要注意的是，混淆矩阵给出了 10 次试验分类结果的综合。

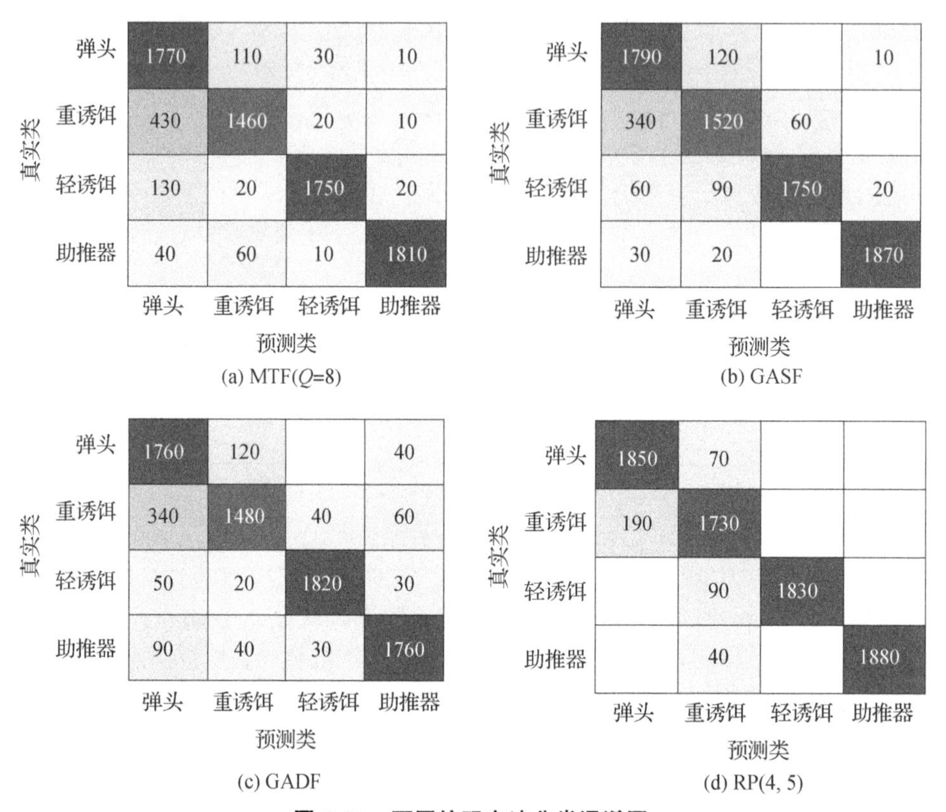

图 6.29　不同编码方法分类混淆图

根据图 6.29 中混淆图所得出的结果，综合 MTF、GAF 和 RP 三种编码方式来看，基于 RP 的网络的性能要优于其他两种编码方法。基于 RP 的网络与其他两个网络的识别精度差异约为 0.06。这样的结果与前面的分析是一致的，因为 RP 比其他方法更能直观地显示更多的 RCS 序列细节。这 4 种目标中，助推器最容易识别，轻型诱饵和弹头分类难度接近，重诱饵最难识别。

考虑到训练集的数目会影响网络的分类精度，因此来构建第二个实验来分析测试集的数目对网络精度的影响以及这种影响的轻度。以 RP 图像作为输入，改变训练集在整个数据集中的比例，从而得出分类结果。不同训练集的比例对应的分类精度如图 6.30 所示。

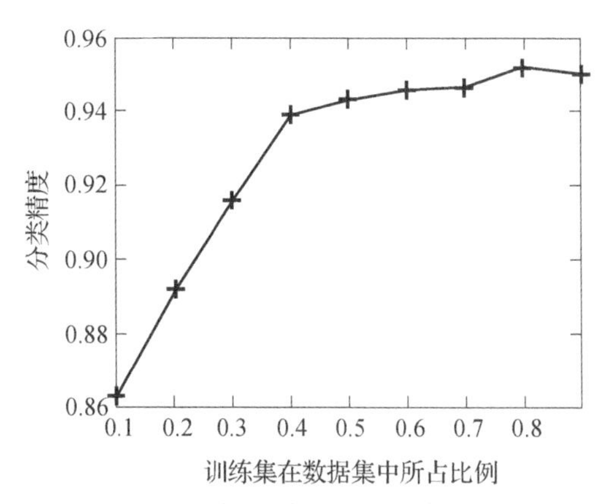

图6.30　不同训练集数目对于网络性能的影响

需要说明的是，由于在前文中超参数已经确定，在本次实验中删除了验证集。整个数据集只由训练集和测试集两部分组成。从图6.31中可以看出，随着训练集的比例从0.1到0.8开始增加，网络的分类精度从0.86增加到了0.95左右，分类精度的增长速度呈先快后慢的趋势。这是非常正常的现象，因为随着训练集比例的增加，网络可学习的特征就越丰富，网络的分类能力就越强。然而，训练集所占比例从0.8变成0.9时，网络的识别精度出现了小幅下降。这种现象非常奇怪，这意味着网络学习了丰富的样本特征，但是网络的识别精度却没有提高。查阅了大量文献之后，本节为这种现象找到了一个合理的解释。更多的训练集意味着更少的测试集，这将导致网络很难由测试集来全面地表示网络的实际精度。在这种情况下，小测试集对于网络的影响比大训练集的影响更为严重。这个结论是非常重要的，它将为其他分类任务中设置数据集的合理分布提供重要的参考。

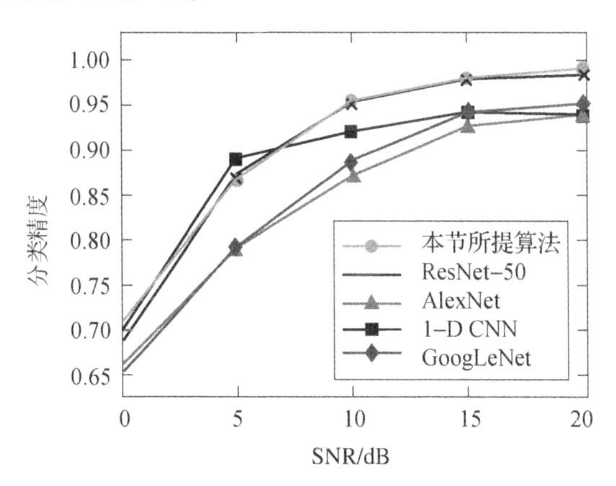

图6.31　不同SNR下分类精度分析

第三个实验的主要目的是为了验证本节所提的网络在不同 SNR 下的识别性能。将本节所提的网络与另外三种 2 - D CNN 进行对比，该对比实验主要证明本节所设计的网络的有效性。将本节所提的基于 RP 的性能方法与 1 - D CNN 的方法进行对比，来证明相比于没有编码的 RCS 序列，本节编码方法可以有效提高分类精度。

需要说明的是，在本节实验中采用 RP($\tau=4, m=5$)作为 CNN 的输入。此外，训练集和测试集的比例为 4 : 1。将 F1 分数和分类精度作为训练指标，得到的性能结果如图 6. 31 和表 6. 14 所列。

表 6.14　不同分类方法的 F1 分数

	20dB	15dB	10dB	5dB	0dB
ResNet - 50	0. 9802	0. 9752	0. 9493	0. 8697	0. 6822
GoogLeNet	0. 9470	0. 9387	0. 8847	0. 7838	0. 6306
AlexNet	0. 9373	0. 9226	0. 8672	0. 7845	0. 6387
1 - D CNN	0. 9390	0. 9370	0. 9153	0. 8815	0. 6938
本节所提算法	0. 9868	0. 9758	0. 9507	0. 8639	0. 7013

根据网络的分类精度和 F1 分数可以看出，本节所提的网络在大部分 SNR 下的精度都是最好的；ResNet - 50 的性能在高 SNR 条件下略低于本节所提算法，在低 SNR 条件下与本节算法存在一定的差距；1 - D CNN 网络在高 SNR 条件下性能表现一般，在低 SNR 条件下性能虽略有提升，但是仍然比本节的方法差；GoogLeNet 在高 SNR 条件下识别率略高于 AlexNet 网络，但在低 SNR 条件下接近甚至低于 AlexNet 网络。根据上述的分析，可以得到以下两个结论：①与 AlexNet、GoogLeNet 以及 ResNet - 50 相比，本节所提出的网络具有较高的识别精度，这说明本节网络的特征提取能力比其他三种 CNN 要好，从而证明了本节所设计的多尺度网络的合理性；②与 1 - D CNN 相比，本节网络的优势时非常明显，这表明相比于原始的 RCS 序列，采用将序列编码成图像的方法可以在一定程度上丰富 RCS 序列的特征表达，从而提高目标的精度。

总体来看，上述的基于 RCS 序列的方法存在一个共同缺点，就是低 SNR 条件下目标的分类性能下降明显。这是因为 RCS 序列作为一种一维时间序列表达方法，其本身是非平稳的而且波动强烈，噪声对于 RCS 序列的破坏是非常明显的，因此对基于 RCS 特征的方法，提高算法低 SNR 条件下的识别精度是非常必要的。

6.3　基于时频图的弹道目标识别

针对弹道目标微多普勒的时变性，可采用回波的时频图进行有效分析。相比于典型弹道锥体目标微动分类需构造、提取人工特征而缺乏通用性及智能性的问题，可利用 CNN 在二维图像处理上的优势，通过 CNN 提取时频图特征用于分类。

本节设计了一个基于 CNN 的目标识别算法处理流程如图 6.32 所示。

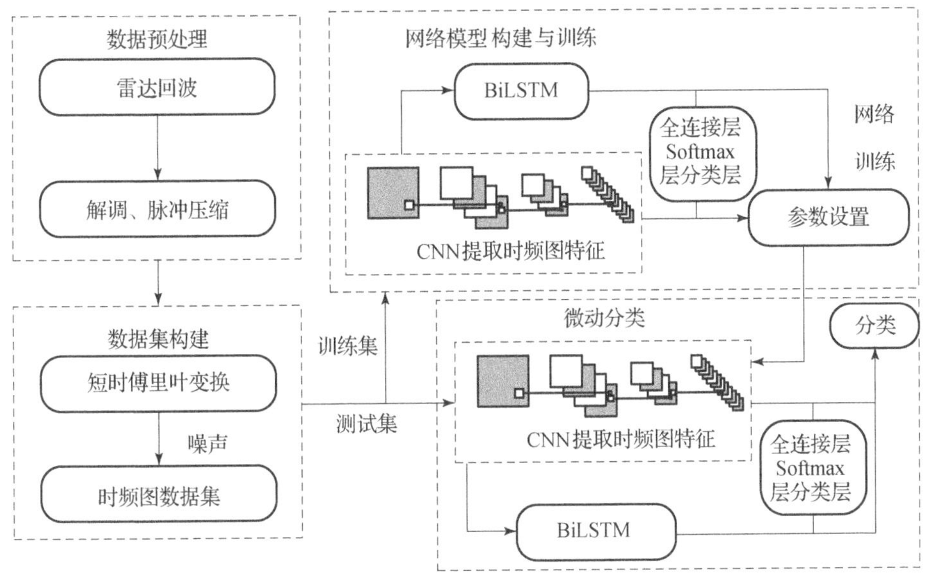

图 6.32　算法流程

算法的具体步骤如下。

步骤 1：数据预处理。对模拟雷达回波进行解调、脉冲压缩完成数据预处理。

步骤 2：构建数据集。利用采集到的数据进行时频分析，即通过短时傅里叶变换得到微多普勒特征的时频图完成数据集的构建，并按照一定比例随机分为训练集和测试集。

步骤 3：网络模型构建与训练。通过 CNN 网络提取时频图特征（或者在 CNN 提取图像特征之后再加入 BiLSTM），结合全连接层、Softmax 层及分类层实现分类，通过训练集对网络进行训练，并设置网络参数。

步骤 4：目标分类。利用训练好的网络对测试集进行分类。

6.3.1 典型卷积神经网络

典型的 CNN 主要包括 AlexNet、GoogLeNet、VGG 及 ResNet 等网络模型。这些图像分类网络模型已经对超过一百万个图像进行了训练，学习了丰富的特征表示，通常只需要对网络进行微调，就能实现迁移学习。本节以 GoogLeNet 网络为例，对此进行简单介绍分析。

GoogLeNet 网络输入图像大小为 224 × 224，主要创新在于它的网络中的 Inception 结构模型能够高效地扩充网络深度和宽度，提升准确率且避免过拟合。Inception 模型如图 6.33 所示，通过小卷积的组合来替代大卷积，可减小运算量。

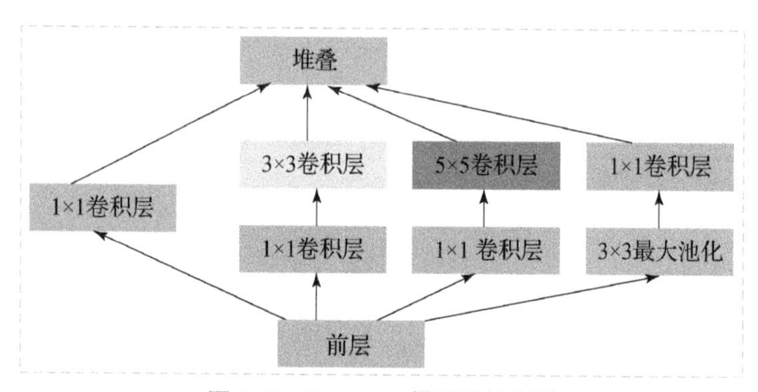

图 6.33 Inception 模型的结构图

6.3.2 自搭建网络模型

虽然典型的 DCNN 能够通过迁移学习实现微动分类，但随着网络层次的加深和数据集样本的增加，运算的速度是一个很大的问题，对于实时处理存在一定的障碍。CNN 其实质可理解为特征提取模块，即提取出图像上的抽象特征进行高维映射，因此可以替换分类层，从而避免反复迭代训练，提高网络训练速度。

1）AlexNet - BiLSTM 模型

CNN 能对图像分类，从而通过时频图有效处理具有时变特性的微动信号等分类问题。但是，CNN 每次迭代都要重新对图像进行卷积、激活等处理，从而增加训练时间，效率有待提高。RNN 网络虽然训练速度快，有利于处理实时性强的问题，但其只能对序列进行分类，而对弹道目标回波这类混叠的微动信号无法进行有效处理。

考虑到 CNN 和 RNN 两种网络的特点，利用两者组合一种新的网络模型，即 CNN 为特征提取模块，RNN 为分类模块。以 CNN 中的 AlexNet 和 RNN 中的 BiLSTM 为模块进行组合，构建一个 AlexNet - BiLSTM 网络，如图6.34 所示。

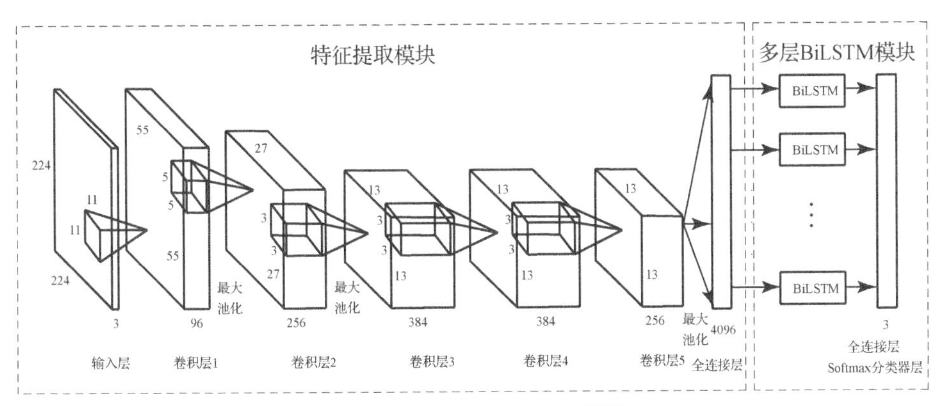

图 6.34　CNN - BiLSTM 网络

在 AlexNet - BiLSTM 网络中，利用 AlexNet 提取二维时频图的图像特征，并将其分成多段构造一个高维特征作为多层 BiLSTM 的输入。通过 BiLSTM 网络学习这些特征之间的时序信息，再加上全连接层、Softmax 层及分类层实现分类。加入具有一定的容错率能力和“遗忘”功能的 BiLSTM 模块，可对 AlexNet 模块提取到的特征进行有效地筛选，减小冗余特征，从而加快网络收敛速度，有效提高训练的速度。

2）RI_BiLSTM 模型

为了提升网络性能，传统的思路是搭建更宽、更深层次的网络，但纯粹地加深、加宽网络会出现参数多、计算量大及优化困难等问题，从而导致过拟合和梯度弥散使得网络性能退化。

残差网络采用跳跃式的旁路支线，通过残差函数较好地缓解了梯度消失、退化等问题，且残差网络易于优化。Inception 模块通过引入稀疏特性的思想，采用卷积核大小分别为 1、3、5 的卷积层，配合池化层解决了网络加宽导致的退化问题。因此，可以残差模块、Inception 模块和 BiLSTM 网络模块为框架，构建一种更深、更宽的组合网络新模型 RI_BiLSTM，结构如图 6.35 所示。

在图 6.35 所示的 RI_BiLSTM 模型中，Conv、ReLU 等符号与前文表示一致。BatchNormalization 表示批量归一化层，addition 表示两个特征求和，Depth-Concatenation 表示特征串联，unfold 表示将序列特征展开。本节所提出的 BiL-STM 其工作过程可以解释如下。首先，搭建一个可绕过主网络层的残差模块，使参数梯度更容易从网络的输出层传播到网络的早期层，从而可以训练更深的

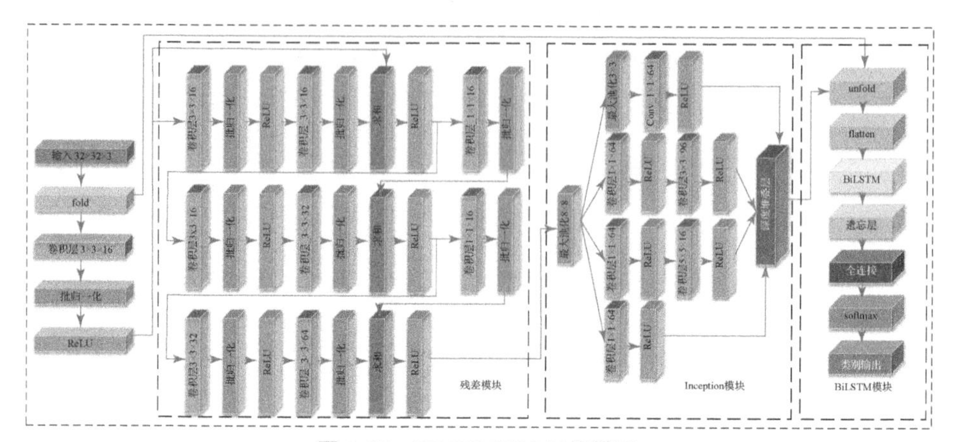

图 6.35　RI_BiLSTM 网络模型

网络。同时，残差模块利用 1 ×1 卷积层和批量归一化层连接三个卷积单元来更改残差连接中的激活区域大小，通过 16 ×16、32 ×32、64 ×64 的激活区域提取不同尺度的特征，提升网络性能。然后，将残差模块提取的特征连接至 Inception 模块，分别通过 1 ×1、3 ×3、5 ×5 的卷积核及 3 ×3 的池化层避免表征瓶颈，在增加通道数提升网络性能的同时，需在大卷积核前增加 1 ×1 的卷积核降维来减少运算量，并利用线性整流函数提高泛化能力。最后，将 CNN 模块提取的图像抽象特征输入到 BiLSTM 网络，可充分学习时序特征序列的相关性，提升网络性能且具有一定的容错性。加入丢失层防止过拟合，Softmax 层和分类层实现分类。

值得注意的是：为保证卷积能独立运算，在输入层接入一个序列折叠层，并将序列展开层和扁平化层应用到 BiLSTM 层之前还原序列向量。

6.3.3　实验结果及分析

雷达仿真参数：$f_c = 10\text{GHz}$，$\text{PRF} = 1000\text{Hz}$，$T_d = 5\text{s}$，目标散射数据由物理光学法获取。锥体目标结构参数：$h_1 = 1.125\text{m}$，$h_2 = 0.375\ \text{m}$，$r = 0.252\text{m}$，锥顶导角半径 $r_1 = 0.017\text{m}$。微动参数具体如表 6.15 所列，“—”表示无此参数，部分参数具体含义见文献［12］。

表 6.15　微动参数设置

微动参数	自旋	进动	章动
雷达 LOS 与锥旋轴的夹角/(°)	105 : 5 : 150	105 : 5 : 150	105 : 5 : 150
章动角/(°)	16 : 2 : 20	16 : 2 : 20	16 : 2 : 20

续表

微动参数	自旋	进动	章动
初始锥旋角/(°)	18 : 18 : 360	0	0
锥旋频率/Hz	—	0.82 : 0.02 : 1.2	0.84 : 0.04 : 1.2
章动角摆动幅度/(°)	—	—	10
章动角摆动频率/Hz	—	—	1 : 0.5 : 1.5

数据集包括理想及 SNR =(−20 : 2 : 0)dB 条件下共 12 ×1800 张时频图，每种情况下每类微动形式 600 张，并将数据集按照 70% 和 30% 随机分为训练集和测试集。考虑到遮挡效应，在给定的参数范围内仅有锥顶和一个滑动散射点，部分数据集样本如图 6.36 和图 6.37 所示。

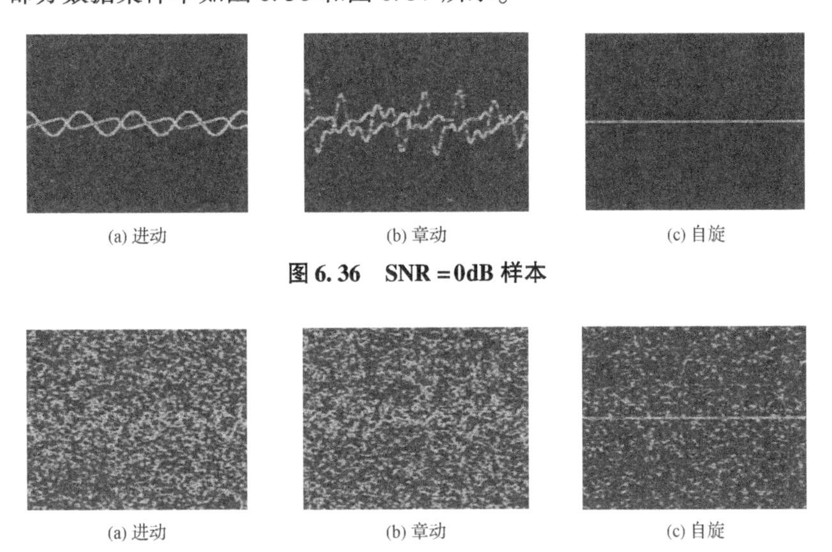

(a) 进动　(b) 章动　(c) 自旋

图 6.36　SNR =0dB 样本

(a) 进动　(b) 章动　(c) 自旋

图 6.37　SNR = −10dB 样本

利用数据集对 RI_BiLSTM 网络多次训练，并以实现最高分类识别率为目的，同时兼顾到训练时间，训练的网络参数设置如下：图片输入大小为 32 × 32 ×3，初始学习率为 0.002，隐藏单元为 200，验证频率为 10，最小训练批次为 50，求解器为 Sgdm，计算环境为 GPU。实验条件：MATLAB，VS2013 等软件，计算机配置 I5 −8300H，GTX1050 4G 显卡。

图 6.38 给出与传统人工构造、提取特征的微动分类方法相比较的性能，可看到基于 AlexNet、GoogLeNet 的迁移学习分类具有明显优势。

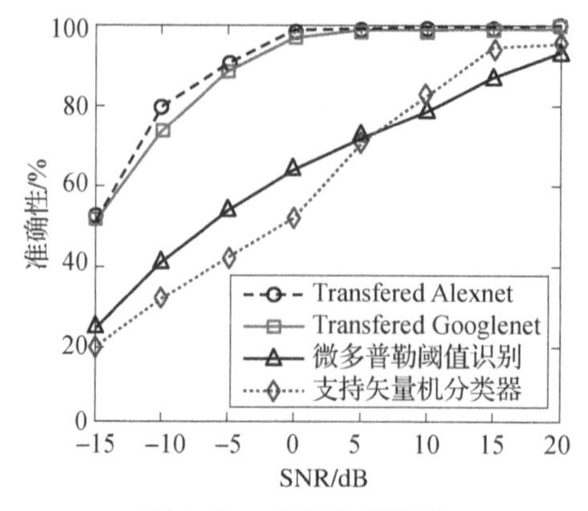

图 6.38 目标分类性能

表 6.16 给出 AlexNet 网络与 AlexNet - BiLSTM 网络模型的分类性能对比，可知后者具有明显的速度优势；当 SNR 较高时，两者识别率差不多，但 SNR 低于 0dB 时，由于时频曲线被噪声掩盖，图像特征减弱，从而致使 BiLSTM 模块中的遗忘门舍弃更多信息，导致 AlexNet - BiLSTM 模型比 AlexNet 的识别率大幅下降。

表 6.16 分类性能对比

SNR/dB	AlexNet			AlexNet - BiLSTM		
	迭代次数	训练时间/s	识别率/%	迭代次数/s	训练时间/%	识别率%
-5	10	213	98.89	35	155	91.98
0	4	92	99.26	12	67	97.30
5	3	62	99.63	7	46	97.54
10	2	42	99.63	3	27	98.10

为验证网络设计准则的正确性，图 6.39 给出在 SNR = -10dB 的数据集上每个模块所提取特征的主成分（a ~ c），并与 CNN 中常用的网络模型 AlexNet（d）、ResNet - 18（e）、GoogleNet（f）进行对比。

通过图 6.39 知，RI_BiLSTM(a ~ c) 网络的每个模块所提取的特征重叠部分随着模块的组合逐渐减少，且 RI_BiLSTM 网络（c）所提取特征比 AlexNet（d）、ResNet - 18（e）、GoogleNet（f）模型更为集中，重叠部分也相对更少，验证本网络的有效性。

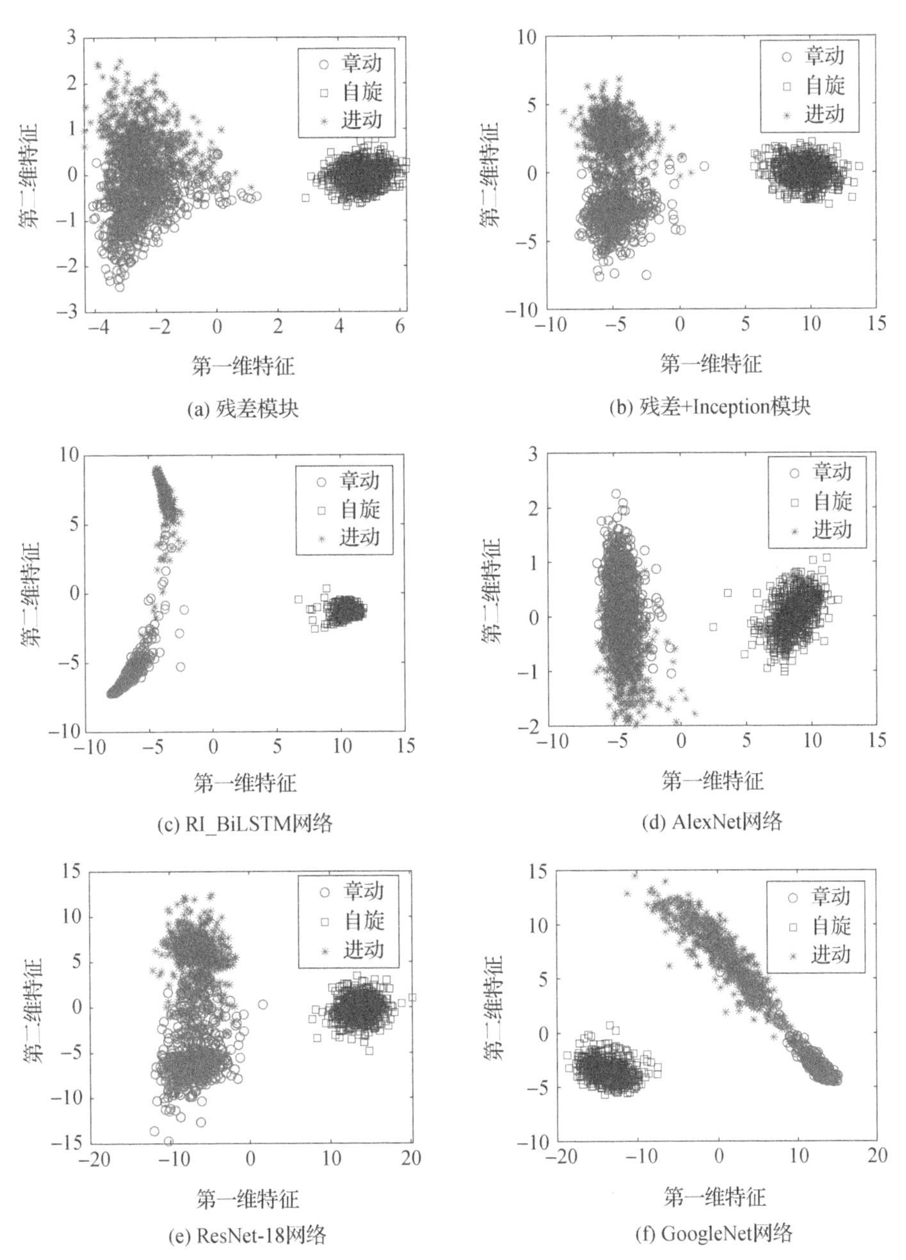

图 6.39　SNR = -10dB 时网络所提取的主成分

表 6.17 给出 SNR 为 -10dB 时多种网络模型分类的性能对比。分析知：①适当增加网络深度和宽度可提高分类准确性，且 RI_BiLSTM 性能最好；②ResNet-18 和 GoogLeNet 网络相比于 RI_BiLSTM，分别包含更多的残差、

Inception模块，分类性能却不及后者，说明简单的堆加残差、Inception 模块不仅不能很好地提高分类准确性，还会造成训练时间过长的问题；③通过训练时间和训练轮数可知，拥有 BiLSTM 模块的 AlexNet - BiLSTM 和 RI_BiLSTM 单次训练速度远远高于其他网络模型，但在识别率上，后者明显高于前者，表明与简单的分步组合算法相比，一体化网络更具优势。

表 6.17　SNR = -10dB 时的分类性能对比

网络/算法	AlexNet	AlexNet - BiLSTM	ResNet - 18	GoogLeNet	RI_BiLSTM
识别率/%	76.44	79.11	90.11	91.48	96.85
训练时间/s	347	277	241	821	87
训练周期/轮	15	141	8	17	20

由图 6.40 可知，ResNet - 18 网络的单次迭代学习效率最高，但后面的迭代识别率基本稳定，GoogLeNet 网络可利用更多次迭代来提高识别率，而本节 RI_BiLSTM 网络结合两者特点，识别率最高。由图 6.41 可知，在不同 SNR 中，RI_BiLSTM 网络的分类性能始终是最高的，在 SNR 不低于 -12dB 时，识别率保持在 90% 以上，且相比于更深层次的 ResNet - 18、GoogleNet 网络分别在分类精度上提高了 5%、4%，同时具有良好的稳健性。

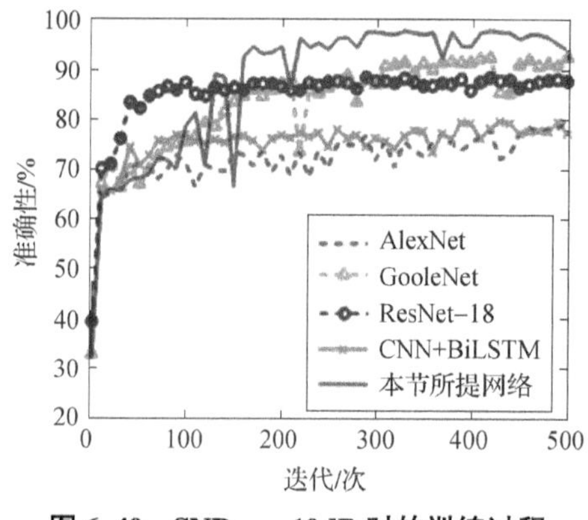

图 6.40　SNR = -10dB 时的训练过程

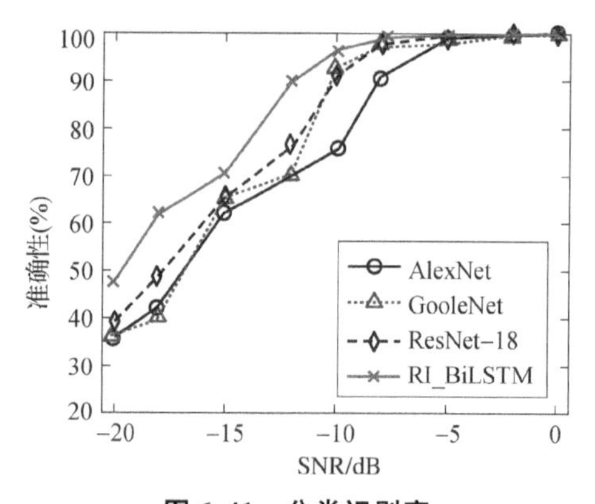

图 6.41　分类识别率

6.4　基于 CVD 和时频图的弹道目标识别

本节针对具有相同结构的锥形空间目标进行微动类型识别，提出一种基于频域的空间目标识别智能框架。主要思路是在频域通过时频分析及 FFT 处理得到二维雷达图像，即时频图及CVD图。针对时频图特征，设计基于时间分段处理、一维并行结构、LSTM层的混合识别路线，重点在于提取目标微多普勒随时间的演变规律。针对CVD图特征，设计基于傅里叶变换、二维并行结构的识别路线。

6.4.1 特征图像表示

为了利用深度学习网络对二维图像强大的分类识别能力，需要将目标的微多普勒投影到二维域中。常见的二维图像有时频图和CVD图。时频图的获取方法已在2.3.2.1节中详细介绍，在时频图的基础上对信号进一步处理可以得到CVD图。

假设利用STFT算法对回波信号进行处理得到的时频域谱图为$\boldsymbol{X}_{\mathrm{STFT}}(t,f)$，则CVD可以定义为时频图沿每个频域的傅里叶变换，即

$$\boldsymbol{X}_{\mathrm{CVD}}(\varepsilon,f)=\left|\sum_{k=0}^{K-1}\boldsymbol{X}_{\mathrm{STFT}}(t,f)\mathrm{e}^{-\mathrm{j}2\pi\varepsilon\frac{k}{K}}\right| \tag{6.45}$$

式中：ε为节奏频率。

如图6.42（b）所示，CVD图显示了时频图中不同速度重复出现的频率，即节奏频率。CVD图表征了时频图组件的形状、大小和频率，这些组件与目标的运动部分相关联。同时，由于CVD图不依赖于运动物体的初始相位，故其比时频图更加稳健。

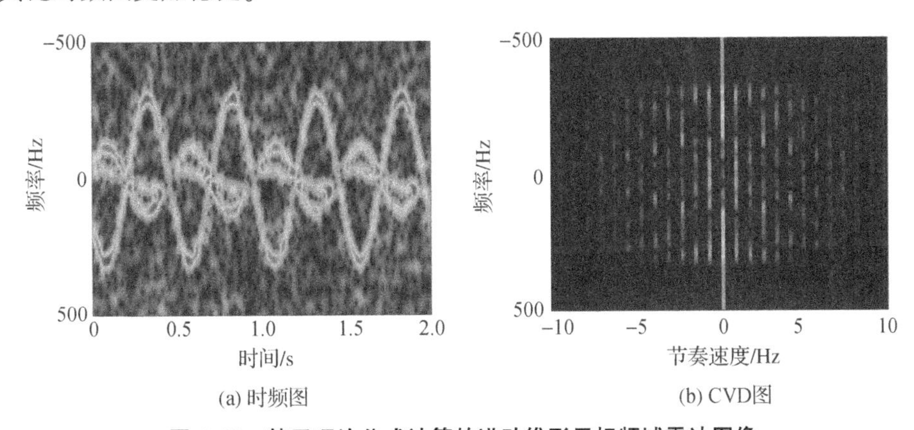

(a) 时频图　　(b) CVD图

图6.42　基于理论公式计算的进动锥形目标频域雷达图像

6.4.2 识别网络框架

如图6.43所示，基于频域的弹道目标识别网络架构包括两条路线，一条路线通过时间分段处理、用于局部特征提取的一维并行结构、用于全局时序信

息提取的 LSTM 层实现基于时频图的空间目标识别，另一条路线通过频域的傅里叶变换、用于局部特征提取的并行结构实现基于 CVD 图的目标识别。

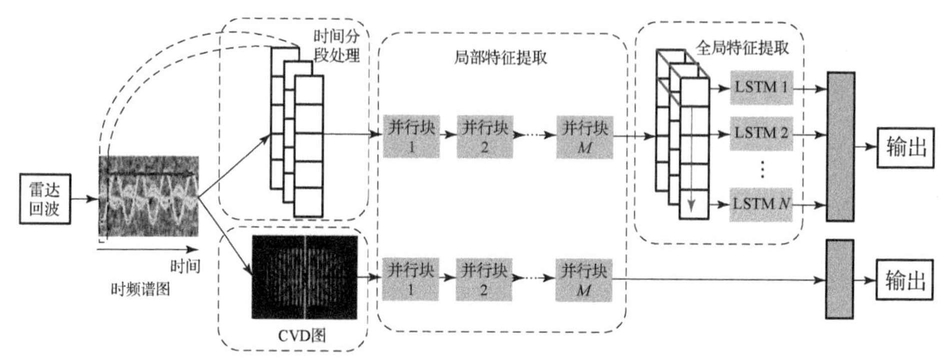

图 6.43　基于频域的弹道目标识别整体框架

下面分别介绍基于频域的弹道目标识别框架中的不同结构。

(1) 时间分段处理。

考虑时频图的时间相关性，将时频图视为多通道（时间维度）一维（频域）图像。在获取时频图时，一般采用 STFT 算法对回波信号进行时频变换，STFT 算法使用哈明窗 w_m 提高频率分辨率，w_m 表示将时频图划分为 m 个部分，再将这 m 个部分首尾相连实现时间分段处理。

(2) 局部特征提取。

深度学习的发展在目标识别领域取得了许多突破。与传统的人工目标识别不同，基于深度学习的智能目标识别可以实现适度的特征提取。CNN 作为一种深度学习方法，通过简单的非线性模型将原始数据转化为更抽象的表达式。许多学者基于 CNN 设计了不同的网络结构，如 AlexNet、VGG - 16、VGG - 19。然而，这些网络表现出一种深度框架结构。这些网络的卷积层是线性连接的，因此只有一个卷积层可以提取特征。为了提取不同的特征，在识别架构中引入并行结构，如图 6.44 所示。

假设并行块具有 C 个并行分支，则并行块中包含(2^C-1)个卷积块，图 6.44 中 $C=4$。将 M 个这样的并行块堆叠起来，即可得到一个总深度（用卷积层数量衡量）为 $M\cdot 2^{C-1}$的并行结构。

两条路线中的并行块基本结构一致，区别仅仅在于卷积核维度。基于分段时频图的识别路线中的并行结构采用一维卷积核，而基于 CVD 图的识别路线中的并行结构采用二维卷积核。

本节以 CVD 图中的并行结构为例进行详细描述。并行块中使用 C 种不同大小的卷积层，分别为：1×1，3×3，…，$(2C-1)\times(2C-1)$。为了减少计

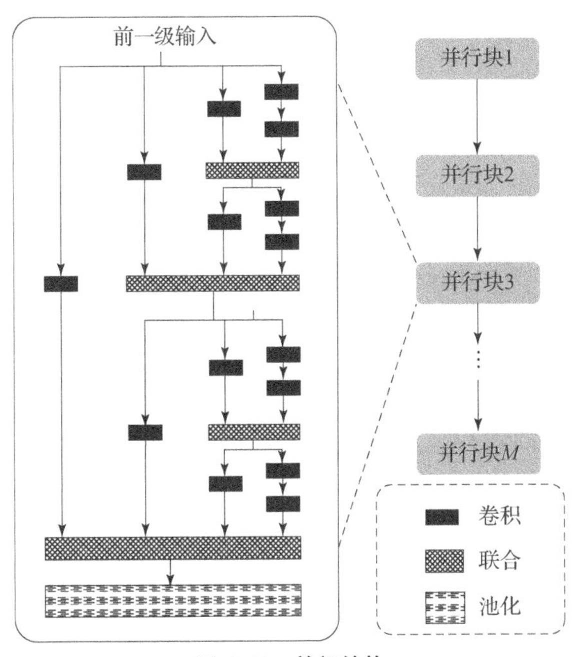

图 6.44　并行结构

算量和扩展网络深度，并行块的结构设计遵循分形思想。首先将 1 ×1 卷积层作为初始层，然后将两个 1 ×1 卷积层串联后与 3 ×3 卷积层联合得到第二层框架。然后，串联两个第二层框架与 5 ×5 卷积层联合得到第三层框架。依此类推，直至将两个第 $C-1$ 层框架串联再与 $(2C-1)\times(2C-1)$ 卷积层联合得到第 C 层框架。

与独立的卷积核学习单一的特征相比，并行结构可以自动提取不同的特征，不同的处理分支采用不同大小的卷积核，使模块能够捕获不同尺度的特征。因此，并行结构可以胜任一些复杂任务。

(3) 全局特征提取。

传统的识别方法大都利用时频图的包络信息，而不考虑频率单元间的时间校正，因此本节采用 5.1.2.2 节中所介绍的 LSTM 模块对时频图进行处理。时频谱图作为雷达回波信号在频域上的连续表达，可以很好地利用 LSTM 提取出目标特征信息。

6.4.3　实验结果及分析

文献 [13] 利用电磁计算的方法获取了锥形目标的电磁数据集，并通过

STFT 得到锥形目标的四种不同运动的时频图数据集，本节算法仍采用该时频图数据集进行实验。在实验中，利用 w_m 将时频图分成 153 个部分，然后将这 153 个部分首尾相连送入一维并行网络。同时，对完整的时频图沿每个频域进行傅里叶变换即可得到 CVD 图数据集。不同微动形式的目标时频图及 CVD 图如图 6.45 所示。

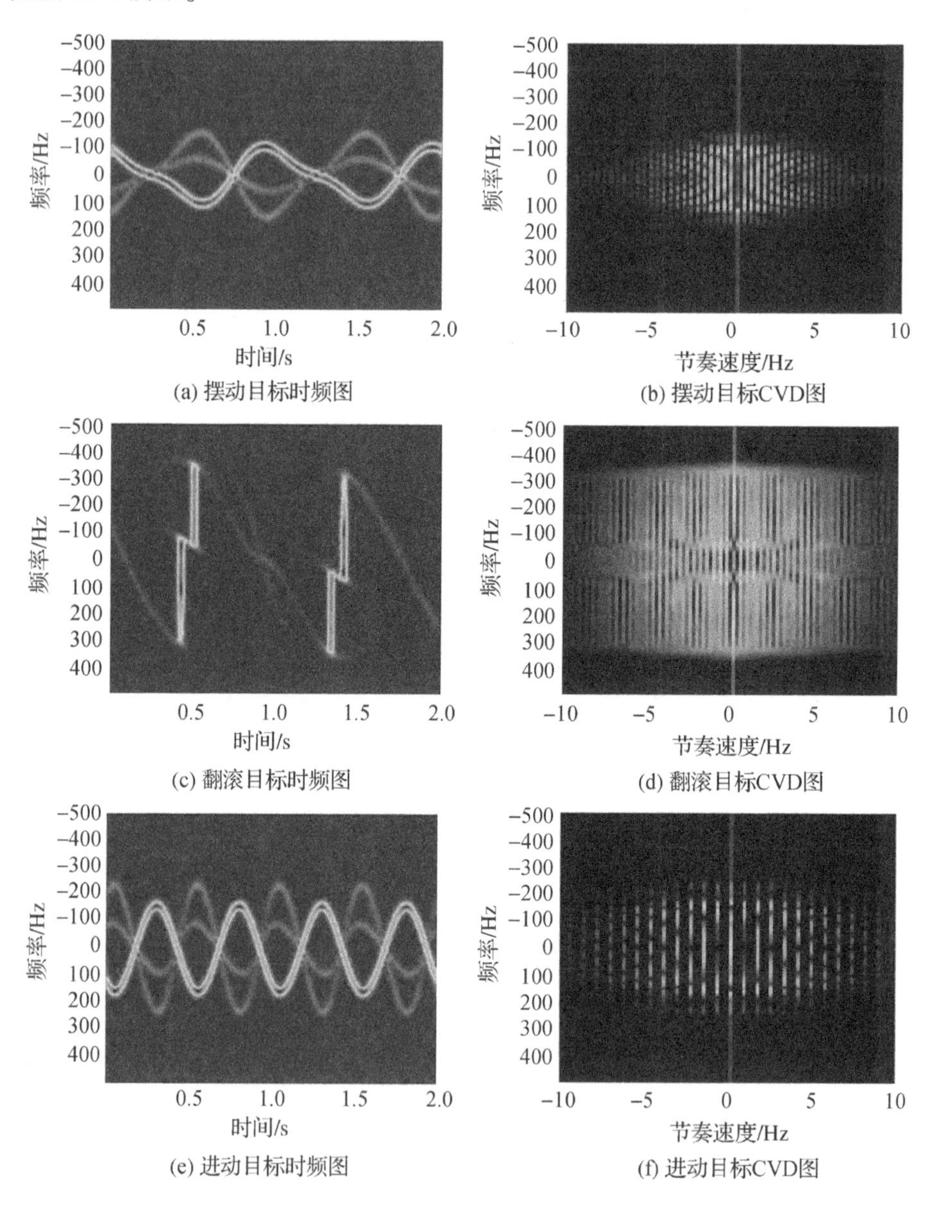

(a) 摆动目标时频图
(b) 摆动目标CVD图
(c) 翻滚目标时频图
(d) 翻滚目标CVD图
(e) 进动目标时频图
(f) 进动目标CVD图

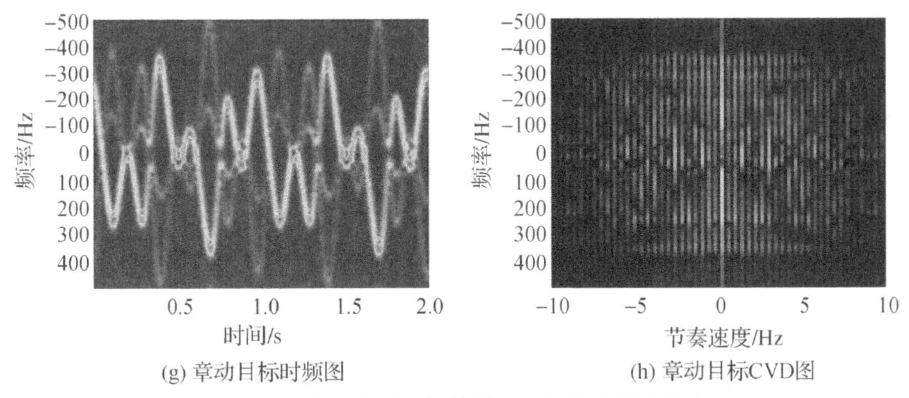

(g) 章动目标时频图　　(h) 章动目标CVD图

图 6.45　基于电磁数据的锥形目标频域雷达图像

在接下来的实验中，时频图数据集和 CVD 图数据集的 60% 用于训练，20% 用于验证，20% 用于测试。

本节采用分类精度（classification accuracy，ACC）、宏观平均精度（macro average precision，MAP）、宏观 F1（macro - F1，MF1），和 kappa 系数（kappa coefficient，KC）[14]来评价识别网络的性能。

评价指标的定义如下

$$\mathrm{ACC}=\frac{\mathrm{TP}+\mathrm{TN}}{\mathrm{TP}+\mathrm{TN}+\mathrm{FP}+\mathrm{FN}} \tag{6.46}$$

$$\mathrm{MAP}=\frac{1}{Y}\sum_{i=1}^{Y}\frac{\mathrm{TP}_i}{\mathrm{TP}_i+\mathrm{FP}_i} \tag{6.47}$$

$$\mathrm{MF1}=\frac{1}{Y}\sum_{i=1}^{Y}\frac{2\times\frac{\mathrm{TP}_i}{\mathrm{TP}_i+\mathrm{FP}_i}\times\frac{\mathrm{TP}_i}{\mathrm{TP}_i+\mathrm{FN}_i}}{\frac{\mathrm{TP}_i}{\mathrm{TP}_i+\mathrm{FP}_i}+\frac{\mathrm{TP}_i}{\mathrm{TP}_i+\mathrm{FN}_i}} \tag{6.48}$$

$$\mathrm{KC}=\frac{\mathrm{ACC}-p_{\mathrm{e}}}{1-p_{\mathrm{e}}} \tag{6.49}$$

式中：Y代表分类种类数量；TP、TN、FN、FP 与 6.2.4 节中的定义相同。假设样本总数为 N，则相对误分类数 p_{e} 可以表示为

$$p_{\mathrm{e}}=\frac{(\mathrm{TP}+\mathrm{FN})\times(\mathrm{TP}+\mathrm{FP})+(\mathrm{FN}+\mathrm{TN})(\mathrm{TN}+\mathrm{FP})}{N^2} \tag{6.50}$$

上述评价指标的取值范围为[0,1]。评价指标的数值越大，网络的性能就越好。

6.4.3.1　网络细节及性能分析

识别网络设置的初始配置如表 6.18 所列，实验采用 Adam 作为求解器，

每次训练迭代的最小批量大小设置为128，训练轮数（Epoch）为20，初始学习速率为0.0001，学习率衰减因子为0.5/5轮。

表6.18 网络结构

基于时频图的网络结构
输入尺寸为224×224×3的时频图
Conv2d，步长：2；过滤器：64；核尺寸：7×7
一维并行结构（$C=4$，$M=9$）
LSTM（数量：4，隐藏单元：256）
全局最大池化
全连接
SoftMax
输出

基于CVD图的网络结构
输入尺寸为224×224×3的CVD图
Conv2d，步长：2；过滤器：64；核尺寸：7×7
一维并行结构（$C=4$，$M=9$）
全局最大池化
全连接
SoftMax
输出

在弹道目标识别中，SNR是影响识别效果的重要因素，不同SNR条件下网络识别效果如表6.19和表6.20所列。

表6.19 不同SNR条件下基于时频图的网络识别效果

	ACC	MAP	MF1	KC
8	0.9635	0.9649	0.9642	0.9514
6	0.9570	0.9571	0.9571	0.9427
4	0.9362	0.9367	0.9364	0.9149
2	0.9179	0.9178	0.9179	0.8906
0	0.9102	0.9111	0.9106	0.8802
−2	0.8971	0.8983	0.8977	0.8628
−4	0.8411	0.8467	0.8439	0.7882
−6	0.7995	0.8029	0.8012	0.7326
−8	0.7878	0.7882	0.7880	0.7170

表6.20　不同SNR条件下基于CVD图的网络识别效果

	ACC	MAP	MF1	KC
8	0.9466	0.9474	0.9470	0.9288
6	0.9414	0.9425	0.942	0.9219
4	0.9219	0.9299	0.9259	0.8958
2	0.9179	0.9178	0.9179	0.8906
0	0.9049	0.9117	0.9083	0.733
-2	0.8919	0.8925	0.8922	0.8559
-4	0.8659	0.8819	0.8738	0.8212
-6	0.8568	0.8744	0.8655	0.809
-8	0.8281	0.8386	0.8333	0.7708

从表6.19和表6.20中，可以发现随着SNR的增加，四个评估指标的数值均随之增加。基于时频图的网络识别效果受SNR影响较大，这是由于当SNR较低时，时频分析并不能得到清晰的时频图，大量杂乱信息填充在时频图中导致网络性能快速下降。基于CVD图的网络识别效果受SNR影响较小，这是由于CVD图本身比时频图更加稳健，可以在低SNR情况下提供更稳健的目标特征。在高SNR条件下，基于时频图的网络识别效果要优于基于CVD图的网络识别效果，这是由于LSTM结构可以提取出目标全局特征。

为了进一步验证本节提出的网络的识别效果，接下来在同一数据集上与AlexNet、Vgg16、Vgg19、Googlenet四种现有网络进行效果比较。四种现有网络的训练参数设置如下：每次训练迭代的批量大小设置为128；训练轮数为20；初始学习率最初设置为0.0001，学习率衰减因子为0.5/5epoch；求解器采用Adam算法。

如图6.46所示，本节提出基于时频图与基于CVD图的网络分类精度均高于现有网络。在高SNR条件下，基于时频图的网络识别性能更加优异，而在低SNR条件下，基于CVD图的网络识别性能更加稳健。

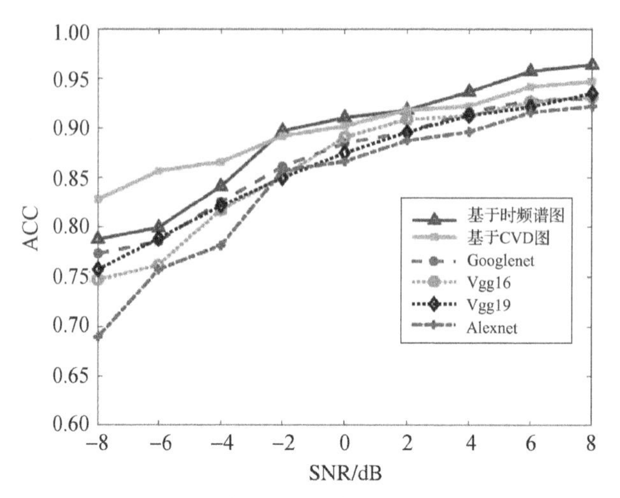

图6.46　不同网络条件下分类精度随SNR的变化曲线

6.4.3.2　网络配置对性能的影响及对比实验

在本节中，将重点讨论网络配置对网络识别性能的影响。在初始网络结构的基础上，改变并行块数量 M 或 LSTM 数量 N，观察其效果。如表6.21所列，并行块的数量从5个增加到11个，LSTM 数量 N 从2个增加到6个，递增间隔均为2。

表6.21　网络的不同配置方案

简称	并行块(M)	LSTM(N)
A	$M=9$	$N=2$
B	$M=9$	$N=4$
C	$M=9$	$N=6$
D	$M=5$	$N=4$
E	$M=7$	
F	$M=11$	

同样的，在不同 SNR 条件下训练不同配置的网络，识别结果对比如图6.47所示。

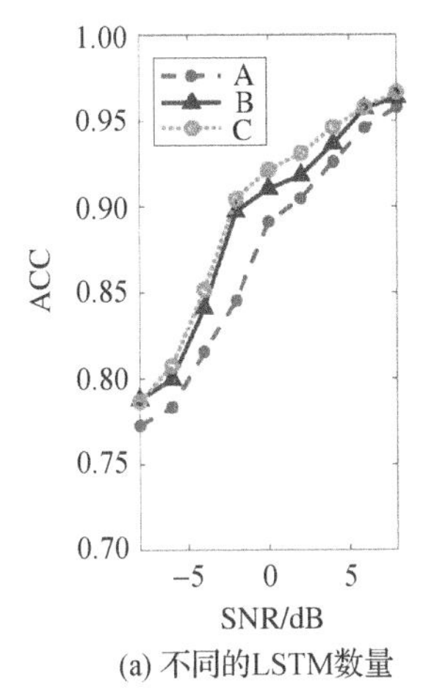

(a) 不同的LSTM数量

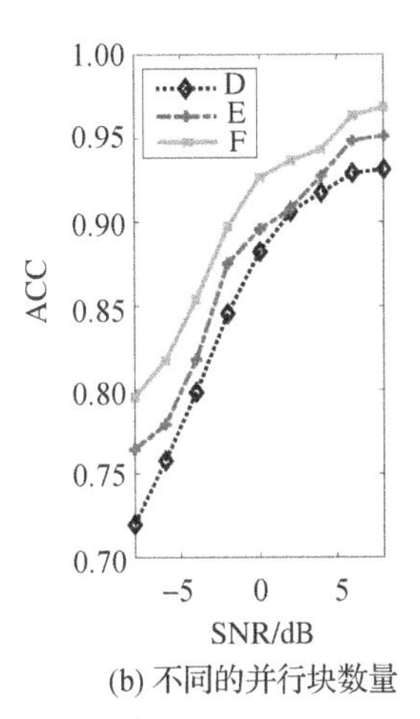

(b) 不同的并行块数量

图6.47　不同配置条件下的分类精度

从图6.47（a）可以看出，随着LSTM数量的增加，网络识别性能也随着增加，但当LSTM数量从4增加到6时，网络分类精度提高程度放缓，反映了之后再增加LSTM数量对提升网络识别性能提升帮助不大。从图6.47（b）可以看出，随着并行块数量增加，网络识别性能持续提升。

参考文献

[1]LILLY J M, OLHEDE S C. Generalized morse wavelets as a superfamily of analytic wavelets [J]. IEEE Transactions on Signal Processing, 2012, 60(11): 6036 -6041.

[2]李江, 冯存前, 王义哲, 等. 基于深度学习的弹道目标智能分类 [J]. 系统工程与电子技术, 2020, 42(06): 1226 -1234.

[3]ZHAO X, SUN H, LIN B, et al. Markov transition fields and deep learning - based event - classification and vibration - frequency measurement for φ - OTDR [J]. IEEE Sens J, 2022, 22(4): 3348 -3357.

[4]PAULO J R, PIRES G, NUNES U J. Cross - Subject zero calibration driver's drowsiness detection: exploring spatiotemporal image encoding of EEG signals for convolutional neural network classification [J]. IEEE Trans Neural Syst Rehabil Eng, 2021, 29: 905 -915.

[5]ZHANG Y, HOU Y, OUYANG K, et al. Multi - scale signed recurrence plot based time series classification using inception architectural networks [J]. Pattern Recognition, 2022, 123: 108385.

[6]AUSTINE A, PEREIRA L, KLEMENJAK C. Adaptive weighted recurrence graphs for appliance recognition in non - intrusive load monitoring [J]. IEEE T Smart Grid, 2021, 12(1): 398 -406.

[7]GAO S H, CHENG M M, ZHAO K, et al. Res2Net: A new multi - scale backbone architecture [J]. IEEE Trans Pattern Anal Mach Intell, 2021, 43(2): 652 -662.

[8]WOO S H, PARK J, LEE J Y, et al. CBAM: Convolutional Block Attention Module; proceedings of the

15th European Conference on Computer Vision (ECCV), Munich, GERMANY, F Sep 08 – 14, 2018 [C]. Springer International Publishing Ag: CHAM, 2018.

[9] DUBEY S R, SINGH S K, CHAUDHURI B B. Activation functions in deep learning: A comprehensive survey and benchmark [J]. Neurocomputing, 2022, 503: 92 – 108.

[10] YE L, HU S B, YAN T T, et al. Radar target shape recognition using a gated recurrent unit based on RCS time series' statistical features by sliding window segmentation [J]. IET Radar Sonar Nav, 2021, 15(12): 1715 – 1726.

[11] CHEN J, XU S Y, CHEN Z P. Convolutional neural network for classifying space target of the same shape by using RCS time series [J]. IET Radar Sonar and Navigation, 2018, 12(11): 1268 – 1275.

[12] 李江，冯存前，王义哲，等. 一种用于锥体目标微动分类的深度学习模型 [J]. 西安电子科技大学学报，2020，47(03)：105 – 112.

[13] HAN L, FENG C, HU X. Space targets with micro – motion classification using complex – valued GAN and kinematically sifted methods [J]. Remote Sens, 2023, 15(21): 5085.

[14] ZHANG Y, YUAN H X, LI H B, et al. Meta – Learner – Based stacking network on space target recognition for ISAR images [J]. IEEE Journal of Selected Topics in Applied Earth Observations and Remote Sensing, 2021, 14: 12132 – 12148.

第 7 章

基于宽带特征的弹道目标智能识别

相比于窄带雷达，宽带雷达具有较高的距离分辨力，因此也能够获得更精细的目标特征。利用宽带雷达的成像能力，可以获取并用于识别的弹道目标特征包括 HRRP、HRRP 序列（HRRP sequece，HRRPs）、ISAR 像以及点云特征等。

本章针对宽带雷达获取的目标微动特征研究了对应的弹道目标的智能识别技术，主要内容安排如下：7.1 节针对低信噪比条件下基于 HRRPs 的目标识别问题，首先设计了一种 HRRPs 自动去噪方法，然后采用迁移学习的思想利用 SqueezeNet 结构对目标进行分类；7.2 节首先采用 HRRPs 的 HOG 特征与 SVM 联合识别，在此基础上研究了基于贝叶斯优化的 CNN 网络超参数设置，从而提高了目标识别精度；7.3 节以 RD 特征作为输入，采用不同网络对 RD 特征进行识别，分析影响识别效果的相关因素；7.4 节以距离 - 频率 - 时间 - 能量的思维雷达数据立方体作为输入，设计了基于注意力机制的四维特征识别网络，最终实现了目标的准确识别。

7.1 基于 HRRPs 的锥形弹道目标微动样式识别

HRRPs 能较为稳定且完整地呈现出弹道目标的微动特征。针对低信噪比条件下的 HRRPs 识别问题，本节首先提出一种针对 HRRPs 的去噪方法，旨在为后续的空间目标识别研究提供高质量的图像样本；然后采用迁移学习的方法训练 SqueezeNet，从而解决近似形状弹道目标分类方法。

7.1.1 HRRPs 自动去噪方法

7.1.1.1 基于粒度分析的噪声水平估计

HRRPs 比 RCS 序列包含了更为丰富的目标结构信息，而又不像微多普勒谱图那样严重交叠。随着高分辨宽带雷达系统的发展，当距离分辨单元远小于目标的径向尺寸时，目标上强散射中心在雷达LOS上的投影可以反映目标的精细结构，这使得基于HRRP序列的目标分类成为可能。图7.1（a）和图7.1（b）分别给出了带宽为1.5GHz和0.75GHz时宽带雷达获取的HRRPs，SNR为0dB。可以观察到，HRRPs的分辨率受到发射信号带宽的限制，带宽越大，微距离特征就越清晰，但同时对器件的要求也就越高。此外，图7.1（c）和图7.1（d）给出了SNR为-5dB时两种带宽下获取的HRRPs，可以更明显地观察到噪声分散在HRRP的各个距离单元中，且噪声的二维表现形式较为均匀和统一。因此，接下来根据噪声的表现形式来设计去噪流程。

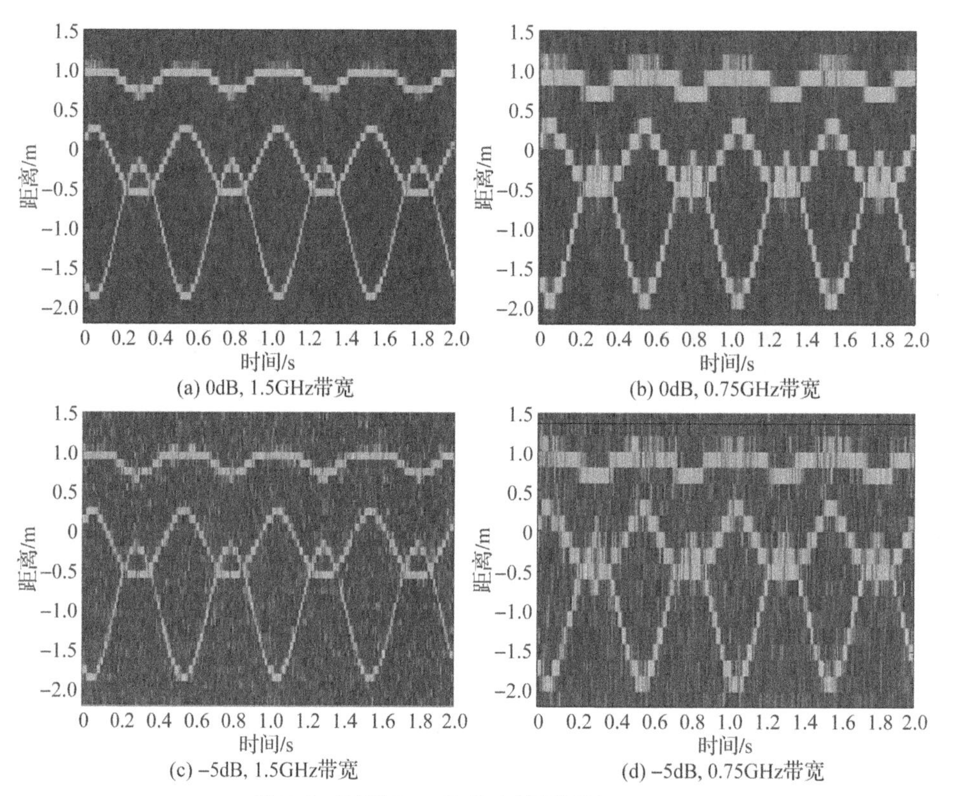

图7.1　不同SNR和带宽情况下的HRRPs

在进行去噪处理之前，首先要寻找一种方法来估计给定HRRPs的噪声水平，本节引入粒度分析法来解决这个问题。粒度分析法由Matheron在20世纪60年代提出[1]，是表征尺寸概念的基础。在数学形态学中，粒度分析就是通过利用一系列形态学开运算来计算二值图像中颗粒的尺寸分布。

设$\boldsymbol{B}$是欧几里得空间E中的一个结构元素（structuring element，SE），且有簇$\{\boldsymbol{B}_k\}$，$k=0, 1, \cdots$，则有

$$\boldsymbol{B}_k = \underbrace{\boldsymbol{B} \oplus \cdots \oplus \boldsymbol{B}}_{k次} \tag{7.1}$$

式中：$\oplus$表示形态学膨胀。按照惯例 $\boldsymbol{B}_0$ 仅包含 E 的原点，且 $\boldsymbol{B}_1 = \boldsymbol{B}$。

设 $\boldsymbol{X}$ 为一个集合（即数学形态学中的二值图像），且有一系列集合$\{\gamma_k\}$，$k=0,1,\cdots$，则有

$$\gamma_k(\boldsymbol{X}) = \boldsymbol{X} \circ \boldsymbol{B}_k \tag{7.2}$$

式中：$\circ$表示形态学开运算。

粒度函数 $G_k(\boldsymbol{X})$是图像 $\gamma_k(\boldsymbol{X})$的基数（连续欧几里得空间中的面积或体积），

$$G_k(\boldsymbol{X}) = |\gamma_k(\boldsymbol{X})| \tag{7.3}$$

$\boldsymbol{X}$ 的模式谱或尺寸分布是$\{PS_k(\boldsymbol{X})\}$的集合，$k=0,1,\cdots$，则有

$$PS_k(\boldsymbol{X}) = G_k(\boldsymbol{X}) - G_{k+1}(\boldsymbol{X}) \tag{7.4}$$

式中：参数 k 称为尺寸；模式谱 $PS_k(\boldsymbol{X})$的分量 k 粗略地估计了图像 $\boldsymbol{X}$ 中尺寸为 k 的颗粒数量；$PS_k(\boldsymbol{X})$的峰值表示对应尺寸的颗粒的数量相对较大；粒度的生成应满足抗延展性、递增性和稳定性。

设距离单元数为 M，脉冲数为 N，得到一个 $M \times N$ 的 HRRPs。本节试图利用粒度分析法来估计 HRRPs 上噪声的强度表面积与尺寸的关系。具体来说，将图像先后通过孔径递增的筛子，通过筛分后的结果来判断噪点的尺寸。实际操作中，利用尺寸递增的结构元素对图像进行形态学开运算，然后计算每次运算后的剩余强度表面积（HRRPs 中像素值的总和）。

在形态学运算中，结构元素的选择至关重要。结构元素是数学形态学中的一种形状，用于说明该形状与图像中形状的匹配程度结构元素主要与以下两个特征直接相关。

（1）形状。例如，结构元素可以是球形或线条，也可以是凸的或环形的等。通过选择特定的结构元素，可以根据对象的形状或空间方向，设置一种将其与其他对象区分开来的方法。

（2）尺寸。例如，一个结构元素可以是 3×3 或 21×21 的正方形。设置结构元素的尺寸类似于设置观测尺度，也相当于设置根据尺寸区分图像对象或特征的标准。

本节只涉及平面结构元素，它是指一个二维或多维的二值邻域，其中心像素称为原点，用于标识正在处理的图像中的像素。常用的平面结构元素有圆盘形、菱形和正方形等，接下来分别用这三种形状的结构元素对 HRRPs 进行粒度分析。将结构元素的半径都设为 1，并对 HRRPs 进行开操作，得到平均像素值总和与 SNR 的关系如图 7.2（a）所示。可以看出，使用圆盘形结构元素

时，像素值总和随着 SNR 的升高而平滑地减少，而使用正方形和菱形结构元素得到的变化曲线出现不规律的上下跳动。为了进一步分析这种变化规律，采用三次多项式对图 7.2（a）中的点进行拟合，得到圆盘形、正方形和菱形的 RMSE 分别为 0.73、1.81 和 2.76（拟合时将像素值总和除以 10^6）。图 7.2（a）中的实线为圆盘形数据的拟合结果，表明圆盘形结构元素能更好地捕捉噪声在 HRRPs 中的表征，即对噪声的变化更加敏感。

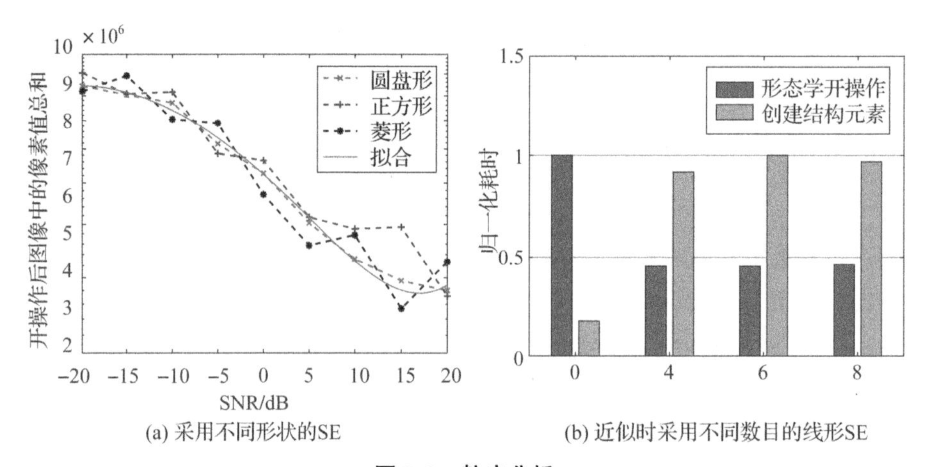

(a) 采用不同形状的SE　　(b) 近似时采用不同数目的线形SE

图 7.2　粒度分析

在实际中使用圆盘形结构元素时，为了加快运行速度，通常用多个周期线形结构元素组成的序列来近似。线性结构元素的数目可以从 0、4、6 和 8 中选取，0 代表不使用近似。图 7.2（b）给出了采用不同数目的线形结构元素时，执行单次形态学开操作和创建结构元素所消耗的归一化时间。可以看出，使用近似大大减少了开操作的耗时。由于粒度分析要执行多次开操作而只需创建一次结构元素，因此这里选择使用 4 个线形结构元素组成的序列来对圆盘形结构元素进行近似。

假设 SNR 为 SdB，像素值的总和为 $P \times 10^6$，可用三次多项式拟合来表示两者的关系为

$$S = aP^3 + bP^2 + cP + d \tag{7.5}$$

当雷达发射参数已知且固定时，HRRPs 的尺寸也是确定的，则系数 a、b、c 和 d 也是不变的。在本节选用的雷达参数设置下，M 为 64，N 为 2048，系数的值分别为 −0.57、9.79、−58.30 和 117.60。

7.1.1.2　基于二维自适应滤波的特征增强

本节采用像素级自适应低通 Wiener 滤波器对 HRRPs 进行滤波，从而达到

增强微距离特征的目的。这种滤波方法利用了从图像中每个像素的局部邻域中估计的统计信息。Wiener 滤波器假设已知平稳信号、噪声谱和加性噪声，通过对观测到的噪声过程进行 LTI 滤波，产生期望或目标随机过程的估计。Wiener滤波器使估计的随机过程与期望过程之间的均方误差最小化。而二维自适应滤波器非常类似于一维自适应滤波器，因为它是一个线性系统，其参数在整个过程中根据某种优化方法进行自适应更新。一维自适应滤波器和二维自适应滤波器的主要区别在于，前者通常以时间为输入信号，体现为因果关系约束；而后者则处理二维信号，如空间域中的二维坐标，这些通常是非因果的。

二维自适应维纳滤波器可以根据图像的局部方差进行调整，当方差较大时，几乎不进行平滑处理，当方差较小时，执行更多的平滑操作。通过式（7.6）和式（7.7）对每个像素的局部均值和方差进行估计

$$\mu = \frac{1}{NM}\sum_{n_1,n_2 \in \eta} a(n_1,n_2) \tag{7.6}$$

$$\sigma^2 = \frac{1}{NM}\sum_{n_1,n_2 \in \eta} a^2(n_1,n_2) - \mu^2 \tag{7.7}$$

式中：η 为图像中每个像素的 $N \times M$ 局部邻域。

接着，利用这两个估计值创建像素级的维纳滤波器

$$b(n_1,n_2) = \mu + \frac{\sigma^2 - \upsilon^2}{\sigma^2}(a(n_1,n_2) - \mu) \tag{7.8}$$

式中：υ^2 为噪声方差。

自适应滤波通常比线性滤波产生更好的结果，但也需要更多的计算时间。这种滤波器比类似的线性滤波器更具选择性，保留了图像的边缘和其他高频部分。滤波效果的好坏关键在于邻域尺寸的选择，邻域尺寸指定为一个包含 m 和 n 的二元向量，其中，m 代表行数，n 代表列数。在不同的 SNR 条件下，HRRPs 受噪声污染的程度也不同（见图 7.1）。因此，需要找到各种 SNR 下的最佳邻域尺寸。由式（7.5）得到估计的 SNR 后，经过多次尝试得到最佳邻域尺寸满足

$$(m,n) = \begin{cases} (1, N/M), & S > 10 \text{ 或 } S \leqslant -15 \\ (2, 2N/M), & 0 < S \leqslant 10 \text{ 或 } -15 < S \leqslant -10 \\ (3, 3N/M), & -10 < S \leqslant 0 \end{cases} \tag{7.9}$$

理论上来说，邻域尺寸越大，滤波效果就越强。因此，最佳邻域的尺寸应该随着 SNR 的降低而增大。但有趣的是，式（7.9）表明当 SNR 小于 -10dB 时，最佳邻域的尺寸反而开始减小。这是因为当 SNR 过低时，使用较大的邻

域尺寸进行滤波会将噪声和特征一起“抹平”。为了保留特征信息，不得不折中选择较小的邻域尺寸。自适应滤波相当于对 HRRPs 中的噪声进行平滑，从而相对地增强了感兴趣的微距离特征。

7.1.1.3 基于阈值分割的二元掩膜生成

接下来创建一个时间 - 距离域的掩膜，用于从竞争性噪声中分离所需的特征，称为 TR 掩膜。TR 掩膜的尺寸与所处理的 HRRPs 相同，也是一个 $M \times N$ 矩阵。通过将掩膜中的元素与 HRRPs 中对应位置的元素逐个相乘，可以实现对预期部分的分割。这里构造的二元掩膜本质上划分出了 HRRPs 中的感兴趣区域（region of interest，RoI），即掩膜像素值为 1 表示该像素是 RoI 的一部分，而掩膜像素值为 0 说明该像素属于背景。

构造 TR 掩膜的第一步，是利用 Otsu 算法来计算自适应滤波后 HRRPs 的两个阈值(λ_1, λ_2)。该算法最初是用来计算出一个单一强度阈值，将图像的像素分为前景和背景两类。这个阈值是通过最小化类内强度方差来确定的，或者说是通过最大化类间方差来确定的。Otsu 算法是 Fisher 判别分析的一维离散模拟，与 Jenks 优化方法有关，相当于在强度直方图上执行全局最优 K - 均值。Otsu 算法的简要步骤如下。

步骤 1：计算每个强度级别的直方图和概率。

步骤 2：设置初始的类概率 $\omega_i(0)$ 和类均值 $\mu_i(0)$。

步骤 3：逐步遍历所有可能的阈值 $t = 1, 2, \cdots$，直到最大强度，迭代更新 ω_i 和 μ_i，并计算阈值对应的类间方差 ${\sigma_b}^2(t)$。

步骤 4：求出 ${\sigma_b}^2(t)$ 的最大值，取此时对应的阈值。

然后，使用求出的多级阈值(λ_1, λ_2)对图像进行量化，并通过下面的准则将其分割为三个离散的层次

$$Q(k) = \begin{cases} 1, & E(k) \leqslant \lambda_1 \\ 2, & \lambda_1 < E(k) \leqslant \lambda_2 \\ 3, & E(k) > \lambda_2 \end{cases} \tag{7.10}$$

式中：$E(k)$为量化前点 k 处的像素值；$Q(k)$为量化后该点的像素值。将像素值为 3 的点保留下来并归一化，其余点置零。此时，HRRPs 中还存在少量孤立的噪声点，可以利用二维中值滤波来消除。

中值滤波是一种非线性数字滤波技术，其主要思想是逐个条目遍历整个信号，将每个条目替换为相邻条目的中值。邻域的模式称为“窗口”，它在整个信号上逐项滑动。与维纳滤波类似，中值滤波的窗口（即邻域尺寸）的选择也很关键。中值滤波后就得到了最终的 TR 掩膜，将该掩膜与原始的 HRRPs

相乘，就得到了可以提供给 CNN 进行训练的高质量图像，其中只保留了 RoI 部分。整个去噪流程的示意图如图 7.3 所示。

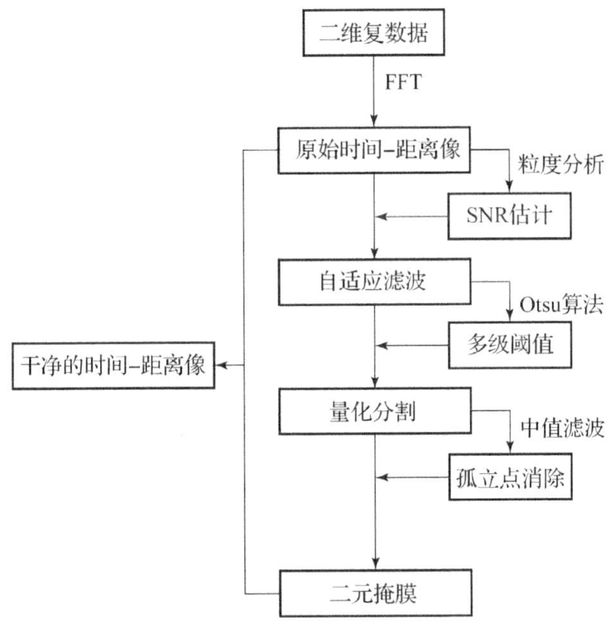

图 7.3　去噪流程图

7.1.2　基于 SqueezeNet 的距离像分类网络

在设计 SqueezeNet 时，研究人员的目标是创建一个更小的、参数更少的神经网络，从而消耗更少的计算机内存，便于通过计算机网络进行传输[2]。SqueezeNet 与两个卷积神经网络的性能比较如表 7.1 所列。

表 7.1　AlexNet 与 SqueezeNet 的对比

网络类型	深度	大小/MB	参数数量	输入尺寸	Top－1 准确率/%	Top－5 准确率/%
AlexNet	8	227	6.1×10^{7}	227×227	57.2	80.3
SqueezeNet	18	4.6	1.24×10^{6}	227×227	57.5	80.3

需要说明的是，SqueezeNet 并不是“压缩版的 AlexNet”。相反，SqueezeNet 的 DNN 架构与 AlexNet 截然不同。这两种 CNN 的共同点是，在ImageNet图像分类验证数据集上进行评估时，它们都能获得大致相同的精度水平。SqueezeNet 是一个深度为 18 层的 CNN，其 1.1 版本的网络结构如图 7.4 所示。

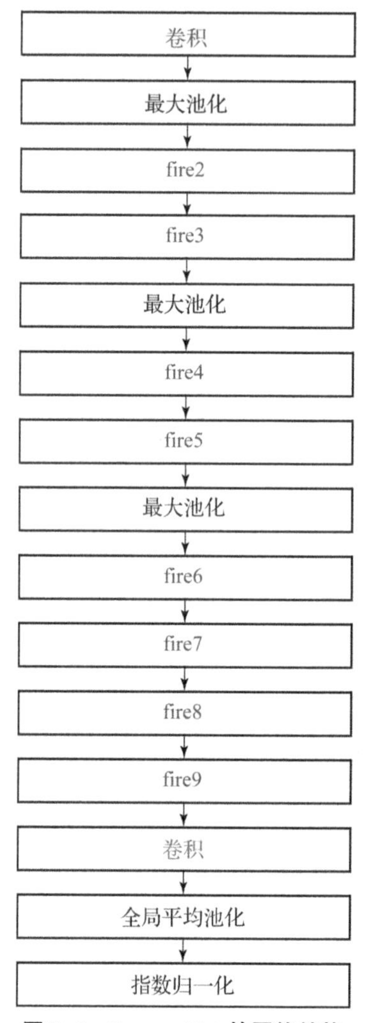

图 7.4 SqueezeNet 的网络结构

SqueezeNet 的核心创新就在于它引入了 Fire 模块，如图 7.5 所示，该模块由（挤压）squeeze（挤压）层和 expand（扩张）层两部分组成。具体来说，squeeze 层利用 1×1 的卷积核进行缩减降维，而 expand 层通过 ReLU 层与之相连，并利用 1×1 和 3×3 的卷积核组合进行升维，从而实现特征的再融合。这种特殊的结构显著减少了网络中参数的数量。SqueezeNet 共包含 9 个 Fire 模块，连续的两个 Fire 模块通过 concat 操作连接在一起，激活函数默认都使用 ReLU。

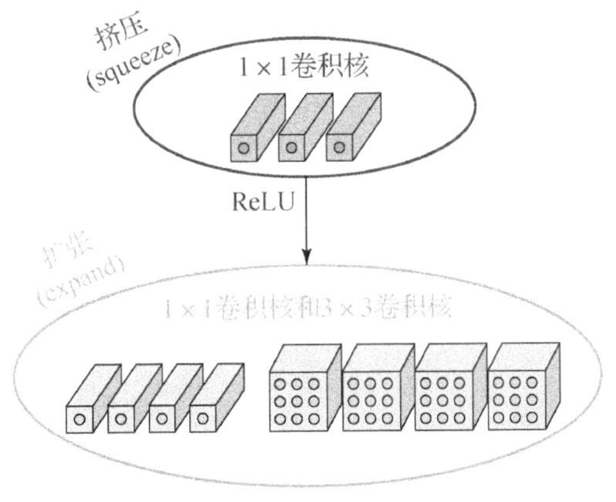

图 7.5　Fire 模块

利用迁移学习对 SqueezeNet 进行微调，就可以实现对新的图像集合进行分类。对 SqueezeNet 进行迁移学习的过程与 3.2 节中 AlexNet 的迁移学习类似，关键步骤都是将网络的最后一个可学习层和分类层用新层来替换，使其适应新的数据集。需要注意的是，大多数 CNN 的最后一个可学习层是全连接层，比如 AlexNet，但 SqueezeNet 的最后一个可学习层是 1×1 的卷积层。在这种情况下，卷积核的数目与类别的数目是一致的。由于目标任务包含 5 个类别，本节使用包含 5 个卷积核的新卷积层来替换最后的卷积层。

7.1.3　实验结果及分析

雷达参数和目标结构参数的设置与文献［3］一致，驻留时间为 1s，SNR 为 -10dB。设平底锥目标的微动形式为章动，设章动目标的进动频率为 2Hz，摆动频率为 1Hz，最大摆动角为 25°，俯仰角为 70°。宽带雷达获取的原始 HRRPs 如图 7.6（a）所示，可以看出微距离曲线已被严重的噪声干扰淹没。由式（7.5）估计出 SNR 后代入式（7.9），可得到对应的维纳滤波最佳邻域尺寸为（2，64）。使用该邻域计算 HRRPs 的局部均值和标准差，自适应滤波的结果如图 7.6（b）所示，微距离特征得到了明显的增强。利用 Otsu 算法得到的二级阈值为（42，74），分割结果如图 7.6（c）所示，保留像素值为 3 的点并归一化的结果如图 7.6（d）所示。接下来，选取中值滤波的邻域尺寸为（1，6），消除孤立噪点后得到的二元掩膜如图 7.6（e）所示。最后，将掩膜与原始 HRRPs 相乘，得到了完成去噪的结果如图 7.6（f）所示。

为了进一步评价去噪算法的性能，这里引入二维相关系数的概念。对于两幅尺寸相同的图像 A 和 B，其二维相关系数定义为

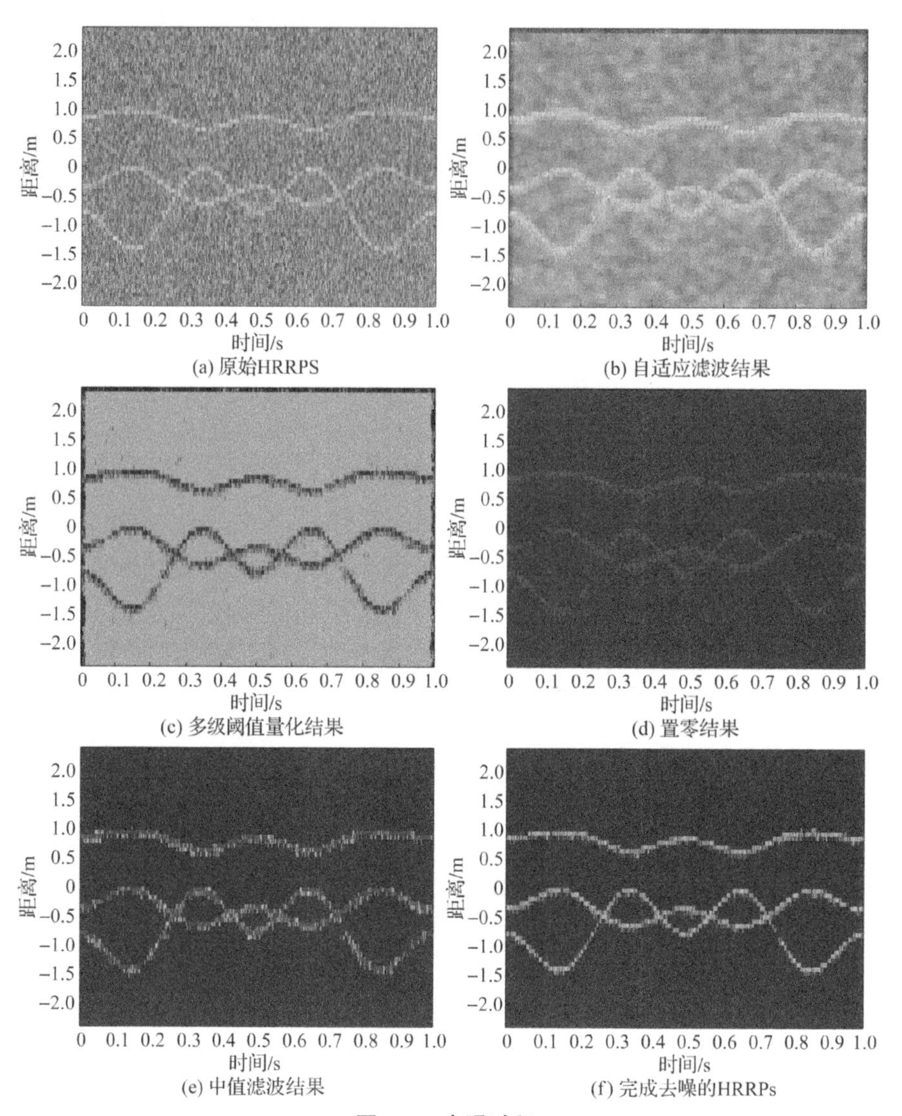

图 7.6 去噪过程

$$r = \frac{\sum_m \sum_n (\boldsymbol{A}_{mn} - \bar{\boldsymbol{A}})(\boldsymbol{B}_{mn} - \bar{\boldsymbol{B}})}{\sqrt{\left(\sum_m \sum_n (\boldsymbol{A}_{mn} - \bar{\boldsymbol{A}})^2\right)\left(\sum_m \sum_n (\boldsymbol{B}_{mn} - \bar{B})^2\right)}} \tag{7.11}$$

式中：$\bar{\boldsymbol{A}}$ 和 $\bar{\boldsymbol{B}}$ 分别为图像 $\boldsymbol{A}$ 和 $\boldsymbol{B}$ 中矩阵元素的平均值。

设置 -15dB、 -10dB、 -5dB 和 0dB 四种 SNR 条件，在每种 SNR 下都进行 100 次蒙特卡罗仿真，分别计算去噪前 HRRPs 和去噪后 HRRPs 与未加噪声的 HRRPs 的相关系数 r_1 和 r_2，平均结果如表 7.2 所列。从表中可以看出，所提方法显著提高了去噪的 HRRPs 与未加噪声的理想 HRRPs 之间的相关系数，表明噪声得到了较好地抑制。这也从侧面说明，去噪后的 HRRPs 中微动特征被相对完整地保留下来。为了进一步分析该方法的性能，表 7.2 还给出了 r_2 相对于 r_1 的改善比。结果表明，SNR 越低，所提方法的改善效果越好。

表 7.2　二维相关系数分析

SNR/dB	r_2	r_1	改善比/%
−15	0.1033	0.4744	359.24
−10	0.2711	0.7883	190.78
−5	0.5573	0.7965	42.92
0	0.8107	0.8952	10.42

选取 HRRPs 作为输入，构建实现平底锥目标微动分类的深度学习网络。HRRPs 由发射 LFM 信号的宽带雷达获取，其带宽设为 2GHz，雷达均采用 f_c = 6GHz，PRF = 2048Hz，驻留时间为 1s。考虑对自旋、进动、章动、摆动和翻滚这五种常见的微动形式进行分类，仿真所用的微动参数设置范围如表 7.3 所列。由于自旋对旋转对称目标没有电磁散射方面的调制作用，因此不再设置自旋频率。

表 7.3　微动参数设置

目标参数设置	自旋	进动	章动	摆动	翻滚
视线角/(°)	30 : 13 : 147	30 : 13 : 147	30 : 13 : 147	30 : 13 : 147	30 : 13 : 147
进动角/(°)	10 : 3 : 31	10 : 3 : 31	—	—	—
锥旋角/(°)	0 : 30 : 330	—	—	30 : 50 : 280	20 : 40 : 300
锥旋频率/Hz	—	0.9 : 0.1 : 2	1 : 0.2 : 2	—	—
摆动幅度/(°)	—	—	10 : 6 : 28	20 : 10 : 50	—
摆动频率/Hz	—	—	0.4 : 0.2 : 1	0.5 : 0.2 : 1.1	0.4 : 0.1 : 1.5

根据表 7.3 中的微动参数设置进行仿真，每种微动类型的每种数据表示都生成了 960 个样本，则五种微动的单个数据表示共包含 4800 个样本。按照 3 : 1 : 1的比例将其拆分为训练集（2880 个样本）、验证集（960 个样本）和测试集（960 个样本），拆分时将每种类型的样本按设定比例随机分配给各数据集。在生成雷达回波时加入高斯白噪声分别得到 −20dB、 −15dB、 −10dB、

-5dB、0dB、5dB、10dB 的 SNR，则可以得到不同 SNR 下的数据集。

图 7.7 分别随机展示了无噪声条件下自旋、进动、章动、摆动和翻滚目标的四种数据表示。通过对比可以发现，自旋目标的每种数据表示都明显与其他四种微动类型的目标不同，主要是由于自旋对旋转对称目标的电磁散射没有影响，而其他微动都具有明显的周期性。还可以观察到，章动目标的微动特征最复杂，因为它是由三种单一微动复合而成的；摆动目标的微多普勒特征和微距离特征幅度相对最小，而翻滚目标的微动特征幅度相对最大。

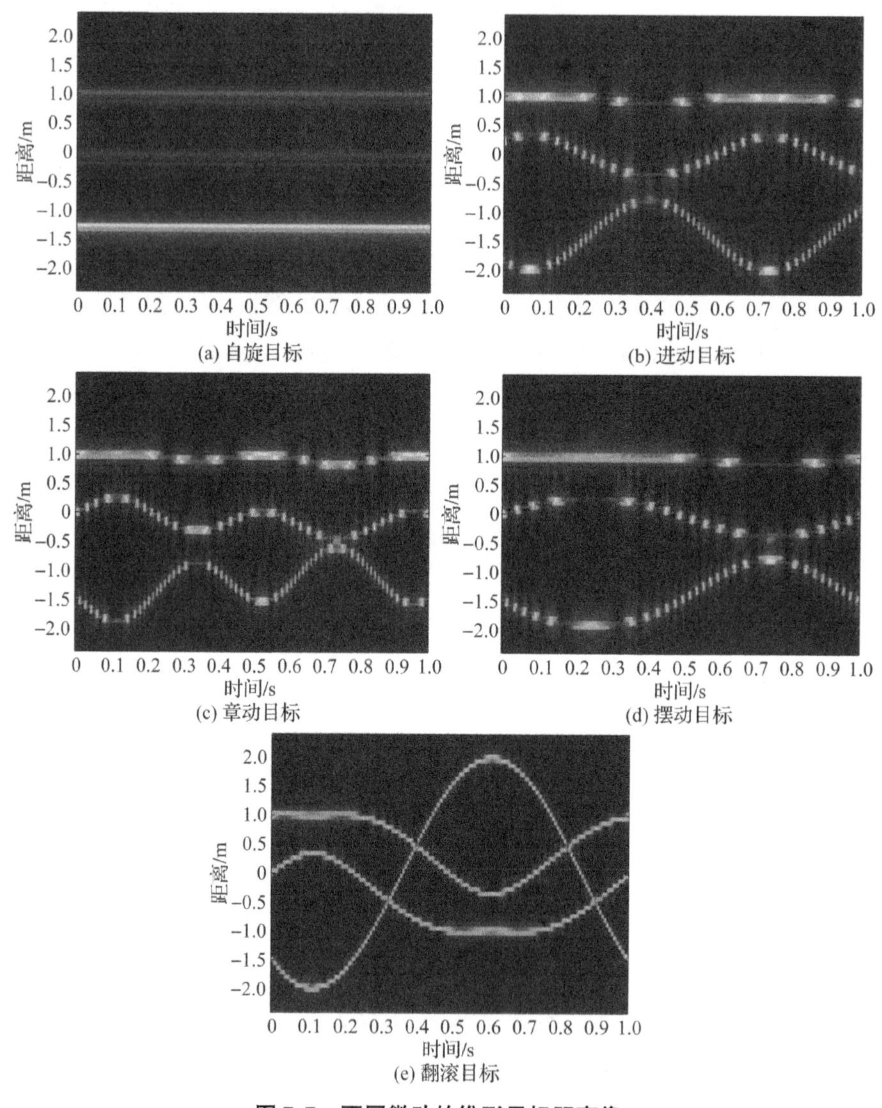

(a) 自旋目标
(b) 进动目标
(c) 章动目标
(d) 摆动目标
(e) 翻滚目标

图 7.7　不同微动的锥形目标距离像

完成数据集、网络模型和优化算法的准备后，接下来就可以进入正式的训练阶段。本节总共设置了五组训练，数据来源分别为RCS序列、微多普勒谱图（MD）、HRRPs（TR）、距离-多普勒像（RD）和采用7.1.1节方法去噪的HRRPs（DTR），各组训练的具体配置如表7.4所列。除了第1组训练使用BiLSTM处理时间序列数据，其他4组训练都使用SqueezeNet处理图像数据。BiLSTM的初始学习率设为1×10^{-2}，每经过15个epoch通过乘以下降因子更新一次学习率，训练时下降因子取0.5，则在最后15个epoch中使用的全局学习率为1.25×10^{-3}。

表7.4　训练配置

组别	数据来源	数据尺寸	使用网络	优化算法	Epochs	学习率
1	RCS	1×2048	BiLSTM	Adam	60	$1\times10^{-2}\rightarrow1.25\times10^{-3}$
2	MD	227×227	SqueezeNet	SGDM	30	1×10^{-4}
3	TR	227×227	SqueezeNet	SGDM	30	1×10^{-4}
4	RD	227×227	SqueezeNet	SGDM	30	1×10^{-4}
5	DTR	227×227	SqueezeNet	SGDM	30	1×10^{-4}

如前所述，在-20dB到20dB的区间内均匀设置了九种SNR，每种SNR下都有五种信息来源不同的数据集，则共使用了45个数据集，其中每个数据集都包含五种微动形式共计4800个样本。对于每个数据集，都随机将60%的样本用于训练，20%的样本用于验证，剩下20%用于测试，划分样本时每种运动的比例都是一样的。在每个数据集下都进行了100次蒙特卡罗仿真（一次完整的仿真包括训练、验证和测试），对测试结果进行平均后如图7.8所示。

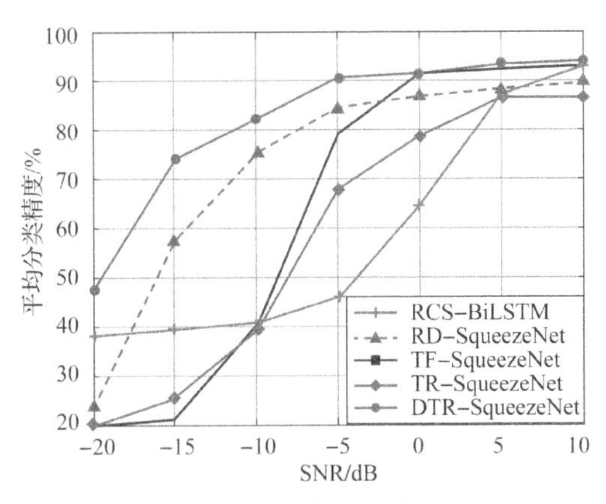

图7.8　分类结果对比

从图 7.8 可以看出，五组训练的分类精度都随着 SNR 的改善而增高。当 SNR 低于 -5dB 时，RCS - BiLSTM 的精度下降趋势变得平缓，而当 SNR 高于 -5dB 时，RD - SqueezeNet 和 DTR - SqueezeNet 的精度上升趋势也变得平缓。DTR - SqueezeNet 的分类精度在所有的 SNR 条件下都明显高于未去噪的 TR - SqueezeNet。当 SNR 高于 0dB 时，DTR - SqueezeNet 与 TF - SqueezeNet 的分类精度十分接近，且都高于其他组合。当 SNR 低于 0dB 时，DTR - SqueezeNet 的分类精度明显优于其余四种组合，这也从侧面说明了本节中去噪方法的有效性。值得注意的是，RD - SqueezeNet 的表现仅次于 DTR - SqueezeNet，而 RD 像中并不能提供微动的时变信息，表明该组合存在进一步研究的价值。总的来说，DTR - SqueezeNet 在低 SNR 条件下具有更好的泛化能力，更适合处理空间目标微动分类问题。另一方面，当 SNR 高于 10dB 时，TF - SqueezeNet 的分类精度达到最高，且 TR - SqueezeNet 与 DTR - SqueezeNet 之间分类精度的差距越来越小。因此，所提方法的主要优势体现在 SNR 低于 0dB 的情况。

各配置下的平均单次训练耗时如表 7.5 所列。四种 CNN 组合的耗时差别不大，都为 10min 左右，其中 RD - SqueezeNet 的耗时最少，这是因为 RD 像上的特征更加稀疏，且强度不如微多普勒和微距离特征明显，可供 CNN 学习的信息也就相对较少。由于观察到 RCS - BiLSTM 在训练时损失值收敛较慢，为了充分训练该模型，训练中总 epoch 的设置是其他四种组合的两倍，这也导致了其训练时间达到了其他四种组合平均耗时的三倍还多。

表 7.5　训练时间对比

	RCS - BiLSTM	MD - SqueezeNet	TR - SqueezeNet	RD - SqueezeNet	DTR - SqueezeNet
耗时	32min35s	10min31s	10min29s	9min20s	10min40s

为了更清晰的可视化分类结果，将 -10dB 时 DTR - SqueezeNet 某次测试结果的混淆矩阵绘出如图 7.9 所示。从图 7.9 中可以看出，误分类最严重的情况发生在进动和章动之间，这主要是由于二者在运动学上的相似性。自旋的分类精度最高，达到了 97.9%，因为其 HRRPs 中只包含直线特征，与其他四种运动的特征明显不同。翻滚的分类精度紧随其后，也超过了 90%，原因在于其微距离特征的幅度通常较大，在时间距离像上的分布比其他四种运动更宽。摆动的分类精度仅比表现最差的章动高了 0.5%，且与其他四种运动都存在混淆的样本。

真实类 \ 预测类	自旋	进动	章动	摆动	翻滚		
自旋	188			4		97.9%	2.1%
进动		160	14	11	7	83.3%	16.7%
章动		53	135	4		70.3%	29.7%
摆动	7	17	14	136	18	70.8%	29.2%
翻滚		7		11	174	90.6%	9.4%
	96.4%	67.5%	82.8%	81.9%	67.4%		
	3.6%	32.5%	17.2%	18.1%	12.6%		

图 7.9　混淆矩阵

本节主要针对结构相同的空间目标，研究了基于 HRRPs 的目标分类的问题。实验表明，以经过本节中提出的去噪方法处理过的 HRRPs 作为输入，利用迁移学习技术对 SqueezeNet 进行再训练，能够显著提高低 SNR 的条件下的目标分类精度。

7.2　基于 HRRPs 的进动弹道目标结构识别

7.1 节研究了结构相同而微动形式不同的空间目标的分类问题，本节探究 CNN 是否能对结构不同而微动形式相同的目标也实现有效分类。本节将三种常见的旋转对称目标作为研究对象，分别是平底锥、平底锥柱头体和锥柱裙组合体，通过电磁仿真软件和准静态法模拟其进动产生的宽带雷达回波。针对三种类型目标的分类问题，以 HRRPs 作为信息来源，设计了两种不同的实现思路。第一种方法是提取手工设计的特征，选择了梯度方向直方图（histograms of oriented gradient，HOG）作为预定义特征，并将其输入到 SVM 中进行分类。第二种方法是利用深度学习自动从数据中学习特征，基于贝叶斯优化设计 CNN 结构并找到最优的网络超参数和训练配置，再利用该网络进行分类。

7.2.1　目标散射特性分析

图 7.10 给出了平底锥、平底锥柱头体和锥柱裙组合体的基本外形，其中，b 为球冠半径，γ 为半锥角，a 为底面半径，ϕ 为雷达 LOS 与目标对称轴的夹角。对于这种旋转对称目标，其散射中心都分布在与雷达 LOS 垂直的平面上。

其中，平底锥和平底锥柱头体的物理形状相对简单，在光学区其 RCS 存在一些近似解析公式，基于几何绕射理论就可以得到这些目标的 RCS 高频计算公式，具体推导可参考文献［4］。对于锥柱裙组合体和结构更复杂的空间目标，难以得到其散射特性的理论表达式。因此，本节通过将建立好的目标几何模型导入电磁仿真软件，来获取三种类型目标的回波数据。

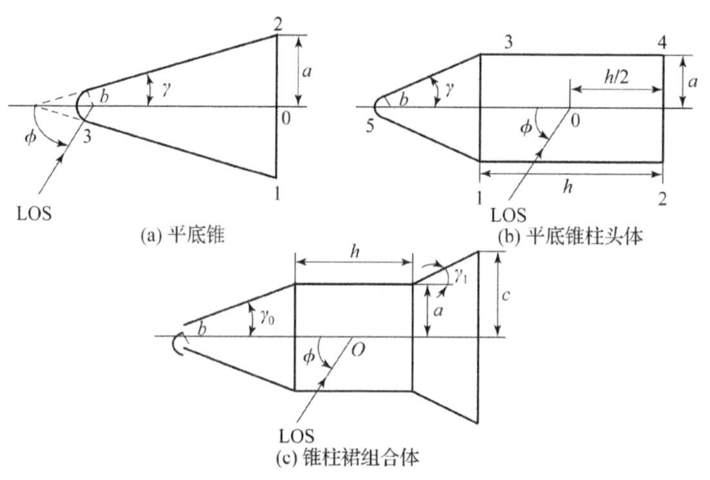

图 7.10　空间目标的 3 种常见类型

为了研究空间目标的散射特性，建立平底锥、平底锥柱头体和锥柱裙组合体的结构模型分别如图 7.11 ~ 图 7.13 所示。三类目标模型的高度均为 3m，球冠半径均为 7.5cm。在给定模型的基础上，利用电磁仿真软件基于物理光学（physical optics，PO）法可以计算出目标在任意频率、任意角度下的静态散射特性数据。在电磁仿真软件中设置测试波段为 X 波段，极化方式为水平极化，频率范围为 10 ~ 11.98GHz，频率点间隔为 30MHz，俯仰角范围为 0° ~ 180°，角度间隔为 0.2°。

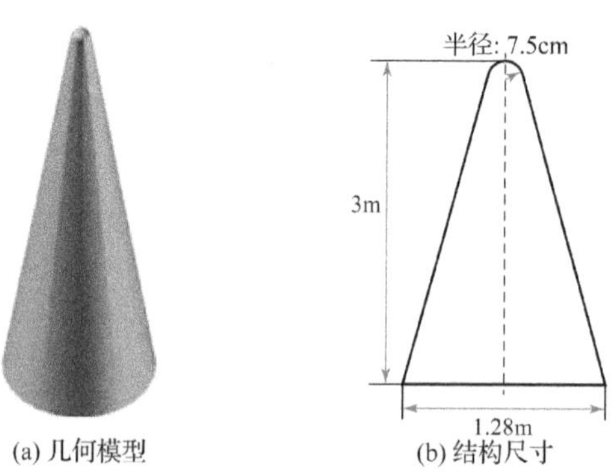

图 7.11　平底锥的结构模型

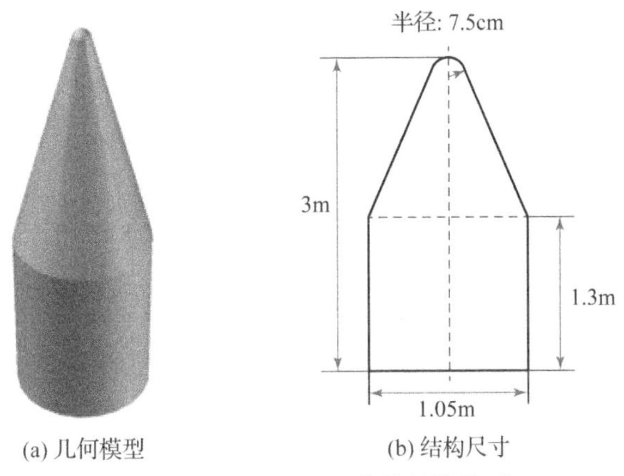

图 7.12　平底锥柱头体的结构模型

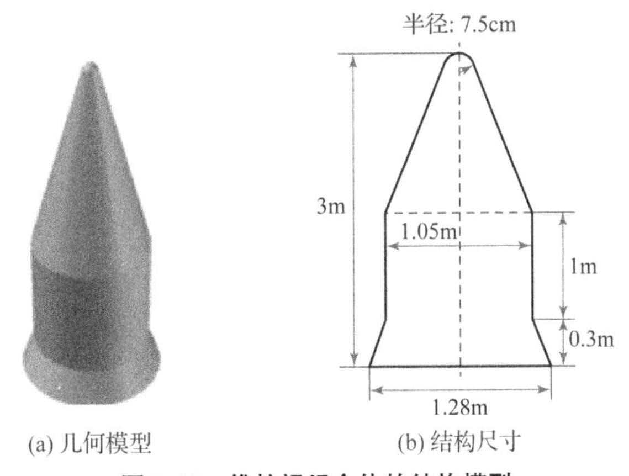

图 7.13　锥柱裙组合体的结构模型

图 7.14 展示了三类目标的 RCS 三维效果图。从图 7.14（a）中可以明显看出，平底锥包含三个等效散射中心，分别对应于球冠和底部边缘上的两点。平底锥的 RCS 在 79°和 180°附近急剧增大，分别对应于锥面的镜面散射和底面的镜面反射。类似地，图 7.14（b）表明平底锥柱头体包含四个等效散射中心，其 RCS 在 76.5°、90°和 180°附近急剧增大，分别对应于锥面的镜面散射、柱体的镜面反射和底面的镜面反射。图 7.14（c）显示出锥柱裙组合体包含了五个等效散射中心，其 RCS 在 69°、74.5°、90°和 180°附近急剧增大，分别对应于裙体的镜面反射、锥面的镜面散射、柱体的镜面反射和底面的镜面反射。需要注意的是，这三类目标的等效散射中心并不是一直可见的，由于遮挡效应的存在，每个散射中心都有其各自的可见角度范围。

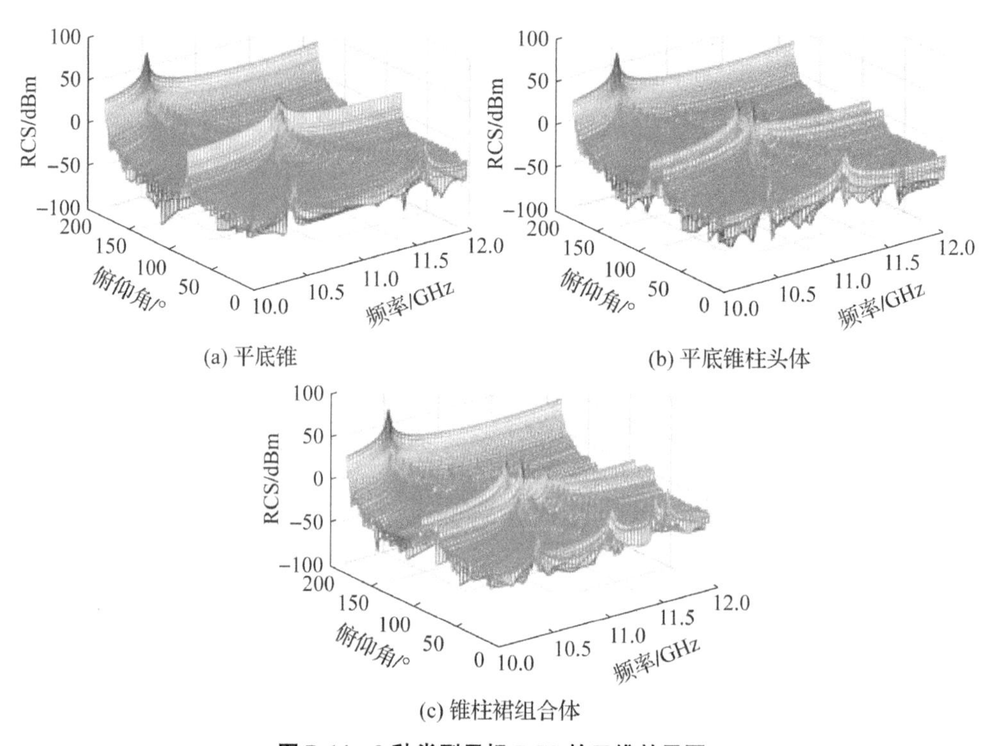

(a) 平底锥　(b) 平底锥柱头体

(c) 锥柱裙组合体

图 7.14　3 种类型目标 RCS 的三维效果图

根据设置的电磁仿真参数，可得到每类目标的散射数据都包含 901 个角度值和 67 个频率值。接下来，利用准静态法对进动目标的动态回波数据进行仿真，具体可分为以下几步。

步骤 1：获取目标在全姿态范围的静态 HRRP 序列。

步骤 2：建立目标的运动模型，得到 t_s 时刻目标相对于雷达的姿态角 $\alpha(t)$ 和 $\boldsymbol{\beta}(t)$。

步骤 3：根据目标相对于雷达的姿态角信息，对全姿态范围的 HRRP 数据进行线性插值，得到对应时刻的距离像 $\boldsymbol{H}(r,t)$。

基于电磁散射数据构造进动目标的雷达回波样本的过程与 6.2.4 节相似，均是先利用目标参数计算平均视界角，然后采用准静态法生成 HRRPs。

7.2.2　基于 HOG 特征和 SVM 的图像识别

HOG 是计算机视觉和图像处理中用于目标检测的一种特征描述符，它对图像局部区域中梯度方向的出现次数进行计算。HOG 最初用于静态图像中的行人检测，后来扩展到视频中的人类检测以及静态图像中的动物和车辆检测。其基本思想是，图像中局部物体的外观和形状可以用强度梯度或边缘方向的分布来描述。将图像分割成称为单元格的小的连通区域，并为每个单元格内的像素编译梯度方向的直方图，则 HOG 描述符就是这些直方图的串联。为了提高精度，可以通过计算图像中较大区域（称为块）的强度来对该块内的所有单元格进行归一化，从而对局部直方图进行对比度归一化，这种归一化可以更好地适应光照和阴影的变化。与其他描述符相比，HOG 的关键优势在于其作用于局部单元格，因此除了对象方向外，它对几何和光照变换都是不变的。

从图像中提取 HOG 特征的流程如图 7.15 所示。对于许多特征检测器，计算的第一步都是通过伽马归一化和灰度化来预处理图像，而这种预处理对 HOG 描述符几乎没有影响。因此，流程中省略了预处理，直接计算每个像素在水平和垂直方向上的梯度。接下来，将图像划分为若干个单元格，每个单元格的大小为 $C \times C$。需要注意的是，选取合适的 C 十分重要，较大的单元格有助于获取大规模的空间信息，但同时会丢失小尺度的细节信息。为了获得单元格的 HOG，计算每个单元格中每个像素在直方图中梯度方向的加权投影。然后，单元格将会成组划分到块中，每个块包含 $B \times B$ 个单元格。类似地，B 的大小也与最终提取的特征有关，较大的块会降低抑制局部光照变化的能力，而较小的块有助于捕捉局部像素的显著性。此外，相邻块之间重叠的单元格数、方向直方图箱数和方向值的选择都会在一定程度上影响所提取特征的后续分类性能。最后，将所有块中的 HOG 特征串联起来，就得到整个图像的 HOG 特征向量。

图 7.15　HOG 特征提取流程

完成 HOG 特征的提取后，将其输入基于纠错输出编码（error - correcting output code，ECOC）模型的 SVM 进行分类。ECOC 模型将三类或三类以上的分类问题归结为一组二元分类问题。ECOC 分类需要一个编码设计和一个解码方案，前者决定了二元学习器训练的类别，后者决定了如何对二元分类器的结果进行聚合。与其他许多模型相比，ECOC 模型可以提高分类精度。对于本节研究的三种目标分类问题，编码设计如表 7.6 所列，其中学习器为 SVM，则解码方案为二元损失函数。为了建立这种分类模型，ECOC 算法执行以下步骤。

表 7.6　ECOC 的编码设计

	学习器 1	学习器 2	学习器 3
类别 1	1	1	0
类别 2	−1	0	1
类别 3	0	−1	−1

步骤 1：学习器 1 在类别 1 或类别 2 的观测值上进行训练，并将类别 1 视为正向类，将类别 2 视为负向类。其他学习器也进行类似的训练。

步骤 2：设 $\boldsymbol{M}$ 为含有元素 m_{kl} 的编码设计矩阵，s_l 为学习器 l 的正向类的预测分类分数。算法为类别 $\hat{k}$ 分配一个新的观测值，使得 L 个二元学习器的聚合损失最小，即

$$\hat{k} = \underset{k}{\operatorname{argmin}} \frac{\sum_{l=1}^{L} |m_{kl}| g(m_{kl}, s_l)}{\sum_{l=1}^{L} |m_{kl}|} \tag{7.12}$$

7.2.3　基于贝叶斯优化的 CNN 设计

基于深度学习实现图像分类时，通常有两种方法可供选择。一种方法是利用预训练的 CNN 提供的知识，通过迁移学习技术来学习新数据中的新模式，7.1.2 节中对 SqueezeNet 的再训练。另一种方法是自定义网络结构并从头开始训练网络，为分类任务创建新的 CNN。如前所述，与从头开始训练相比，使用迁移学习对预训练的 CNN 进行微调更简单，且无需大量的样本和高性能的 GPU。然而，在基于迁移学习技术获得的 CNN 中，可学习层上还保留有大量的从源域中学到的特征，此时若对 CNN 的全连接层进行可视化分析，会发现其模式和纹理主要与源域有关。为了增强 CNN 特征提取的可解译性，本节采用从头训练的方法对空间目标进行分类。

若要从头训练一个 DCNN，必须先确定采用的神经网络架构和训练算法。选择相关的超参数进行调优可能非常困难并且需要花费大量的时间，而贝叶斯优化算法非常适合用于优化分类和回归模型的超参数。贝叶斯优化是一种序贯设计策略，用于黑箱函数的全局优化，它不假设任何函数形式，常用于优化不可微、不连续且评估代价高昂的函数。序贯分析是一种统计分析，其样本量不是事先固定的，而是在收集数据时对其进行评估，一旦观察到有意义的结果，就按照预定义的规则停止进一步的采样。由于目标函数是未知的，贝叶斯策略

是将其视为一个随机函数，并设置一个先验分布来捕捉函数行为的可信度。在收集到函数评估的数据后，对先验进行更新以形成目标函数的后验分布。后验分布又被用来构造一个采集函数（通常也称为填充采样准则），以确定下一个待评估的点。采集函数的使用是贝叶斯优化的一大创新，它可以在目标函数建模程度较低的点进行采样，并探索尚未建模好的区域。

贝叶斯优化算法试图在有界域内最小化 x 的标量目标函数 $f(x)$，该函数可以是确定的或随机的。最小化的要素包括 $f(x)$ 的高斯过程模型、贝叶斯更新过程以及采集函数 $a(x)$。首先设置初始评估点数 N_s，每个点都在变量范围内随机抽取，对 $y_i=f(x_i)$ 进行评估。若存在评估错误，则随机抽取更多的点，直到成功进行 N_s 次评估。然后更新 $f(x)$ 的高斯过程模型，得到函数 $Q(f\mid x_i,y_i)$ 的后验分布，寻找新的点使 $a(x)$ 最大化，并重复这两个步骤。当达到预设的迭代次数或时间后，算法自动停止。

目标函数 $f(x)$ 的基本概率模型是一个高斯过程先验，其观测中添加了高斯噪声。因此，$f(x)$ 上的先验分布是一个具有均值 $u(x;\theta)$ 和协方差核函数 $k(x,x';\theta)$ 的高斯过程，其中 θ 是核参数的向量。具体来说，设一组点为 $X=x_i$，相关的目标函数值为 $F=f_i$，则 F_i 的先验联合分布为多元正态分布，其均值和协方差矩阵分别为 $\mu(X)$ 和 $K(X,X)$，其中 $K_{ij}=k(x_i,x_j)$。不失一般性，先验均值设为 0。同时，假设观测值中加入了方差为 σ^2 的高斯噪声，则先验分布的协方差为 $K=K(x,x';\theta)+\sigma^2 I$。将观测值拟合到高斯过程回归模型，需要找到噪声方差 σ^2 和核参数 θ 的值。核函数 $k(x,x';\theta)$ 可以显著影响高斯过程回归的质量，本节采用基于自动相关性确定（automatic relevance determination，ARD）的 Matern 5/2 核函数[5]。

综上所述，基于贝叶斯优化训练 CNN 的流程如下所示。

步骤 1：准备好数据集，包括训练集、验证集和测试集。

步骤 2：指定要使用贝叶斯优化进行优化的变量。这些变量可以是训练算法的选择，也可以是网络结构本身的参数。

步骤 3：定义目标函数 F_J，将优化变量的值作为输入，指定网络结构和训练配置，训练并验证网络，然后保存训练后的网络。

步骤 4：通过最小化验证集上的分类误差来执行贝叶斯优化。

步骤 5：加载最优的网络，并利用测试集对其进行评估。

在步骤 2 中选择要使用贝叶斯优化进行优化的变量时，需要指定搜索的范围。此外，还要确定变量是否为整数，以及是否在对数空间中搜索区间。这里选择对以下四个变量进行优化。

（1）网络部分深度 S_D。该参数控制这网络的整体深度。将网络分为三个部分，每个部分具有 S_D 个相同的卷积层，则卷积层的总数为 $3 \times S_D$。在目标函数中，每个卷积层中滤波器的数量与 $1/\sqrt{S_D}$ 成正比例关系。经过这种设置，当 S_D 的值变化时，各次迭代涉及的参数数目和所需的计算量几乎不变。

（2）初始学习率 L_R。最佳学习率由数据集和使用的网络模型共同决定。

（3）随机梯度下降的动量 M_T。动量通过使当前更新包含与上一次迭代中的更新成比例的贡献，来为参数更新增加惯性。这样可以使参数更新更加平滑，并减少随机梯度下降所固有的噪声。

（4）L_2 正则化强度 R_S。正则化是用来防止过拟合现象的发生，通过搜索正则化强度的设置区间以找到一个合适的值。值得注意的是，数据扩充和批量归一化等操作也能促进网络的正则化。

确定了优化变量之后，使用训练数据和验证数据作为输入，来为贝叶斯优化创建目标函数 F_J。然后，利用目标函数来训练 CNN，并记录验证集上的分类误差。由于贝叶斯优化以验证集上的错误率为标准来选择最优模型，因此最终的网络可能会在验证集上产生过拟合。接下来，还需要在独立测试集上对最终选择的模型进行测试，以估计泛化误差。为了叙述方便，将经过贝叶斯优化得到的最优网络称为 B－CNN。

定义 CNN 的架构时，在卷积层中执行填充，使空间输出尺寸与输入尺寸始终保持一致。每次使用最大池化层将空间维度下采样至一半时，将滤波器的数量增加一倍，从而确保每个卷积层所需的计算量大致相同。每个卷积层后面都跟着一个批量归一化层和一个 ReLU 层。此外，训练时采用了常规的数据增强方法，包括沿垂直轴随机翻转图像以及在水平和垂直方向上随机平移至多四个像素，这些操作有助于网络记忆训练图像的确切细节并防止过拟合。

7.2.4 实验结果及分析

首先构建平底锥、平底锥柱头体和锥柱裙组合体的 HRRPs 数据集。雷达参数和进动参数的设置如表 7.7 所列，三种目标采用相同的参数设置。共获得了 2700 个样本，每个样本的尺寸都为 128×128 像素，其中每类目标 900 个样本，随机将 60% 的样本用于训练，20% 的样本用于验证，剩下 20% 用于测试，划分样本时每类目标的比例都是一样的。图 7.16 随机展示了训练集中的一些样本，可以观察到样本之间的差异主要来源于目标上散射中心的数目、位置、散射强度和遮挡效应的不同。虽然这三种进动目标的外形结构不尽相同，但受到遮挡效应的影响，样本之间的直观区别在某些参数组合条件下并不明显，导致可分性较差。

表7.7　参数设置

视线角/(°)	锥旋频率/Hz	进动角/(°)	初始相位角/(°)	驻留时间/s
45 : 5 : 160	0.5 : 0.3 : 2	5 : 3 : 20	45	1

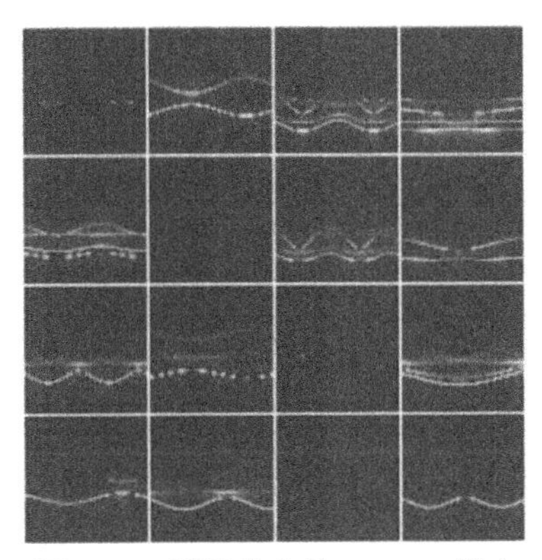

图7.16　训练集中的HRRPs样本

仿真一：利用HOG特征和SVM进行分类

为了直观地展示单元格大小 C 对所提取的HOG特征向量的影响，随机从训练集中选一个样本，分别设置4×4、16×16和64×64的单元格大小，所获得的特征向量中编码的形状信息量如图7.17所示。

单元格大小=[4 4]
特征长度=34596

单元格大小=[16 16]
特征长度=1764

单元格大小=[64 64]
特征长度=36

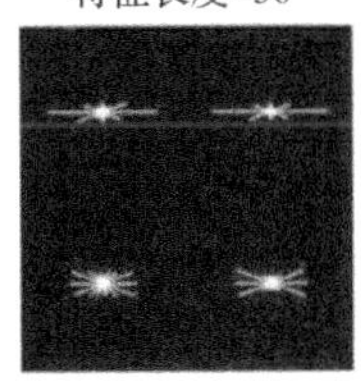

图7.17　训练集中的HRRPs样本

图7.17中的可视化结果表明，当单元格大小为64×64时，编码的形状信息较为单一，而当单元格大小为4×4时，可以得到大量编码的形状信息，但

同时也导致 HOG 特征向量的维数显著增加。一个不错的折中方案是选择 16 × 16 的单元格大小，此时既能编码足够的空间信息，以便在视觉上识别微距离特征，又限制了 HOG 特征向量的维数，有助于加快训练速度。通过这种可视化，可以判断 HOG 特征向量是否正确编码目标信息。在实际应用中，需要通过反复训练和测试分类器来改变 HOG 参数，以确定最佳的参数设置。需要说明的是，根据经验将块的大小 B 设置为 2，暂不讨论 B 的变化。

接下来，进一步分析单元格大小对最终分类结果的影响。其结果如表 7.8 所列。

表 7.8　不同单元格大小的 SVM 分类结果

单元格大小(C)	特征长度	分类精度/%	训练耗时/s
64 × 64	36	62.22	8.12
32 × 32	324	77.78	7.52
16 × 16	1764	86.85	7.41
8 × 8	8100	82.96	8.77
4 × 4	34596	83.15	16.57

从表 7.8 中可以看出，C 越小，HOG 特征的长度越长，但训练时间先减少后增加，且分类精度也存在波动。当单元格大小为 16 × 16 时，精度达到最高的 86.85%，这与从图 7.17 中的视觉分析结果一致。若进一步减小 C，分类精度反而稍微降低。

单元格大小为 16 × 16 时的混淆矩阵如图 7.18 所示，可以看出误分类主要发生在平底锥柱头体和锥柱裙组合体之间，这主要是由于它们在结构上的相似性。

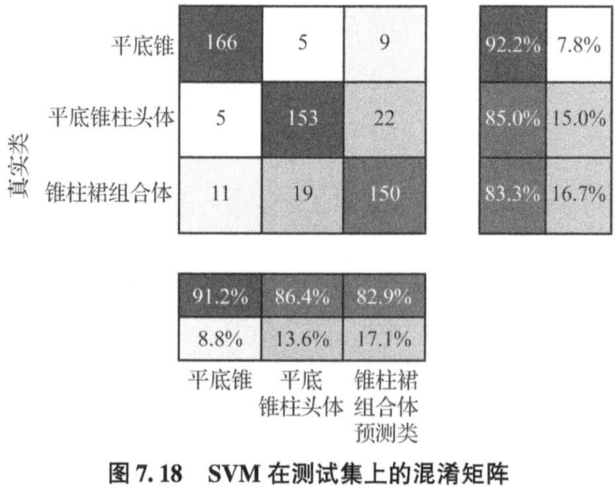

图 7.18　SVM 在测试集上的混淆矩阵

仿真二：利用贝叶斯优化的CNN进行分类

确定了要进行优化的变量之后，设置搜索范围如表7.9所列。为了充分利用贝叶斯优化的能力，设置对目标函数进行30次评估。完成30次计算共耗时52min37s，观测到的最佳可行点如表7.10所列，对应的目标函数值为0.031481。贝叶斯优化过程中，每次观测到的函数值、运行时间与函数计算次数的关系如图7.19所示。

表7.9　优化变量的搜索区间

优化变量	S_D	L_R	M_T	R_S
搜索区间	[2 4]	[0.001 0.1]	[0.6 0.98]	$[1\times10^{-10}\ 1\times10^{-2}]$

表7.10　最佳可行点

优化变量	S_D	L_R	M_T	R_S
最优值	3	0.007016	0.69824	3.6345×10^{-10}

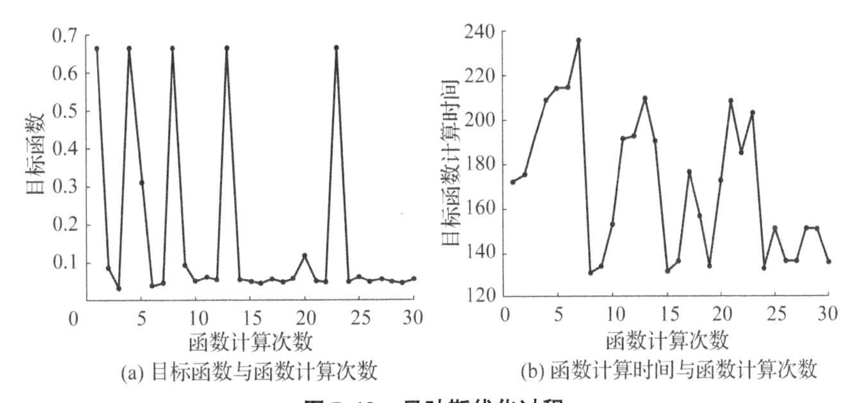

图7.19　贝叶斯优化过程

接下来，将贝叶斯优化过程中找到的B-CNN在测试集上进行测试，并计算测试误差。将测试集中每个图像的分类视为具有一定成功概率的独立事件，即错误分类的图像数量遵循二项分布。基于此，计算得到标准误差为0.0315，95%置信区间的泛化误差为[0.0168，0.0462]，这种方法就是所谓的Wald检验。由于贝叶斯优化是利用验证集确定的最优网络，而没有将测试集暴露给网络，因此，测试误差有可能高于验证误差。B-CNN的结构如图7.20所示，图中右侧给出了激活的大小。该网络在测试集上的分类精度为96.85%，其混淆矩阵如图7.21所示，说明B-CNN的分类性能明显优于HOG-SVM方法。

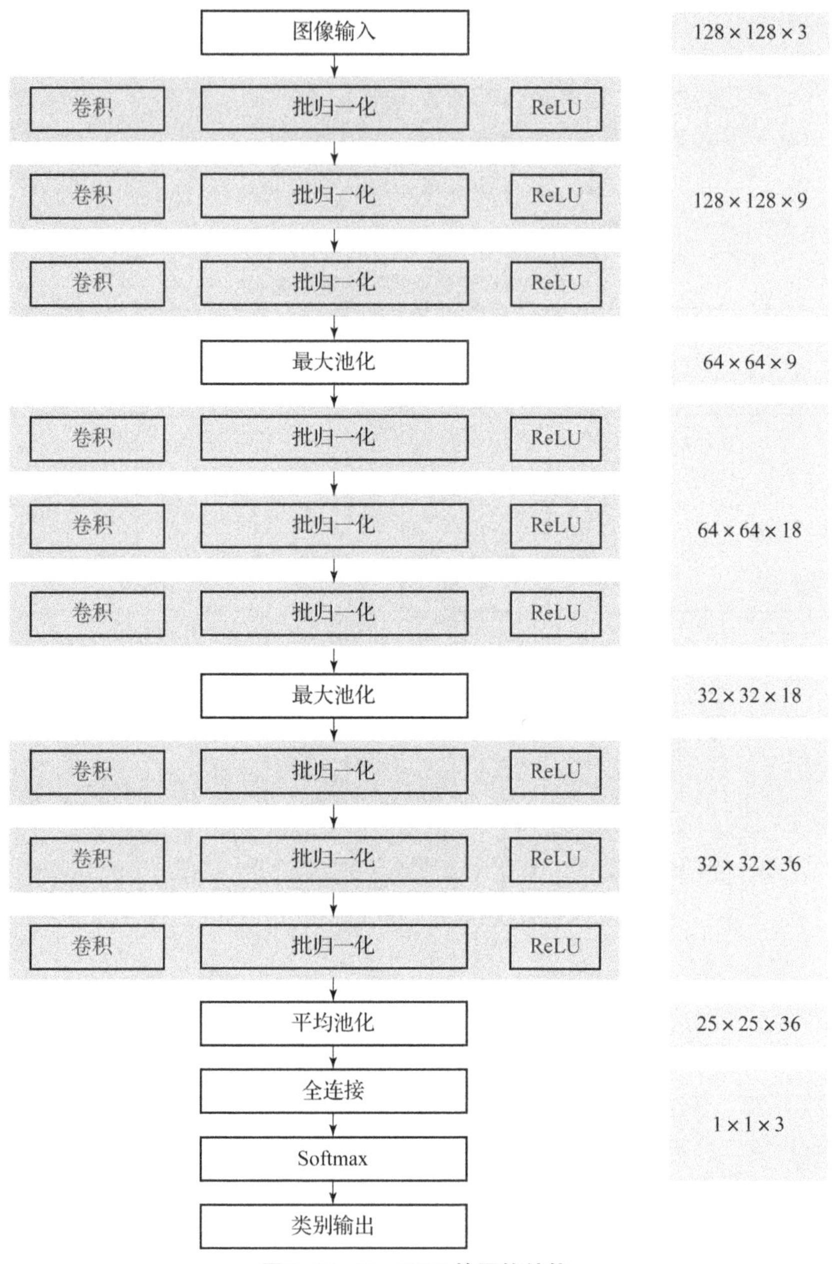

图 7.20　B－CNN 的网络结构

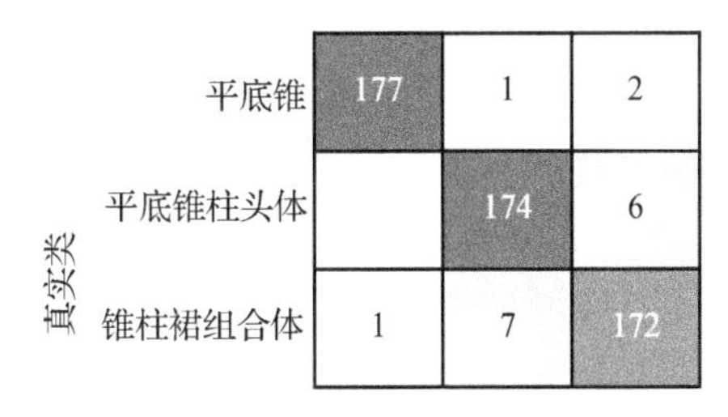

图 7.21　B – CNN 在测试集上的混淆矩阵

仿真三：利用迁移学习的 SqueezeNet 进行分类

基于迁移学习使用预训练的 SqueezeNet 在新数据集上进行再训练，从而完成分类任务，具体实现过程与 7.1 节介绍的一致，不再赘述。将通过这种方法得到的网络称为 T – SqueezeNet，该网络在测试集上的分类精度为 92.04%，混淆矩阵如图 7.22 所示。

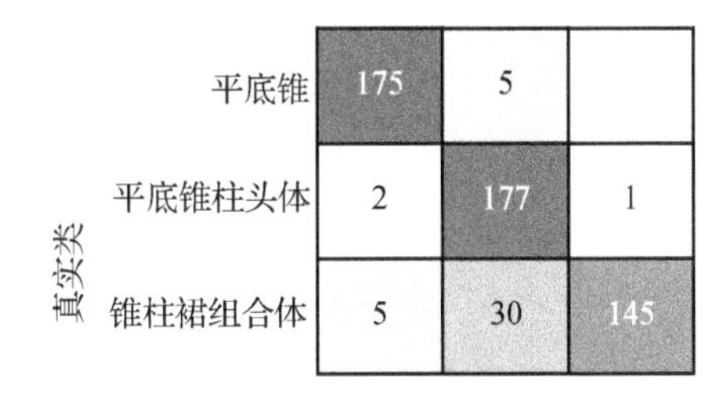

图 7.22　T – SqueezeNet 在测试集上的混淆矩阵

为了进一步对比上述三种分类方法的性能，将每种方法的分类精度和训练耗时列出如表 7.11 所列。可以看出，HOG – SVM 方法的训练速度最快，因为它直接提取预设特征而无须进行学习，但其分类精度也最差，远低于深度学习方法。B – CNN 由于需要进行超参数寻优，消耗了大量的计算时间，但最终的分类精度比直接利用迁移学习高出 4.81%。综合来看，三种分类方法各有利弊，需要在具体应用中根据实际情况来权衡选择。若对分类精度要求较高且平台拥有较高的计算能力，可以针对特定的任务从头训练 CNN，并通过贝叶斯优化确定超参数；若对实时性要求较高且计算能力有限，可以使用迁移学习和预训练的 CNN。总的来说，由深度学习方法从数据中学习到的特征比手工设计的特征具有更强的有效性和普适性。

表 7.11　三种分类方法对比

方法	分类精度/%	训练耗时
HOG - SVM	86.85	7.41s
B - CNN	96.85	52min37s
T - SqueezeNet	92.04	5min29s

7.3　基于 RD 域的弹道目标多网络识别

由于 RD 域中的数据包含微距离和微多普勒信息，因此本节设计了一种 RD 域中基于多种数据表示形式的空间目标识别框架。首次系统地探讨三种 RD 数据表示方式对识别性能影响的研究。在 RD 域提出三种数据表达形式，包括原始 RD 数据、RD 序列张量数据和 RD 轨迹数据。其中，RD 序列张量数据可以为 RD 数据提供额外的时变特征。RD 轨迹数据避免引入无关信息，侧重于描述散射中心轨迹特征。同时，本节也探索了不同深度学习网络的构建方法以匹配各种数据输入。提出一种残差密集网络，结合残差块和密集块的优点，可以从 RD 数据中提取和深度挖掘特征。其次，利用循环神经网络中的 GRU 模块提取不同 RD 序列帧之间的时序特征；在动态轨迹识别网络中，利用包含一维卷积操作、因果卷积和扩张卷积的 TCN 模块从 RD 轨迹数据中提取时空特征。所提出的识别网络充分利用了每种数据表示形式的固有特征。最后，通过大量实验研究了不同参数对识别效果的影响，利用不同 SNR 下的电磁计算数据探索了不同数据表示形式的噪声鲁棒性。

7.3.1　RD 域的多种数据表示方式

不同微动形式的空间目标在 RD 域有着不同的变化规律，可以利用这些差异实现空间目标的识别。需要注意的是，多种数据处理方法可以得到目标 RD 信息的差异化表示。下面将介绍三种数据表示形式，即原始二维 RD 数据、三维 RD 序列张量数据和 RD 轨迹数据。

假设得到的 RD 数据 $\mathbf{RD}(\bar{m},\bar{n})$ 为一个 $\bar{M}\times\bar{N}$ 的矩阵，其中，$\bar{M}$ 代表距离帧，$\bar{N}$ 代表慢时间的索引。一般情况下，通常利用 RD 数据的模值生成距离－多普勒图（range－doppler map，RDM），将 RDM 作为深度学习网络的输入进行目标识别。

同时，由于空间目标的微动旋转速度比普通转台模型快得多，因此在成像过程中散射中心位置在 RD 域中会发生连续变化。为了得到这种变化与时间的关系，本节提出 RD 序列张量数据的概念，其获取流程如图 7.23 所示。

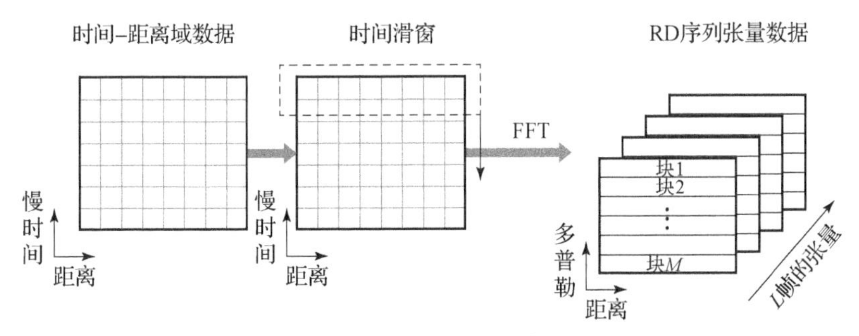

图 7.23　RD 序列张量数据获取流程图

如图 7.23 所示，在常规 FFT 处理中加入时间滑动窗口，引入时变信息。利用时间滑动窗口，可以在总成像时间内获得 L 帧 RD 序列。然后，沿慢时间轴叠加 L 帧 RD 序列，即可获得 RD 序列张量数据 $\mathbf{RDs}(\bar{m},\bar{n},t)$。

在得到 RD 序列张量数据后，可以对其进一步处理获取 RD 轨迹数据。图 7.24（a）显示了随机选择的六幅章动状态下的空间目标 RD 序列。可以看到，目标散射中心的距离和多普勒信息会随着时间变化而变化，即在每个 RD 序列中，代表目标散射中心的能量分布位置会发生相应的变化。因此，从每个 RD 序列中提取能量分布位置，即可得到与目标运动轨迹相关的点迹。本节提出的 RD 轨迹数据采集算法包括两个步骤：①散射中心提取，如图 7.24（b）所示；②散射中心关联，如图 7.24（c）所示。

散射中心提取：RD 序列不仅包含目标的距离和多普勒信息，而且显示了目标的能量强度。在本节中，使用 CLEAN 算法利用点扩散函数来寻找 RD 序列中的最高峰。在 CLEAN 算法的每一步中，都会独立获得强散射中心信息。如图 7.24（b）所示，各点表示提取的 RD 序列张量数据中的散射中心。将这些提取的散射中心作为有效点集，定义为 $\mathrm{Point}(r_{lq},f_{lq})$。$l\in[1,2,\cdots,L]$ 代表 RD 序列的序列号，$q\in[1,2,\cdots,Q]$ 代表散射中心个数。r_{lq} 和 f_{lq} 代表第 q 个散射中心在第 l 帧上的距离和多普勒坐标。

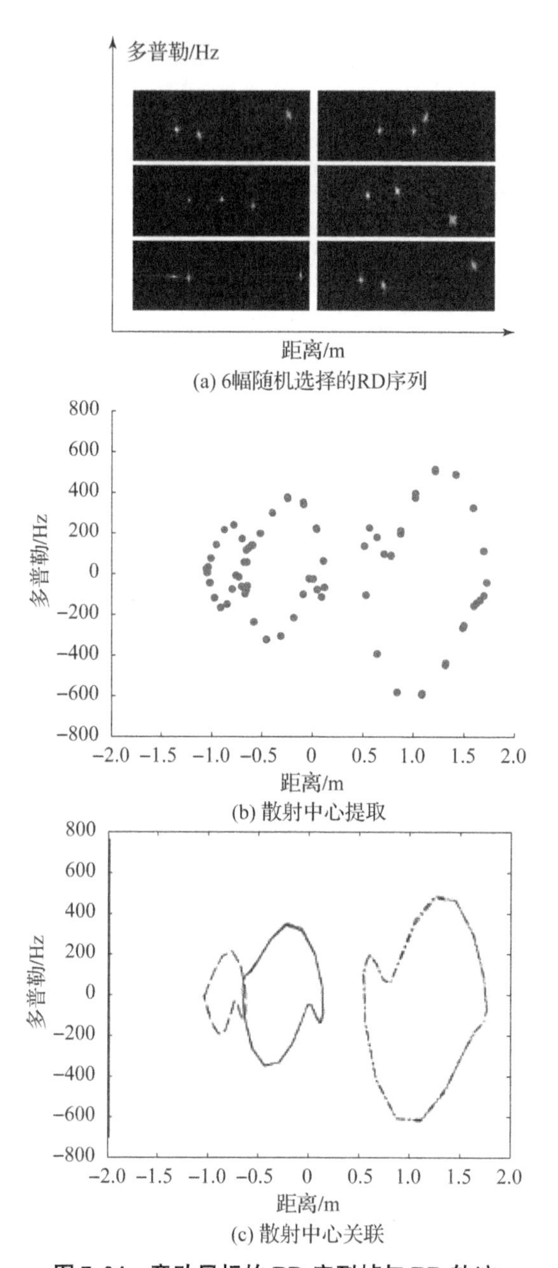

(a) 6幅随机选择的RD序列

(b) 散射中心提取

(c) 散射中心关联

图 7.24　章动目标的 RD 序列帧与 RD 轨迹

散射中心关联：由于 Point(r_{lq},f_{lq})是不同散射中心联合组成的点集，故需要对不同散射中心进行关联处理。为了解决这一问题，提出了一种基于最优路径选择的点迹关联算法。首先，将第一帧中的任一散射中心 Point(r_{1q},f_{1q})作为

路径的起始点，然后，通过优化函数选择下一个点的坐标，优化函数定义如下

$$\hat{P} = \arg\min_{q \in Q} \left[\sum_{q=1}^{Q} c_1 \left| r_{(l+1)q} - r_{lq} \right| + \sum_{q=1}^{Q} \left| f_{(l+1)q} - f_{lq} \right| \right] \tag{7.13}$$

式中：$r_{(l+1)q}$和$f_{(l+1)q}$代表第 q 个散射中心在第 $l+1$ 帧上的距离和多普勒坐标；c_1 代表比例系数。为了平衡距离和多普勒数值上的大小，c_1 一般取频率最大值与距离最大值的比值。

由式（7.13）可知，优化函数可以保证相邻两帧的关联散射中心不会突然变化，确保了最优路径提取出的散射中心轨迹属于同一散射中心。

7.3.2　识别框架

基于 RD 域的空间目标识别框架示意图如图 7.25 所示。本节设计了三种不同的数据处理网络：①二维残差密集块网络（two - dimension residual dense network，2D RDN）；②三维残差密集块混合门控循环单元网络（three - dimension residual dense network - gated recurrent unit，3D RDN - GRU）；③动态轨迹识别网络（dynamic trajectory recognition network，DTRN）。

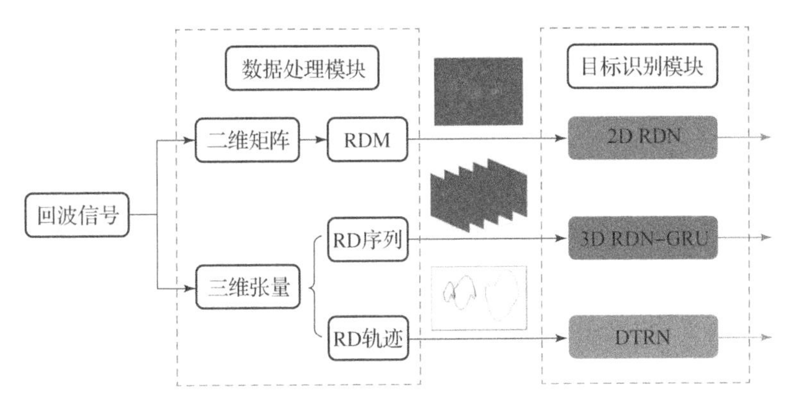

图 7.25　基于 RD 域的空间目标识别框架示意图

下面分别介绍三种网络设计思路。

（1）2D RDN：本节提出了一种利用残差密集块（residual dense blocks，RDB）结构构建 2D RDN 的方法。

网络设计的基本思路是在残差块的基础上嵌入一个密集块，利用残差连接和密集连接的优势来提高模型的整体特征学习能力。通过将多个 RDB 结构堆叠在一起，可以增加 2D RDN 的深度和复杂性。这种架构使网络能够从输入数据中提取更具有稳健性和代表性的特征，本节所采用的 2D RDN 结构如图 7.26 所示。

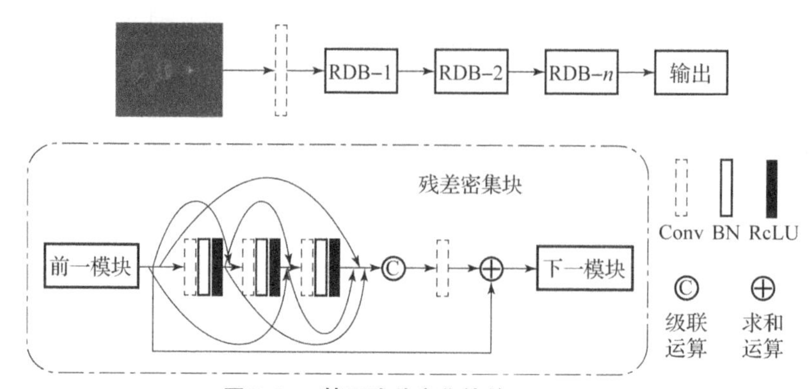

图 7.26　基于残差密集块的 2D RDN

如图 7.26 所示，Conv 卷积层，BN 表示批归一化层（batch normalization，BN）层，ReLU 整流线性单元（Rectified Linear Unit，ReLU）层，“C”表示级联运算符，“+”表示求和运算。可以看出，所提出的 2D RDN 是由一系列 RDB 结构组成的。RDB 结构结合了残差块和密集块的优点，具有以下两个特点：①RDB 的连接层包含了输入层和所有卷积层的信息，保证了信息向更深层的平滑传递；②中间卷积层的每一层都接收前面所有层的特征映射，提高了参数的利用率。

（2）3D RDN－GRU：对于 RD 序列张量数据，提出了一种 3D RDN－GRU 识别网络，该网络可以对张量数据中的复杂模式进行精确识别。

3D RDN－GRU 模型是通过两阶段特征学习过程建立的，其目标是从输入数据中提取空间和时间特征。在第一阶段，通过训练三维 RDN 从张量数据中提取空间特征。3D RDN 具有与 2D RDN 相似的结构，但将其扩展到三维域以处理张量数据。这使得网络能够学习丰富的空间特征，这对于准确识别复杂数据至关重要。在第二阶段，使用 GRU 模块来挖掘不同序列帧之间的时间特征。GRU 模块可以于捕获序列中不同帧之间的长期依赖关系和相关性，其结构在 5.1.2.2 节中已经进行了详细的介绍。通过将第一阶段提取的空间特征与第二阶段提取的时间特征相结合，3D RDN－GRU 模型能够在 RD 序列张量数据上取得优于其他先进方法的识别性能。

二维卷积结构适用于二维数据输入。为了匹配三维 RD 序列张量数据，在 3D RDN－GRU 网络中利用三维卷积跨帧提取张量数据特征[6]。如图 7.27 所示，3D 卷积核在 RD 序列张量数据（高×宽×帧）上滑动，对数据进行卷积操作，从而获得三维特征图。与 3D 卷积类似，网络中的池化层也被改造成三维的。

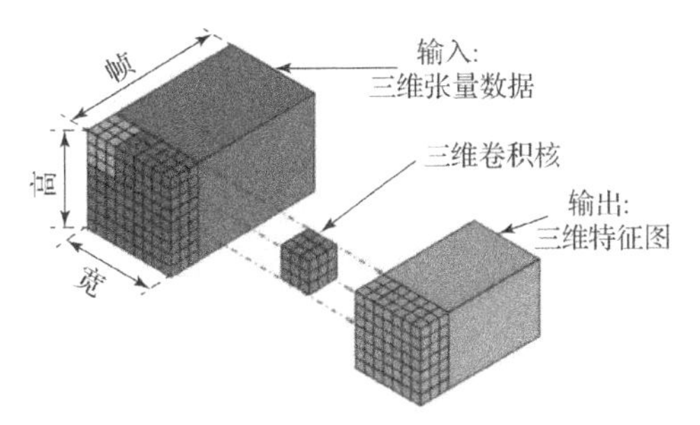

图 7.27　三维卷积操作

(3) DTRN：针对 RD 轨迹数据，提出了一种称为 DTRN 的网络结构。该网络由 RDB 结构和 TCN 组成，能够深度挖掘空间目标 RD 轨迹数据的时空特征。DTRN 的整个过程可以表示为 RD 轨迹数据依次通过 RDB 结构 F_R 和 TCN 结构 F_T，最终获得预测结果。该过程的数学表达式可以表示为

$$\mathrm{Pre} = \mathrm{Gap}(F_T(\mathrm{Gap}(F_R(\mathbf{RDT})))) \tag{7.14}$$

式中：Gap(·)代表全局平均池化操作；**RDT** 代表 RD 轨迹数据。

TCN 的整体结构如图 7.28 (a) 所示，可以看出 TCN 的架构是基于残差网络框架的。TCN 残差块的核心在于扩展因果一维卷积 (Dilated Causal 1D - Convolution) 的应用[7]，如图 7.28 (b) 和图 7.28 (c) 所示。

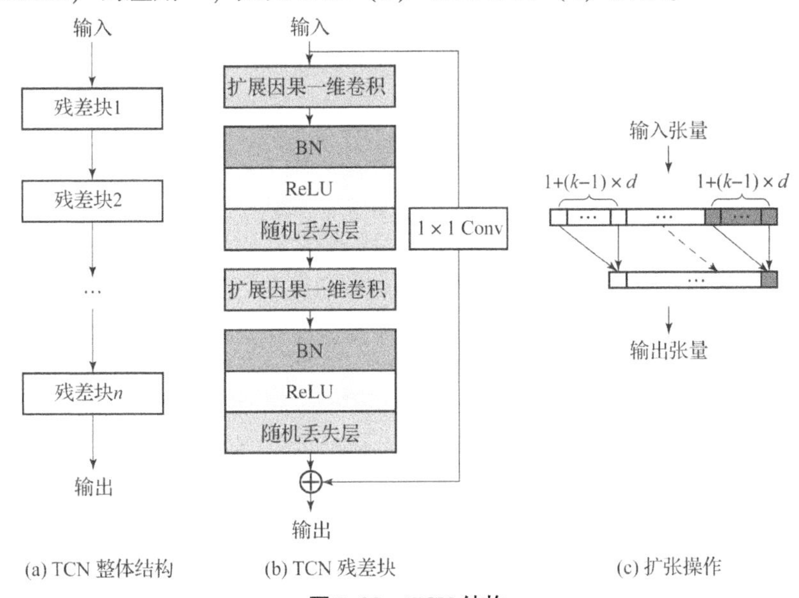

图 7.28　TCN 结构

图 7.28 扩展因果一维卷积包含一维卷积操作、因果运算和扩张操作将在后文中进行描述。

(1) 一维卷积操作：一维卷积运算是指利用一维卷积核对 RD 轨迹数据进

行滑动运算的处理过程。

（2）因果运算：因果运算是指任意时间步长的输出不依赖于未来的输入，而只考虑当前和过去的数据输入。因此，因果运算可以保证轨迹特征的正确传播。

（3）扩张操作：如图7.28（c）所示，扩张操作允许在卷积期间对输入进行间隔采样，这个采样间隔称为膨胀系数d。假设TCN层包含k个层级，则膨胀系数满足$d=2^k$。对于输入向量φ和卷积核$h:\{0,\cdots,g-1\}\to\mathbb{R}$，扩张运算$D$可以表示为

$$D(\varphi)=(\varphi_d*h)(\varepsilon)=\sum_{i=0}^{g-1}f(i)\cdot\varphi_{\varepsilon-d\cdot i} \tag{7.15}$$

式中：ε表示φ中的一个元素；$\varphi_{\varepsilon-d\cdot i}$表示过去的时间方向。在TCN中，扩张操作可以权衡过去的数据进行序列预测，并增加接收野的大小。

7.3.3 实验结果及分析

利用7.3.1节中的数据处理方法对文献［3］中收集的锥形目标电磁数据集进行处理，得到RD数据集、RD序列张量数据集、RD轨迹数据集。

在接下来的实验中，这三种数据集的60%用于训练，20%用于验证，20%用于测试。

同样的，本节采用ACC、MAP、MF1、KC四种评价标准来分析识别网络的性能。

7.3.3.1 识别结果及方法对比

PC平台的配置细节如下：CPU Intel(R) Xeon(R) Gold 6246@3.30 GHz；内存256 GB，GPU是NVIDIA Quadro GV100。

2D RDN的结构如表7.12所列。

2D RDN的超参数如表7.13所列。

表7.12 2D RDN结构

2D RDN
输入，尺寸：64×64×3；RD数据
Conv2d，步长：2；过滤器：64；核尺寸：7×7
最大池化，步长：1；核尺寸：5×5
RDB（数量：8）
全局平均池化
全连接
SoftMax
输出

2D RDB
Conv2d，步长：1；过滤器：64；核尺寸：3×3
Conv2d，步长：1；过滤器：64；核尺寸：3×3
Conv2d，步长：1；过滤器：64；核尺寸：3×3
级联
Conv2d，步长：1；过滤器：256；核尺寸：1×1
求和

表 7.13　2D RDN 超参数

求解器	Adam
损失函数	交叉熵损失函数
训练轮数	20
Dropout	0.005
初始学习速率	0.001
学习率衰减因子	0.5/5 轮
批量大小	12

3D RDN－GRU 和 DTRN 的结构分别如表 7.14 和表 7.15 所列。为了简化表示，在表中不显示 BN 层和 ReLU 层。

表 7.14　3D RDN－GRU 结构

3D RDN－GRU
输入，尺寸：64×64×3×30， RD 序列张量数据
Conv3d，步长：2；过滤器：64； 核尺寸：7×7×7
最大池化，步长：2；核尺寸：5×5×5
3D×RDB（数量：8）
GRU（数量：4；隐藏单元：256）
全局平均池化
全连接
SoftMax
输出

3D RDB
Conv3d，步长：1；过滤器：64； 核尺寸：3×3×3
Conv3d，步长：1；过滤器：64； 核尺寸：3×3×3
Conv3d，步长：1；过滤器：64； 核尺寸：3×3×3
级联
Conv3d，步长：1；过滤器：256； 核尺寸：1×1×1
求和

表 7.15 DTRN 结构

DTRN	TCN
输入，尺寸：64×64×3；RD 轨迹数据	Causal×Conv1d，步长：1；过滤器：64；核尺寸：1×4
Conv2d 步长：2；过滤器：64；核尺寸：7×7	Causal×Conv1d，步长：1；过滤器：64；核尺寸：1×4
最大池化，步长：21；核尺寸：5×5	Causal×Conv1d，步长：1；过滤器：64；核尺寸：1×1
RDB（数量：8）	
全局平均池化	
TCN（数量：6）	
全局平局池化	
全连接	
SoftMax	
输出	

3D RDN－GRU 和 DTRN 的超参数设置于 2D RDN 保持一致。

在本节中，进行了大量实验来验证所提识别网络的识别性能。初始网络的设置如下：在 2D RDB 中，样本量（N）为 3840，RDB 结构（K）数量为 8。在 3D RDN－GRU 中，样本量（N）为 3840，RDB 结构（K）数量为 8、RD 序列帧数为 30(L)、GRU 结构（G）数量为 4。在 DTRN 中，样本量（N）保持在 3840，RDB 结构（K）数量为 8、构造 RD 轨迹数据的帧数为 30(L)、TCN 残块（R）数量为 6，三类数据集的信噪比均为 2dB。

为了量化所提出的框架的识别能力，不同网络的混淆矩阵如图 7.29 所示。

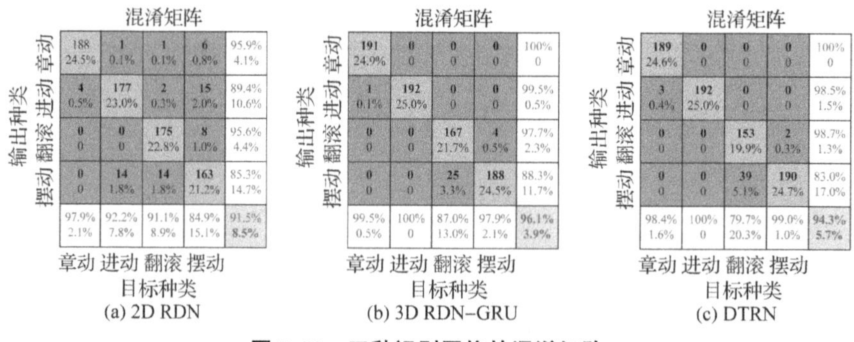

图 7.29 三种识别网络的混淆矩阵

然后，根据混淆矩阵分别计算评价指标的值如图 7.30 所示。从图 7.30 可以看出，3D RDN - GRU 的四项评价指标最好，DTRN 略劣，2D RDN 较差。

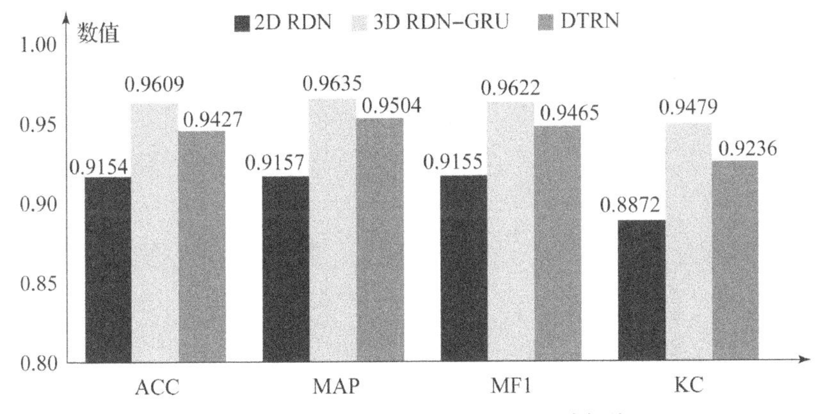

图 7.30　三种识别网络的评价指标的数值

图 7.31 表示三种网络的训练损失随着训练轮数的变化趋势。在初始训练阶段，3D RDN - GRU 的训练损失值约为 12，而 2D RDN 的训练损失值小于 2，而 DTRN 的训练损失值约为 5。这可能是由于在训练 3D RDN - GRU 时，三维卷积的收敛困难所致。然而，在进行了 13 个训练轮数后，所有三个网络的训练损失值都显著降低并保持稳定。由此可以推断，在训练了 20 个训练轮数后，三种网络均已达到相对理想的状态。

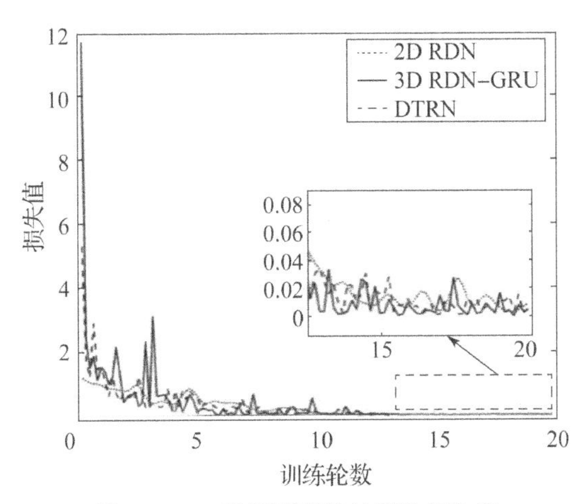

图 7.31　三种识别网络的训练损失值

接下来，比较了随机梯度下降（stochastic gradient descent，SGD）、自适应矩估计（adaptive moment estimation，Adam）和均方根传播（root mean square propagation, RMSprop）这三种优化方法的性能。具体而言，使用这些优化方法训练所提出的三种网络，比较不同优化方式下网络识别结果的 ACC、MAP、MF1 和 KC 指标的数值，如表 7.16 所列。

表 7.16　不同优化方法的性能比较

网络	优化方法	ACC	MAP	MF1	KC
2D RDN	SGD	0.9076	0.9079	0.9077	0.8767
	Adam	**0.9154**	**0.9157**	**0.9155**	**0.8872**
	RMSprop	0.8997	0.9021	0.9009	0.8663
3D RDN - GRU	SGD	**0.9648**	**0.9667**	**0.9658**	**0.9531**
	Adam	0.9609	0.9635	0.9622	0.9479
	RMSprop	0.9388	0.9405	0.9377	0.9184
DTRN	SGD	0.9401	0.9401	0.9406	0.9201
	Adam	**0.9427**	**0.9504**	**0.9465**	**0.9236**
	RMSprop	0.9284	0.9277	0.9280	0.9045

根据表 7.16 中呈现的结果，可以推断出 RMSprop 优化方法的训练效果最差。此外，在使用 Adam 优化方法训练 3D RDN - GRU 模型时，其性能稍逊于 SGD 优化方法，但在训练 2D RDN 和 DTRN 模型时 Adam 优化方法非常有效。因此，在后续的网络训练后，均采用 Adam 作为网络的优化方法。

通过计算浮点运算（floating point operations, FLOPs）来衡量网络的计算复杂度。2D RDN 的 FLOPs 值为 5.5876G，DTRN 的 FLOPs 值为 5.5994G。对比表明，这两种网络具有相近的计算复杂度。另一方面，3D RDN - GRU 的 FLOPs 值为 27.9923G，明显高于其他两种网络。这是由于 3D RDN - GRU 在设计中使用序列张量作为输入并使用了三维卷积运算。

为了进一步证明所提方法的有效性，使用以下目标识别算法与所提出的网络进行对比。①CNN[3]；②TARAN；③3D CNN[9]；④3D CNN - LSTM[9]；⑤RLSTM[10]；⑥TCN[11]。①和②的输入数据集是 RD 数据，③和④的输入数据集是 RD 序列张量数据，⑤和⑥的输入数据集是 RD 轨迹数据，其结果如表7.17 所列。

表7.17　不同网络的性能对比

网络	数据集	ACC	MAP	MF1	KC
CNN	RD数据集	0.8724	0.8734	0.8729	0.8299
TARAN	RD数据集	0.9063	0.9112	0.9087	0.8750
2D RDN	RD数据集	**0.9154**	**0.9157**	**0.9155**	**0.8872**
3D CNN	RD序列张量数据集	0.8815	0.8858	0.8836	0.8420
3D CNN - LSTM	RD序列张量数据集	0.9219	0.9224	0.9222	0.8958
3D RDN - GRU	RD序列张量数据集	**0.9609**	**0.9635**	**0.9622**	**0.9479**
RLSTM	RD轨迹数据集	0.9089	0.9091	0.9090	0.8785
TCN	RD轨迹数据集	0.8737	0.8729	0.8733	0.8316
DTRN	RD轨迹数据集	**0.9427**	**0.9504**	**0.9465**	**0.9236**

在表7.17中可以看出，在相同的数据集下，所提出的网络在ACC、MAP、MF1和KC四个评价指标中均取得了更好的识别性能。比较CNN、3D CNN和3D CNN - LSTM的识别结果，可以发现在3D CNN中直接使用RD序列张量数据可能不会大幅提高识别准确度，但在与RNN结构混合的网络中使用三维数据可以取得更好的识别结果。

7.3.3.2　网络参数对识别性能的影响

在初始网络结构的基础上，接着研究了RDB结构数量对2D RDN性能的影响，其结果如表7.18所列。在表7.18中，RDB结构的数量（K）从4增加到12，间隔为2。随着K的增加，评估指标的数值逐渐增加。需要注意的是，在K介于4和8之间时，2D RDN识别效果明显改善；而当K超过8时，识别效果改善缓慢。

表7.18　不同RDB结构数量对2D RDN性能的影响

	ACC	MAP	MF1	KC
$K=4$	0.6771	0.6819	0.6795	0.5694
$K=6$	0.8711	0.8804	0.8757	0.8281
$K=8$	0.9154	0.9157	0.9155	0.8872
$K=10$	0.9180	0.9195	0.9187	0.8906
$K=12$	0.9206	0.9230	0.9218	0.8941

改变3D DN－GRU 中 RDB 结构的数量（K）、RD 序列帧的数量（L），GRU 结构的数量（G），实验结果如表7.19～表7.21所列。

表7.19　不同 RDB 结构数量对3D DN－GRU 性能的影响

	ACC	MAP	MF1	KC
$K=4$	0.8581	0.8615	0.8598	0.8108
$K=6$	0.9010	0.9045	0.9028	0.8681
$K=8$	0.9609	0.9635	0.9622	0.9479
$K=10$	0.9622	0.9367	0.9630	0.9497
$K=12$	0.9648	0.9658	0.9653	0.9531

表7.20　不同序列帧数量对3D DN－GRU 性能的影响

	ACC	MAP	MF1	KC
$L=10$	0.6484	0.6657	0.6570	0.5313
$L=15$	0.7734	0.7730	0.7732	0.6979
$L=20$	0.8451	0.8611	0.8530	0.7934
$L=25$	0.8906	0.9106	0.8005	0.8542
$L=30$	0.9609	0.9635	0.9622	0.9479
$L=35$	0.9648	0.9648	0.9648	0.9531
$L=40$	0.9727	0.9731	0.9729	0.9635

表7.21　不同 GRU 结构数量对3D DN－GRU 性能的影响

	ACC	MAP	MF1	KC
$G=2$	0.9297	0.9319	0.9308	0.9063
$G=3$	0.9375	0.9390	0.9382	0.9167
$G=4$	0.9609	0.9635	0.9622	0.9479
$G=5$	0.9635	0.9651	0.9643	0.9514
$G=6$	0.9688	0.9703	0.9695	0.9583

综合来看，当 K、L 和 G 的增加时，3D RDN－GRU 的识别性能逐渐提高。如表 7.19 所列，随着 K 的值的变化，3D RDN－GRU 与 2D RDN 识别效果的变化规律相同。然后，对比表 7.19～表 7.21 中评价指标值的变化，可以发现 3D RDN－GRU 的识别性能受序列帧数量影响最大。原因在于输入 RD 序列张量数据的帧数越多，其中包含的时变特性就越明显，网络识别性能也会相应提升。

接下来，改变 DTRN 中 RDB 结构的数量（K）、RD 序列帧的数量（L），TCN 结构中残差块的数量（R），依次进行实验，结果如表 7.22～表 7.24 所列。

表 7.22　不同 RDB 结构数量对 DTRN 性能的影响

	ACC	MAP	MF1	KC
$K=4$	0.8398	0.8473	0.8436	0.7865
$K=6$	0.8815	0.8932	0.8873	0.8420
$K=8$	0.9427	0.9504	0.9465	0.9236
$K=10$	0.9440	0.9484	0.9462	0.9253
$K=12$	0.9492	0.9530	0.9511	0.9323

表 7.23　不同序列帧数量对 DTRN 性能的影响

	ACC	MAP	MF1	KC
$L=10$	0.6797	06812	0.6804	0.5729
$L=15$	0.6836	0.6980	0.6907	0.5781
$L=20$	0.8307	0.8319	0.8313	0.7743
$L=25$	0.8828	0.8855	0.8842	0.8438
$L=30$	0.9427	0.9504	0.9465	0.9236
$L=35$	0.9557	0.9558	0.9557	0.9410
$L=40$	0.9596	0.9600	09598	0.9462

表 7.24　TCN 中残差块数量对 DTRN 性能的影响

	ACC	MAP	MF1	KC
$R=2$	0.8802	0.8833	0.8817	0.8403

续表

	ACC	MAP	MF1	KC
$R=4$	0.9023	0.9044	0.9034	0.8698
$R=6$	0.9427	0.9504	0.9465	0.9236
$R=8$	0.9453	0.9494	0.9473	0.9271
$R=10$	0.9479	0.9527	0.9503	0.9291

由表7.22和表7.23可知，DTRN识别性能与K和L值的关系与3D RDN-GRU情况相同。增加RD序列帧数L是提高网络识别能力最有效的技术手段。因为随着L的增加，提取的RD轨迹更加平滑，并且与实际情况更加匹配。从表7.24中可以明显看出，随着TCN中残差块数量的增加，DTRN的识别能力也随着增强。然而，一旦TCN中残差块数量超过6个，网络识别性能的提升效果就不明显了。

上述实验分析了不同结构对所提网络的影响，接下来的实验验证了所提网络在不同SNR下的识别性能，实验结果如图7.32所示。

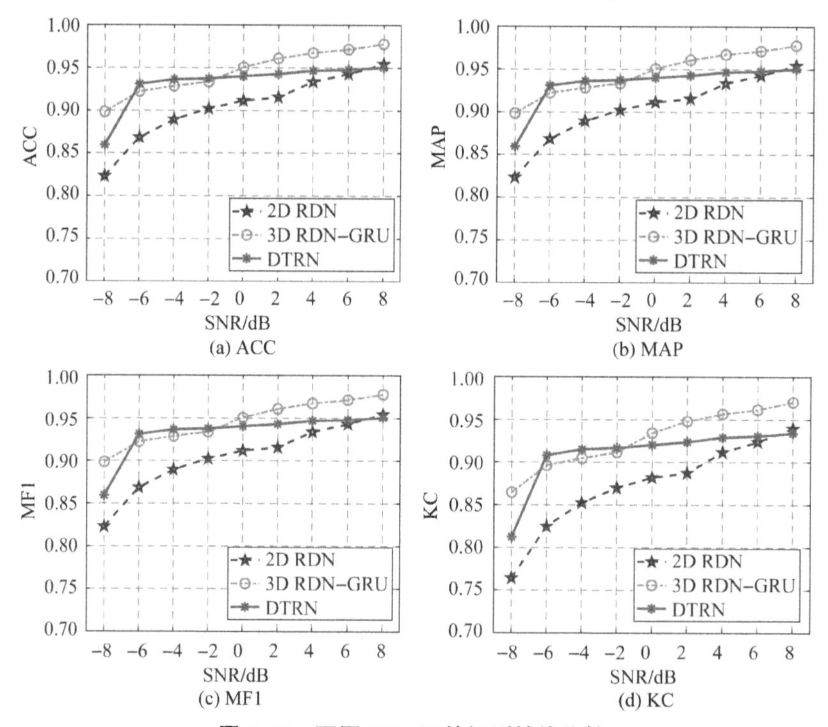

图7.32 不同SNR下的识别性能比较

如图7.32所示，当SNR增加时，2D RDN和3D RDN-GRU识别性能会发生明显提升。此外，当SNR在-6dB至8dB的范围内时，DTRN的识别性能提升较慢。这是由于在特定范围内的SNR中，SNR的变化并不会影响散射中心提取算法的性能，RD轨迹的整体结构变化不大。而DTRN的识别结果主要受到所提取的目标散射中心轨迹的连续性影响。当SNR<-6dB时，从RD序列张量数据中准确提取散射中心变得困难，从而导致DTRN的识别性能显著下降。

7.4 基于四维雷达数据的弹道目标识别

本节基于距离-频率-时间-能量四维雷达数据立方体，设计了一种具有噪声稳健性的空间目标识别框架。该框架主要由高分辨率RD序列成像、四维雷达数据立方体生成、基于坐标-时间注意力模块设计网络模型三个部分组成。通过引入距离-频率-时间-能量四维雷达数据立方体，为识别和分析微动目标提供了独特的视角，解决了微动特征的低维表示问题。同时，考虑到四维雷达数据立方体的独特性，开发了一种基于坐标-时间注意模块的深度学习网络，可以有效分析空间和时间维度的影响。在电磁数据上进行的大量实验验证，所提出的空间目标识别框架具有出色的噪声稳健性。即使在SNR低至-14dB的情况下，深度学习网络的识别准确率也超过90%。

7.4.1 距离-频率-时间-能量四维雷达数据立方体生成

与5.3节类似，采用2D AReSL0算法获取二维RD序列。二维RD序列中包含丰富多样的信息，然而，为了进行识别，需要将这些图像中的关键数据存在一个特定子集中。该子集主要包括观测时与散射中心相关的微距离、微多普勒和能量值。本节提出了一种包含能量信息的散射中心检测算法，从而有效地从每个RD序列中提取数据。该过程可以描述如下。

首先，对二维RD序列中每幅RD像进行预处理，方法定义如下

$$\boldsymbol{X}_{\mathrm{pre}} = \frac{255}{\max(\boldsymbol{X}) - \min(\boldsymbol{X})}(\boldsymbol{X} - \min(\boldsymbol{X})) \tag{7.16}$$

式中：$\boldsymbol{X}_{\mathrm{pre}}$代表预处理后的RD图像矩阵。

接着，可以利用阈值将每个$\boldsymbol{X}_{\mathrm{pre}}$矩阵分为$G$个部分，每个部分所占份额为$w_g$并且满足$\sum_{g=1}^{G} w_g = 1$。

类间方差衡量的是图像不同部分或类别之间的不相似性，可以表示为

$$\xi_\eta^{\ 2} = \sum_{g=1}^{G} w_g (\mu_g - \mu)^2 \tag{7.17}$$

式中：μ_g 代表第 g 部分的平均灰度值；$\mu = \sum_{g=1}^{G} w_g \mu_g$ 代表 $\boldsymbol{X}_{\mathrm{pre}}$ 矩阵的平均灰度值。

类间方差越大，表明图像不同部分之间的差异越大。当类间方差达到最大值时，即可得到最优阈值

$$\max \xi_\eta^{\ 2} \quad \text{s. t. } \xi_\eta^{\ 2} = w_g w_{g+1} (\mu_g - \mu_{g+1})^2 \tag{7.18}$$

最优阈值有效地分离了不同的类，使类内差异最小化，而类间差异最大化。通过迭代地进行这个过程，可以获得一个递增的阈值序列 $\boldsymbol{\eta} = [\eta_1, \cdots, \eta_{G-1}]$。

根据 RD 像的特点，为了区分噪声、弱散射中心和强散射中心，将 $\boldsymbol{X}_{\mathrm{pre}}$ 矩阵分割成四个部分。第一部分包括图像噪声，而第二部分包括弱散射中心和较大能量的噪声。第三部分主要由弱散射中心组成，第四部分具体包含强散射中心。这种方法通过考虑不同散射中心的散射能量水平，区分 $\boldsymbol{X}_{\mathrm{pre}}$ 矩阵内的不同散射中心类型。

在获取多级阈值 $\boldsymbol{\eta} = [\eta_1, \eta_2, \eta_3]$ 后，对 $\boldsymbol{X}_{\mathrm{pre}}$ 矩阵进行赋值，可以表示为

$$\boldsymbol{AS}(\bar{m}, \bar{n}) = \begin{cases} \boldsymbol{X}_{\mathrm{pre}}(\bar{m}, \bar{n}), \boldsymbol{X}_{\mathrm{pre}}(\bar{m}, \bar{n}) > \eta_2 \\ 0, \boldsymbol{X}_{\mathrm{pre}}(\bar{m}, \bar{n}) \leqslant \eta_2 \end{cases} \tag{7.19}$$

根据式（7.19），$\boldsymbol{X}_{\mathrm{pre}}$ 矩阵中小于阈值 η_2 的部分将被丢弃，大于阈值 η_2 的部分将被保留。

接着，仅由散射中心信息组成的矩阵 $\boldsymbol{X}_{\mathrm{sca}}$ 可以用下式提取

$$\boldsymbol{X}_{\mathrm{sca}} = \boldsymbol{AS} \odot \boldsymbol{X}_{\mathrm{pre}} \tag{7.20}$$

式中：$\odot$ 代表哈达玛积（hadamard product）。

在接下来的步骤中，使用基于连接组件的有效点提取方法。在矩阵 $\boldsymbol{X}_{\mathrm{sca}}$ 中，散射中心往往占据相互连接的区域，而不是局限于单个像素。连通域运算可以识别矩阵中连通的有效点。它的原理是从矩阵的第一行开始扫描，遍历整个矩阵，找到连接的区域。

假设矩阵 $\boldsymbol{X}_{\mathrm{sca}}$ 由 Q 个连通域组成，将其定义为 $(\mathrm{CN}_1, \mathrm{CN}_2, \cdots, \mathrm{CN}_Q)$。接着，将每个连通域中能量值最高的像素包含在有效点集中，定义为 $F_l(r_{lk}, f_{lk}, e_{lk})$，其中，$r_{lk}$、$f_{lk}$、$e_{lk}$ 分别代表从第 $l \in L$ 帧 RD 像中提取的第 $k \in K$ 个散射中心的微距离坐标值、微多普勒坐标值和能量值。距离－频率－时间－能量四维雷达数据立方体可描述为

$$\mathbf{RDC} = \bigcup_{l=1}^{L}\bigcup_{k=1}^{K} F_l(r_{lk}, f_{lk}, e_{lk}) \tag{7.21}$$

式中：∪(·)代表集合的并操作。

时间信息：此信息由每个 RD 帧之间的间隔决定。假设 RD 序列帧之间的间隔为 Δt，则第 l 帧 RD 像对应的时间信息为 $l\Delta t$。

动态微距离信息：该信息表示每个散射中心的微距离变化的跨度和程度。

动态微多普勒信息：该信息是包括微多普勒值的时间序列。它描述了微多普勒随时间变化的强度。

动态能量信息：该信息表明空间目标 RCS 值随时间的变化，动态功率信息是识别具有相似微距离和微多普勒信息目标的关键。

7.4.2　基于注意力机制的网络构造

基于距离－频率－时间－能量四维雷达数据立方体的特性，提出了一种基于坐标－时间注意力（coordinate－temporal attention，CTA）机制的识别网络。CTA－Net 的整体架构如图 7.33 所示，该网络架构基于 3D ResNet50 框架，并且在第一个 Conv3D 层之后，将 ResNet50 中的残差块替换为 CTA 模块。如图 7.33 所示，CTA 模块由坐标注意力模块（coordinate attention module，CAM）和时间注意力模块（temporal attention module，TAM）组成。CTA－Net 在将传统的 3D ResNet 模块转换为 CTA 模块的同时保持了网络的拓扑结构和权重参数，以简化训练过程。

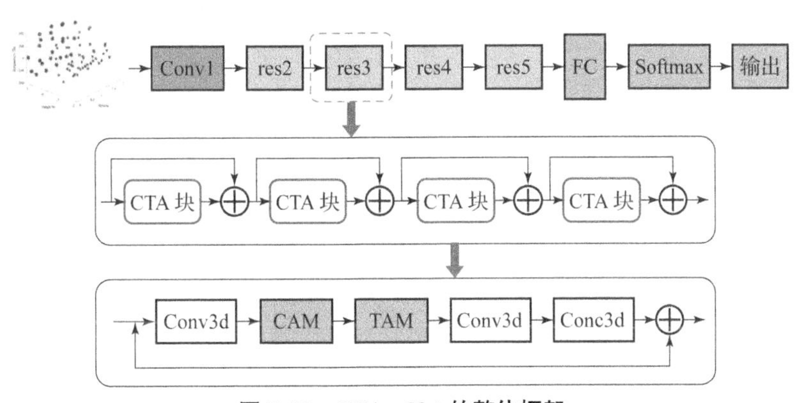

图 7.33　CTA－Net 的整体框架

假设 $\mathbf{RDC} \in \mathbb{R}^{C\times T\times R\times D}$代表特征图，其中，$C$、$T$、$R$、$D$ 分别代表通道数量、时间维度、微距离单元数、微多普勒单元数。特征图 $\mathbf{RDC} \in \mathbb{R}^{C\times T\times R\times D}$依次通过坐标注意模块和时间注意力模块 F_t 从而获取特征图 $\boldsymbol{Y} \in \mathbb{R}^{C\times T\times R\times D}$。整体流程可以表示为

$$\mathbf{RDC}' = \mathrm{cat}(F_c(\mathbf{RDC}), \mathbf{RDC}) \tag{7.22}$$

$$\boldsymbol{Y} = \mathrm{cat}(F_t(\mathbf{RDC}'), \mathbf{RDC}') \tag{7.23}$$

式中：$\mathbf{RDC}' \in \mathbb{R}^{C\times T\times R\times D}$是进过坐标注意力机制后的特征图；cat(·)代表加法操作。

7.4.2.1 坐标注意力模块

如图 7.34 所示，坐标注意模块由坐标信息嵌入和坐标注意力生成两部分组成，可以获取特征图中关键特征的精确位置信息。

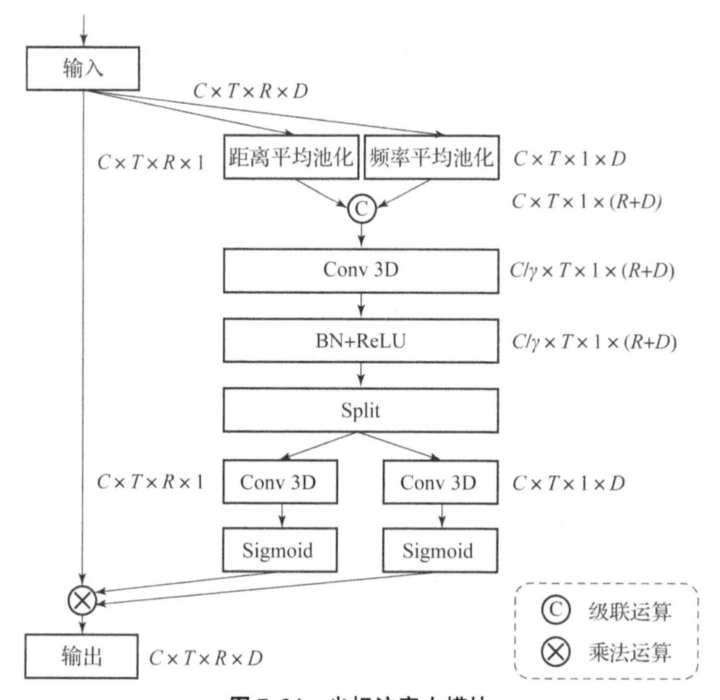

图 7.34 坐标注意力模块

下面分别介绍两部分操作的工作机制。

(1) 坐标信息嵌入操作。与传统的通道注意力机制相比，坐标信息嵌入操作不直接利用全局平均池化，而是将在距离、频率两个维度分别进行平均池化操作，以保留位置信息。具体来说，采用两个大小为$(R,1)$和$(D,1)$的池化核沿着两个空间方向分别进行编码，产生具有方向感知性的特征图。

在距离维度方向进行平均池化的操作可以表示为

$$\boldsymbol{Z}_{c,t,d}^{r}(r) = \frac{1}{D}\sum_{i=0}^{D-1}\mathbf{RDC}_{c,t}(r,i) \tag{7.24}$$

式中：c、t、r 分别代表通道维度、时间维度、距离维度的索引。

在频率维度方向进行平均池化的操作可以表示为

$$\mathbf{Z}_{c,t,r}^{d}(d) = \frac{1}{R}\sum_{j=0}^{R-1}\mathbf{RDC}_{c,t}(j,d) \tag{7.25}$$

式中：d 代表频率维度的索引。

(2) 坐标注意力生成操作。坐标注意生成操作的过程包括三个基本步骤。首先，为了保持坐注意力模块设计的简洁性并限制所需参数的数量，采用了一种级联的方法来合并式（7.24）和式（7.25）的结果，可以表示为

$$\boldsymbol{\Psi} = \delta(W_1([\mathbf{Z}_{c,t,d}^{r}, \mathbf{Z}_{c,t,r}^{d}])) \tag{7.26}$$

式中：$[\cdot,\cdot]$代表连接操作；W_1 代表一个 $1\times1\times1$ 的卷积变换函数，可以用来缩小特征通道。如图 7.34 所示，缩减因子为 γ。δ 是一个 ReLU 激活函数。

接下来，将 $\boldsymbol{\Psi}$ 分裂成两个独立的张量，分别为 $\boldsymbol{\Psi}^{r}\in\mathbb{R}^{(C/r)\times T\times R\times 1}$和 $\boldsymbol{\Psi}^{d}\in\mathbb{R}^{(C/r)\times T\times 1\times D}$。然后，为了与输入特征图保持相同大小的通道，2 个卷积变换函数 W^{r} 和 W^{d} 分别放在了 $\boldsymbol{\Psi}^{r}\in\mathbb{R}^{(C/r)\times T\times R\times 1}$和 $\boldsymbol{\Psi}^{d}\in\mathbb{R}^{(C/r)\times T\times 1\times D}$后面，这一步骤可以表示为

$$s^{r} = \sigma(W^{r}(\boldsymbol{\Psi}^{r})) \tag{7.27}$$

$$s^{d} = \sigma(W^{d}(\boldsymbol{\Psi}^{d})) \tag{7.28}$$

式中：$s^{r}\in\mathbb{R}^{C\times T\times R\times 1}$；$s^{d}\in\mathbb{R}^{C\times T\times 1\times D}$；$\sigma$ 代表 sigmoid 函数。

最后，利用乘法运算实现自动赋值，可以表示为

$$\mathbf{RDC}'_{c,t}(i,j) = \mathbf{RDC}_{c,t}(i,j)\otimes s_{c,t}^{r}(i)\otimes s_{c,t}^{d}(j) \tag{7.29}$$

式中：$\otimes$代表乘法运算。

7.4.2.2　时间注意力模块

如图 7.35 所示，TAM 对输入进行全局平均池化操作后，分为全局分支和局部分支两部分。

TAM 主要关注时间维度的影响，因此首先使用全局平均池化来压缩特征图 $\mathbf{RDC}'\in\mathbb{R}^{C\times T\times R\times D}$，可以表示为

$$\mathbf{Z}_{r,d}^{c,t}(c,t) = \frac{1}{R\times D}\sum_{r=0}^{R-1}\sum_{i=0}^{D-1}\mathbf{X}'_{c,t}(j,i) \tag{7.30}$$

局部分支关注短期时间的影响，全局分支关注全局时间的影响。该模型的两个分支分别关注时间信息的不同方面。接下来，给出两个分支的详细描述。

(1) 局部分支。利用连串的3D 卷积层、ReLU 层、3D 卷积层、sigmoid 层和尺寸调节层去构建 TAM 局部分支，从而得到局部时间注意力图 $\hat{L}\in\mathbb{R}^{C\times T\times R\times D}$。

如图 7.35 所示，局部分支的处理过程点画线线框表示，可以定义为

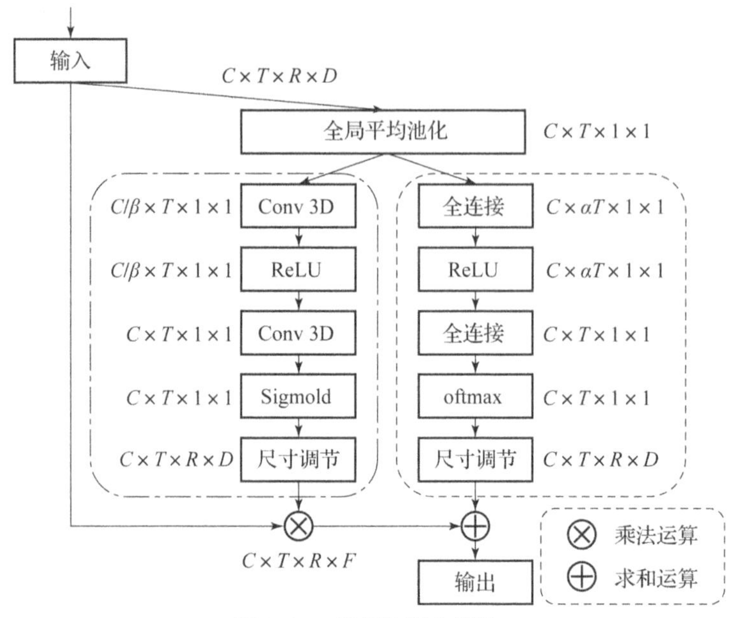

图 7.35　时间注意力模块

$$L=\mathcal{L}(Z_{r,d}^{c,t})=\sigma(W_2(\delta(W_1(Z_{r,d}^{c,t}))))\tag{7.31}$$

式中：W_1 和 W_2 代表 $1\times1\times1$ 的卷积转换函数。

一方面，第一个卷积变换函数 W_1 和一个 ReLU 激活函数用于减少特征图通道数，缩减因子为 β。另一方面，第二个卷积变换函数 W_2 和一个 sigmoid 函数去匹配输入的 $Z_{r,d}^{c,t}\in\mathbb{R}^{C\times T\times1\times1}$ 和生成的重要性权重 $L\in\mathbb{R}^{C\times T\times1\times1}$。

为了匹配输入 $X'\in\mathbb{R}^{C\times T\times R\times D}$，将 $L\in\mathbb{R}^{C\times T\times1\times1}$ 在空间维度上复制，得到 $\hat{L}\in\mathbb{R}^{C\times T\times R\times D}$。

（2）全局分支。与局部分支相反，使用全连接层来利用长期信息。全局分支能够分析具有更广阔的上下文信息，从而能够在全局上下文的指导下聚合时间特征。如图 7.35 所示，全局分支的流程用虚线框表示。全局分支可以定义为

$$\boldsymbol{G}=\mathcal{G}(\boldsymbol{Z}_{r,d}^{c,t})=\vartheta(f_2(\delta(f_1(\boldsymbol{Z}_{r,d}^{c,t}))))\tag{7.32}$$

式中：ϑ 代表 softmax 函数；f_1 和 f_2 代表全连接层的映射过程。

类似的，为了匹配输入 $\mathbf{RDC}'\in\mathbb{R}^{C\times T\times R\times D}$，通过空间维度的复制将 $G\in\mathbb{R}^{C\times T\times1\times1}$ 变成 $\hat{G}\in\mathbb{R}^{C\times T\times R\times D}$。

总之，局部分支捕获短期信息以关注显著特征，而全局分支包含长期时间结构以促进时间聚合。整个过程可以表示为

$$Y = \mathcal{G}(\boldsymbol{Z}_{r,d}^{c,t}) \oplus (\mathcal{L}(\boldsymbol{Z}_{r,d}^{c,t}) \otimes \mathbf{RDC}') \tag{7.33}$$

式中：$\oplus$代表加法运算；$\mathcal{G}(\cdot)$代表全局分支操作；$\mathcal{L}(\cdot)$代表局部分支操作。

7.4.3 实验结果及分析

7.4.3.1 电磁数据集及评估方法

对文献［8］中采集的锥形目标电磁数据集进行处理得到目标全姿态范围内的动态 HRRP 序列。然后，利用 2D AReSL0 算法对动态 HRRP 进行处理，得到 RD 序列。采用包含能量信息的散射中心估计方法，可以得到不同微动形式下的距离-频率-时间-能量四维雷达数据立方体。SNR 范围为 -16 ~ 4dB，步进为 2dB。最终，电磁计算数据集中有 42240 个样本。为了评估训练模型在该数据集上的性能，可以随机将每个类的数据集分成 80% 用于训练和 20% 用于测试。

如图 7.36 所示，不同微动形式下的四维雷达数据立方体内的空间结构的差异为空间目标微动识别提供了基础。其中，点的直径表示散射中心能量等

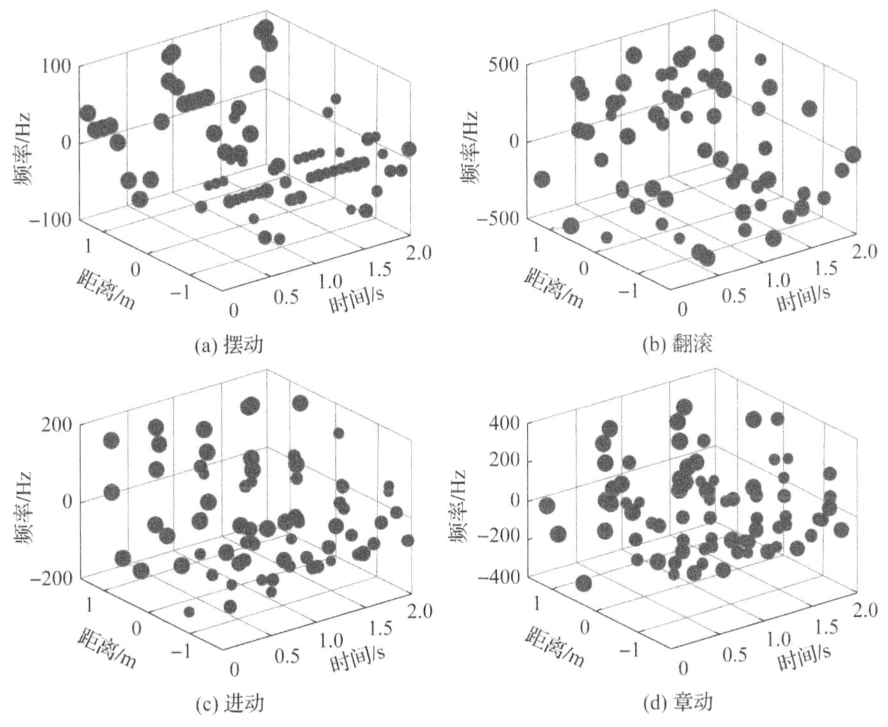

图 7.36　不同微动形式的四维雷达数据立方体

级。然而，值得注意的是，与激光雷达点云不同，四维雷达数据立方体呈现稀疏特征。因此，标准的点云深度学习算法可能不适用于基于四维雷达数据立方体的识别。

在实验中，通过随机划分训练数据集进行 $\bar{K}$ 次交叉验证[12]。参数 $\bar{K}$ 指在交叉验证过程中使用的折叠数，在模型训练过程中，每个折叠都充当一个验证数据集。在本节实验中，参考整个数据集的总量，将参数 $\bar{K}$ 的数值定为 5。这意味着，训练数据集中的 1/5 被选为验证数据集，剩下的 4/5 作为训练数据集。

在本节中，使用以下四个评价指标来评估识别网络的有效性，即平均分类精度（average classification accuracy，AACC）、平均宏观精度（average macro precision，AMP）、平均宏观 F1 - score（average macro F1 - score，AMF1）和平均 Kappa 系数（average kappa coefficient，AKC）。其数学表达式为

$$\text{AACC} = \frac{1}{\bar{K}}\sum_{\bar{k}=1}^{\bar{k}}\frac{\text{TP}_{\bar{k}} + \text{TN}_{\bar{k}}}{\text{TP}_{\bar{k}} + \text{TN}_{\bar{k}} + \text{FP}_{\bar{k}} + \text{FN}_{\bar{k}}} \tag{7.34}$$

$$\text{AMP} = \frac{1}{\bar{K}}\frac{1}{Y}\sum_{\bar{k}=1}^{\bar{k}}\sum_{y=1}^{Y}\frac{\text{TP}_{\bar{k}}(y)}{\text{TP}_{\bar{k}}(y) + \text{FP}_{\bar{k}}(y)} \tag{7.35}$$

$$\text{AMF1} = \frac{1}{\bar{K}}\frac{1}{Y}\sum_{\bar{k}=1}^{\bar{k}}\sum_{y=1}^{Y}\frac{2 \times \dfrac{\text{TP}_{\bar{k}}(y)}{\text{TP}_{\bar{k}}(y) + \text{FP}_{\bar{k}}(y)} \times \dfrac{\text{TP}_{\bar{k}}(y)}{\text{TP}_{\bar{k}}(y) + \text{FN}_{\bar{k}}(y)}}{\dfrac{\text{TP}_{\bar{k}}(y)}{\text{TP}_{\bar{k}}(y) + \text{FP}_{\bar{k}}(y)} + \dfrac{\text{TP}_{\bar{k}}(y)}{\text{TP}_{\bar{k}}(y) + \text{FN}_{\bar{k}}(y)}} \tag{7.36}$$

$$\text{AKC} = \frac{1}{\bar{K}}\sum_{\bar{k}=1}^{\bar{k}}\frac{\dfrac{\text{TP}_{\bar{k}} + \text{TN}_{\bar{k}}}{\text{TP}_{\bar{k}} + \text{TN}_{\bar{k}} + \text{FP}_{\bar{k}} + \text{FN}_{\bar{k}}} - pe_{\bar{k}}}{1 - pe_{\bar{k}}} \tag{7.37}$$

$$\text{pe}_{\bar{k}} = [(\text{TP}_{\bar{k}} + \text{FN}_{\bar{k}}) \times (\text{TP}_{\bar{k}} + \text{FP}_{\bar{k}}) + (\text{FN}_{\bar{k}} + \text{TN}_{\bar{k}})(\text{TN}_{\bar{k}} + \text{FP}_{\bar{k}})]/N_{\bar{k}}^{2} \tag{7.38}$$

式中：TP、TN、FN、FP 与 6.2.4 中定义相同；Y 代表分类种类数量；$\bar{K}$ 代表交叉验证次数。$pe_{\bar{k}}$ 和 $N_{\bar{k}}$ 分别代表在第 $\bar{k}$ 次交叉验证条件下的相对误分类数和样本总数。

7.4.3.2 网络细节和评价结果

本节使用的评价指标的取值范围在 0 到 1 之间。评价指标得分越高，表示

网络性能越好。所有实验均采用以下配置进行：CPU Intel(R) Xeon(R) Gold 6246 @ 3.30GHz；内存256GB，GPU NVIDIA Quadro GV100。

CTA - Net的结构如表7.25所列。

表7.25　CTA - Net结构

CTA - Net
输入，尺寸：40×133×3×25，四维雷达数据立方体
Conv3d，步长：2；过滤器：64；核尺寸：7×7×7
最大池化，步长：2；核尺寸：3×3×3
3×CTA block（Conv3d，过滤器：64，$\gamma=4$，$\alpha=2$，$\beta=2$）
4×CTA block（Conv3d，过滤器：128，$\gamma=4$，$\alpha=2$，$\beta=2$）
6×CTA block（Conv3d，过滤器：256，$\gamma=4$，$\alpha=2$，$\beta=2$）
3×CTA block（Conv3d，过滤器：512，$\gamma=4$，$\alpha=2$，$\beta=2$）
全局平均池化
全连接
SoftMax
输出

CTA - Net的超参数如表7.26所列。

表7.26　CTA - Net超参数设置

求解器	Adam
损失函数	交叉熵损失函数
训练轮数	20
Dropout	0.005
初始学习速率	0.001
学习率衰减因子	0.5/5轮
批量大小	20

图7.37展示了5次交叉验证的混淆矩阵。

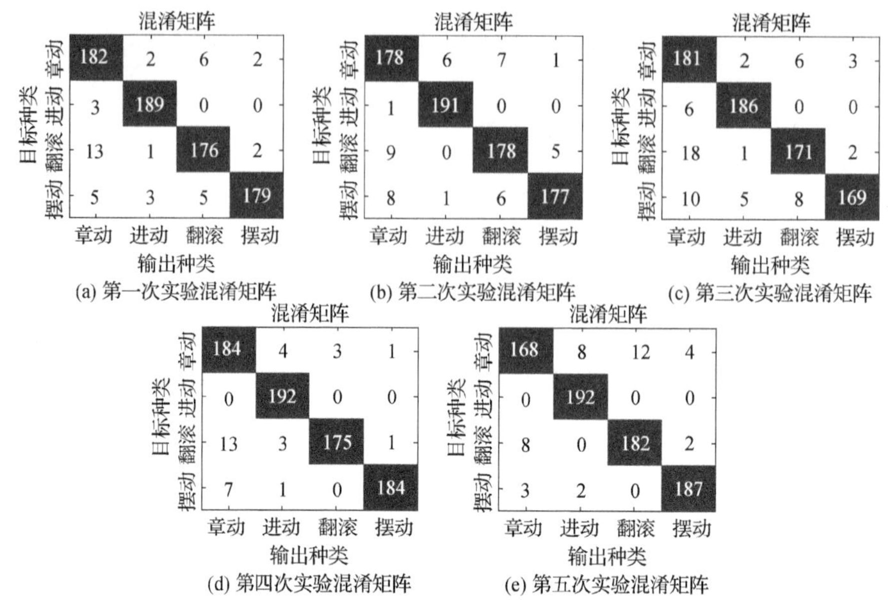

(a) 第一次实验混淆矩阵 (b) 第二次实验混淆矩阵 (c) 第三次实验混淆矩阵

(d) 第四次实验混淆矩阵 (e) 第五次实验混淆矩阵

图 7.37 五次交叉验证的混淆矩阵

为了平衡性能和效率，逐步将 CTA 块集成到 ResNet50 中，CTA 块对网络性能的影响如表 7.27 所列。随着更多 CTA 块的添加，网络性能得到改善，但在将超过 12 个 CTA 块集成到网络中后性能开始趋于平稳。值得注意的是，具有 16 个 CTA 块的 CTA - Net 在获得了最佳性能，因此，将在后续实验中使用这一配置。

表 7.27 CTA 块对网络性能的影响

CTA 块数量	AACC	AMP	AMF1	AKC	参数量
3	0.8724	0.8751	0.8737	0.8299	51.7M
6	0.9049	0.9059	0.9054	0.8733	74.8M
9	0.9211	0.9216	0.9213	0.8948	83.5M
12	0.9414	0.9420	0.9417	0.9219	100.1M
16	**0.9430**	**0.9442**	**0.9436**	**0.9240**	**120.6M**

从表 7.27 可以看出，随着更多 CTA 块的添加，网络性能得到改善，但在将超过 12 个 CTA 块集成到网络中后性能开始趋于平稳。值得注意的是，具有 16 个 CTA 块的 CTA - Net 在获得了最佳性能，因此，将在后续实验中使用这一配置。

同时，为了评估计算复杂度，各 CTA 块的模型参数如表 7.27 所列。此外，需要注意的是，3D Res50 网络本身的参数量为 46.7M。随着 CTA 块数量的增加，模型参数的数量也相应增加。

7.4.3.3　数据集参数对识别性能的影响

在本节中，通过调整与数据集相关的各种参数来评估 CTA – Net 的性能。这些参数包括 RD 序列帧数、观察时间和训练数据集的比例。

下面分析 RD 序列帧数对 CTA – Net 的性能的影响。将 RD 序列帧数从 10 到 35，以 5 为步长进行增加，生成相应的数据集。图 7.38 给出了具有不同 RD 序列帧数的四维雷达数据立方体。

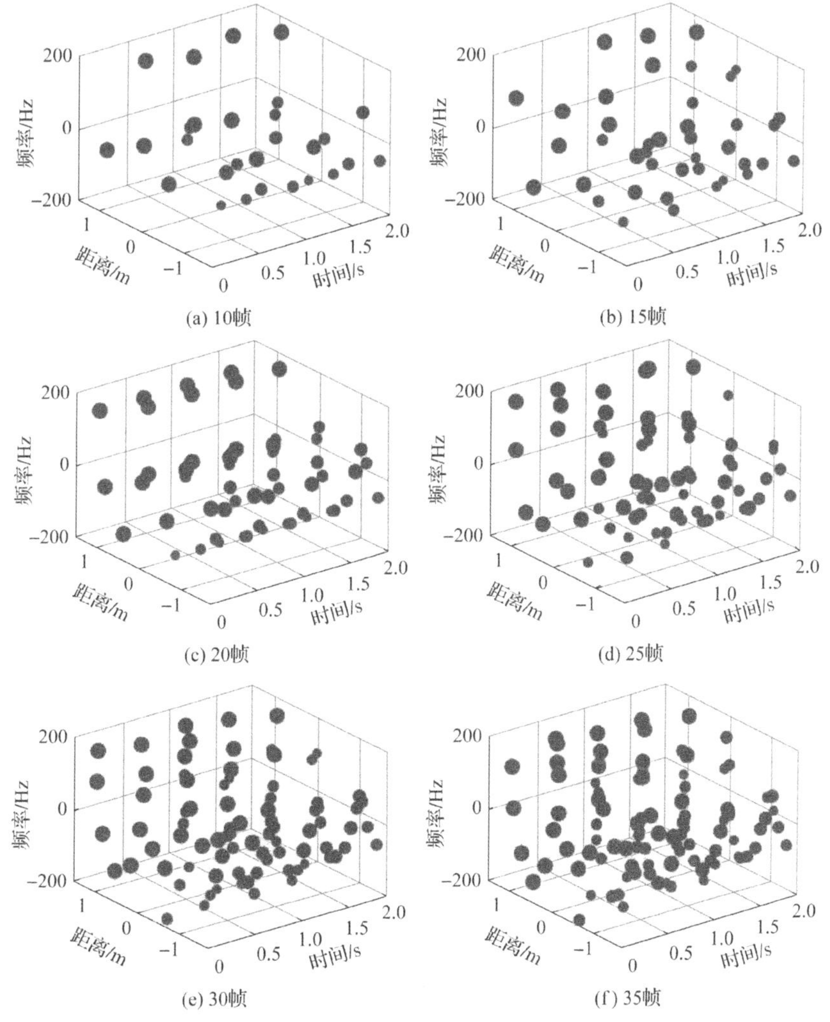

图 7.38　不同 RD 序列帧数的进动目标四维雷达数据立方体

随后，使用相同参数对相关数据集进行处理，识别结果如表7.28所列。

表7.28 RD序列帧数对网络性能的影响

L	AACC	AMP	AMF1	AKC
$L=10$	0.8716	0.8744	0.8730	0.8288
$L=15$	0.8945	0.8953	0.8949	0.8594
$L=20$	0.9049	0.9059	0.9054	0.8733
$L=25$	0.9430	0.9442	0.9436	0.9240
$L=30$	0.9492	0.9495	0.9494	0.9323
$L=35$	**0.9523**	**0.9527**	**0.9525**	**0.9365**

从表7.28可以看出，当RD序列帧数减少时，评价准则的数值逐渐降低，网络识别性能逐渐下降，这是由于此时网络无法充分捕捉各种微动的复杂细节。值得注意的是，当RD序列帧数超过25时，尽管识别结果可以得到改善，但识别性能的改进变得缓慢。这可能是因为此时数据集中所含信息趋于饱和。

随后，研究了观测时间对CTA-Net性能的影响。观测时间从1s到4s变化，增量为1，随后生成相应的数据集。图7.39为不同观测时间条件下的进动目标距离-频率-时间-能量雷达数据立方体，网络识别结果如表7.29所列。

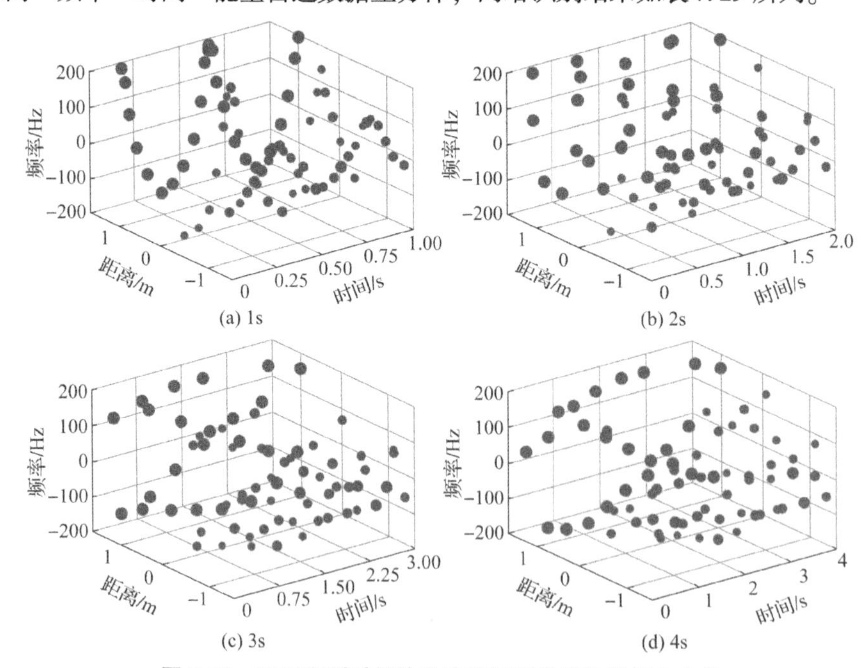

图7.39 不同观测时间的进动目标四维雷达数据立方体

表 7.29　观测时间对网络性能的影响

观测时间	AACC	AMP	AMF1	AKC
1s	0.9365	0.9376	0.9370	0.9153
2s	0.9430	0.9442	0.9436	0.9240
3s	**0.9453**	**0.9461**	**0.9457**	**0.9271**
4s	0.9326	0.9330	0.9328	0.9101

从表 7.29 可以观察到，随着观察时间的增加，CTA - Net 的识别性能最初有所改善，在 3s 时达到峰值，随后逐渐下降。观察时间不足会导致数据集中运动信息的不充分捕获，从而影响分类准确性。相反，观察时间过长而没有相应增加帧数会导致数据集中信息重叠，从而阻碍网络的决策过程。

普遍认为，训练样本的数量影响网络的识别性能。因此，接下来的实验旨在分析训练集的比例对 CTA - Net 性能的影响程度。对训练集占整个数据集的比例进行修改，得到的网络识别结果如表 7.30 所列。显然，随着训练集的比例增加，网络获得更丰富的可学习特征，从而提高了识别性能。

表 7.30　训练数据集比例对网络性能的影响

训练数据集的比例	AACC	AMP	AMF1	AKC
0.2	0.8485	0.8518	0.8502	0.7890
0.4	0.8701	0.8741	0.8721	0.8269
0.6	0.9130	0.9152	0.941	0.8840
0.8	**0.9430**	**0.9442**	**0.9436**	**0.9240**

7.4.3.4　噪声稳健性及性能对比

图 7.40 展示了在四种 SNR 情况下，时频图、HRRP、RD 像以及距离 - 频率 - 时间 - 能量四维雷达数据立方体。随着 SNR 的降低，二维图像中弱散射中心的轨迹被噪声所掩盖。然而，在四维雷达数据立方体中，虽然提取的散射中心数量有所减少，但轮廓仍然大致可辨。

为了对比，将以下目标识别网络与本节提出的网络进行性能对比。

(1) 2D CNN[3]。该方法首先对 HRRPs 进行降噪处理，提高了图像的分辨率，从而提高了识别精度。该网络将大小为 227 × 227 的 HRRPs 作为输入，并使用 18 个级联的 Fire 模块。优化算法采用 SGD，初始学习率为 0.0001。

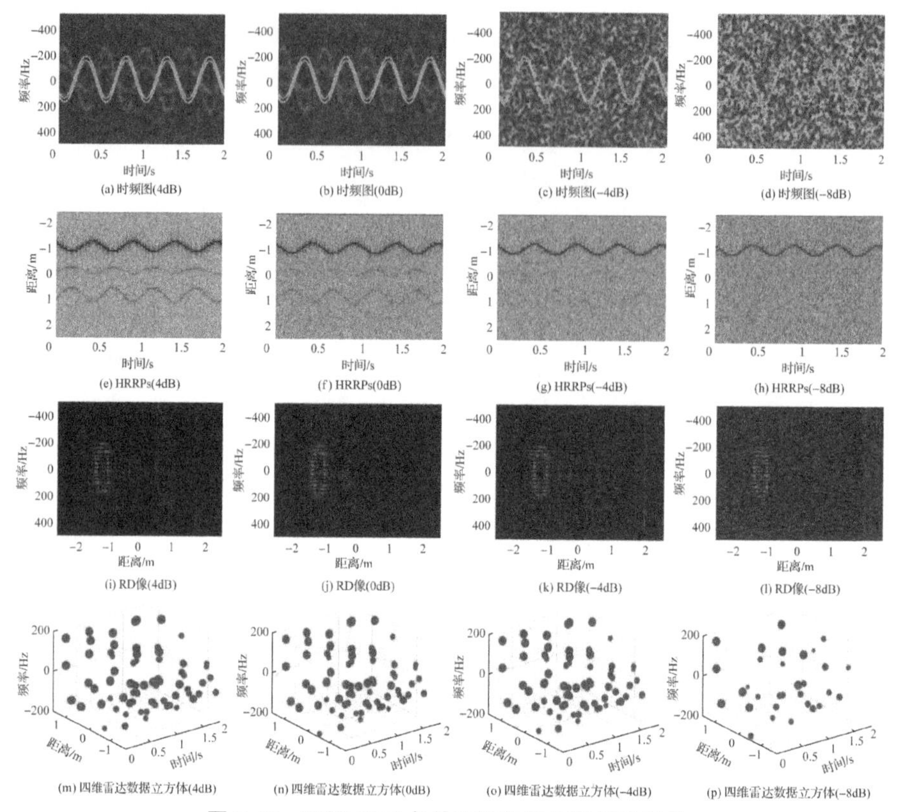

图 7.40 不同 SNR 条件下的进动目标雷达图像

（2）3D CNN[9]。该网络以 RD 序列帧为输入，网络由三维卷积层和三维最大池化层组成。Adam 求解器的学习率设置为 0.0003。

（3）3D CNN－LSTM[9]。该网络的输入与 3D CNN 一致。网络结构在 3D CNN 的基础上加入了两个 LSTM 结构。LSTM 的隐藏单元分别设置为 256 和 128。LSTM 网络作为一种门控递归神经网络，能够从不同的 RD 序列帧中提取时间特征。

（4）PointNet[13]。PointNet 是一项点云分类与分割云中的突破性技术。它通过一个称为 T－net 的迷你网络来预测仿射变换矩阵，从而实现空间点云变换的语义标签的不变性。该网络采样 $K_s \times 3$ 的距离－频率－时间雷达数据立方体作为输入，其中 K_s 代表雷达数据立方体中点迹的总数。训练 PointNet 使用 Adam 优化算法，其最小批大小为 64。训练过程最多运行 20 个 epoch，初始学习率为 0.001。学习率每五个 epoch 降低 0.5 倍。图 7.41 展示了在不同 SNR 条件下五种网络识别性能的综合比较。

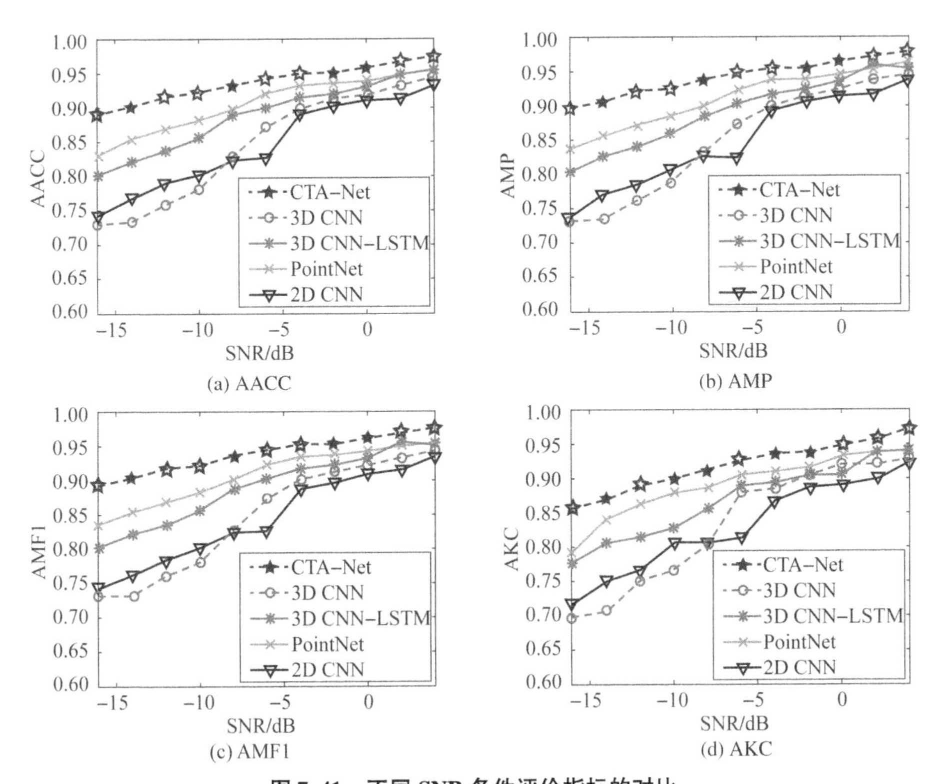

(a) AACC　(b) AMP　(c) AMF1　(d) AKC

图7.41　不同SNR条件评价指标的对比

从图7.41可以看出，四个评估指标的变化具有一致性。当SNR超过-8dB时，2D CNN的识别性能最差。这是因为其他网络类型将目标的时间、微距离和微多普勒信息纳入其输入，而2D CNN仅利用目标的时间和微距离信息。而当SNR低于-8dB时，3D CNN的识别性能最差。这是由于2D CNN对时间-距离图进行降噪预处理，减轻了噪声的影响并提高了识别性能。本节提出的网络在不同SNR条件下均展示了优越的识别性能。值得注意的是，即使SNR低至-14dB，识别精度仍保持在90%左右，反映了CTA-Net具有较强的识别性能和稳健性。

同时，在不同SNR条件下进行了960次蒙特卡罗实验，采用MAPE作为评价标准检验识别性能与散射中心信息提取之间的相关性，其结果如图7.42所示。

从图7.42可以看出，当SNR低于-8dB时，可以观察到目标检测的MAPE明显增加。这是由于噪声较大时，部分弱散射中心的能量与噪声能量相当甚至更小，使得弱散射中心与背景噪声的区分存在困难。因此，在散射中心提取算法中可能会出现错误。从图 7.40 的结果来看，可以发现虽然有些散射中心未被提取，但四维雷达数据立方体的结构保持不变，仍然可以清晰地观察到总体轮廓。这为识别网络准确性的稳定性提供了先决条件。当 SNR 降至 -12dB 以下时，MAPE 的数值经历了相对稳定的变化过程。这是因为在这个时候，强散射中心仍然可以很好地从背景噪声中提取出来。同时，当发生翻滚运动时，MAPE 的数值会比其余微动形式更大。这是因为翻滚运动具有最大的运动振幅，导致微多普勒和微距离变化的范围更广。因此，提取散射中心信息时的错误也会增加。

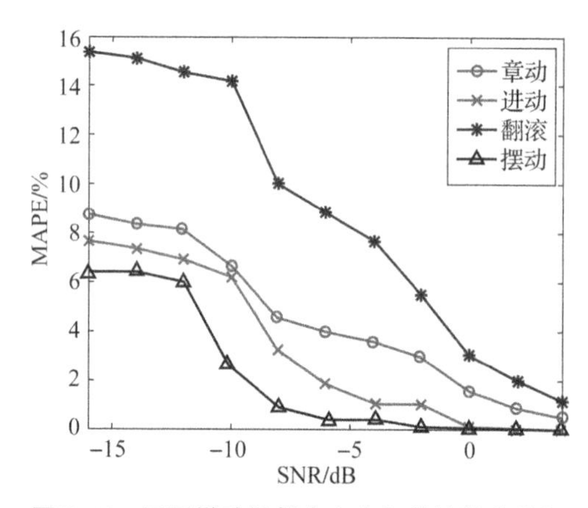

图 7.42　不同微动散射中心坐标估计精度分析

参考文献

[1] MATHERON G. Principles of geostatistics [J]. Economic Geology, 1963, 58(8): 1246 - 1266.

[2] 齐琳涵. 基于 SqueezeNet 的色彩恒常性算法研究及硬件实现[D]. 西安:西安理工大学,2024.

[3] WANG Y, FENG C, HU X, et al. Classification of space micromotion targets with similar shapes at low SNR [J]. IEEE Geoscience and Remote Sensing Letters, 2021, 19: 3504305.

[4] 黄培康, 殷红成, 许小剑. 雷达目标特性 [M]. 北京: 电子工业出版社, 2005.

[5] SNOEK J, LAROCHELLE H, ADAMS R P. Practical bayesian optimization of machine learning algorithms [C]// Proceedings of the Advances in neural information processing systems: Curran Associates Inc: 2012, 2: 2951 - 2959.

[6] LIANG Z J, LIAO S B, HU B Z. 3D convolutional neural networks for dynamic sign language recognition [J]. Computer Journal, 2018, 61(11): 1724 - 1736.

[7] SCHERER M, MAGNO M, ERB J, et al. TinyRadarNN: Combining spatial and temporal convolutional neural networks for embedded gesture recognition with short range radars [J]. IEEE Internet of Things Journal,

2021, 8(13): 10336 - 10346.

[8]HAN L, FENG C, HU X. Space targets with micro - motion classification using complex - valued GAN and kinematically sifted methods [J]. Remote Sens, 2023, 15(21): 5085.

[9]HENDY N, FAYEK H M, AL - HOURANI A. Deep learning approaches for air - writing using single UWB radar [J]. IEEE Sensors Journal, 2022, 22(12): 11989 - 12001.

[10]YANG Z C, ZHENG X B. Hand gesture recognition based on trajectories features and computation - efficient reused LSTM network [J]. IEEE Sensors Journal, 2021, 21(15): 16945 - 16960.

[11]ARSALAN M, SANTRA A, ISSAKOV V. Radar trajectory - based air - writing recognition using temporal convolutional network[C]//2020 19th IEEE International Conference on Machine Learning and Applications (ICMLA). IEEE Press: 2020:1454 - 1459.

[12]YE W B, CHEN H Q. Human activity classification based on micro - doppler signatures by multiscale and multitask fourier convolutional neural network [J]. IEEE Sensors Journal, 2020, 20(10): 5473 - 5479.

[13]DU H, JIN T, SONG Y P, et al. A three - dimensional deep learning framework for human behavior analysis using range - doppler time points [J]. IEEE Geoscience and Remote Sensing Letters, 2020, 17(4): 611 - 615.

第8章
总结与展望

8.1 总结

近年来，随着现代战争技术的发展，弹道目标的数量和威胁程度日益增长。现有弹道目标特征提取与识别技术存在特征区分度不高、信号纠缠严重、识别方法指向性不强等问题。基于微动特征的弹道目标分析能够有效地解析目标细微运动及精细结构，因而受到了国内外研究机构及相关学者的广泛关注。本书结合作者近年来的研究成果，重点分析了弹道目标微动特征，从弹道目标模型构建与分析、弹道目标平动补偿、弹道目标微动特征提取、弹道目标参数估计、基于窄带特征的弹道目标智能识别、基于宽带特征的弹道目标智能识别六个方面进行了深入研究，主要工作成果如下。

（1）弹道目标模型构建与分析是后续研究的基础，本书分析了弹道目标的几何结构、轨道运动模型及微动模型。基于典型弹道目标结构及散射中心理论建立了目标几何模型，分析了不同散射中心特点；对弹道目标中段运动进行分析，探讨了轨道运动特性；分别分析了自旋、锥旋、摆动等典型弹道目标微动模型，然后从微多普勒分析的角度探讨了脉冲重复频率的影响。

（2）平动产生的多普勒会叠加在微动之上，本书提出四种平动补偿方法，有效解决了微多普勒曲线出现的平移、扭曲以及折叠等问题。针对微动回波的HRRPs，采用包络对齐和相位校正对目标平动信息进行补偿，相位补偿后平动的估计误差可以降低到毫米级；针对传统平动补偿算法存在自适应性不强、稳健度不高的问题，提出基于参数回归网络的“双阶段”补偿法，探究了平动参数的自适应回归问题，实现平动的有效补偿；针对弹道目标的运动是平动和微动复合的现实场景，将平动补偿问题等效成微多普勒谱图配准问题，提出了基于图像空间变换法的平动补偿方法，实现了无监督、高精度的平动补偿；针对群目标的平动补偿问题，将其视为一个多项式参数估计过程，提出基于高阶模糊函数的平动补偿方法，利用高阶模糊函数逐次估计平动参数，具有运算量小、估计阶数高及精度高等优势。

(3) 弹道目标的雷达回波是多个散射中心反射的回波之和，本书研究了三种弹道目标微动特征提取方法，可实现多分量信号的有效分离处理。针对锥形目标微多普勒提取问题，设计了一种基于约束 NMF 的微多普勒提取框架，通过对标准的 NMF 增加稀疏性约束、连续性约束以及正交性约束，设计出了基于约束 NMF 的时频图分离方法，实现了微多普勒的高精度提取；针对群目标特征提取问题，提出一种基于三维雷达数据立方体微动特征提取方法。设计了一种基于压缩感知的高分辨 RD 序列获取算法，并利用 CLEAN 技术构建雷达数据立方体，设计三维分段 Viterbi 算法在三维域实现了空间群目标信号的有效提取，解决了群目标回波信号在二维域中纠缠重叠、难以分离的问题；针对遮挡或者不完全观测等原因导致的微动信息缺失问题，设计了基于压缩感知和矩阵填充的微动信息修复算法，可以实现遮挡情况下的目标微多普勒和微距离的修复。

(4) 精确地参数估计能为识别提供数据支撑，本书论述了四种弹道目标参数估计方法。针对微动回波噪声强度估计问题，将时域 SNR 估计转化为时频域 SNR 估计，设计了一种基于 LRCN 的 SNR 估计网络，能够实现 SNR 的高精度估计；针对锥柱形目标，研究了一种基于递归分析的进动周期的估计方法，利用微动回波的非平稳特性，提出一种基于微动回波递归特性分析的微动周期估计方法，实现了对进动目标微动周期的稳健估计；针对任意雷达 LOS 情况下的锥形进动目标参数估计问题，提出利用三维雷达数据立方体构造三维特征曲线，快速准确的实现目标微动参数及几何参数估计；针对组网雷达观测条件下的有翼弹道目标参数估计问题，利用多部雷达信息及散射中心在不同视角上投影分量的差异，估计出目标微动参数并实现目标三维重构。

(5) 窄带雷达具有实时性较好、探测范围较广、部署成本相对较低等优势，本书系统地分析了四种基于窄带雷达特征的弹道目标智能识别方法。针对基于 RCS 统计特征的目标识别，提出一种基于 CNN + BiLSTM 弹道目标智能分类算法。在得到目标 RCS 序列及其时频图后，通过 CNN 提取时频图像特征序列并与 RCS 序列融合，随后利用 BiLSTM 学习序列之间的相关性实现目标分类；针对弹道目标微动产生的 RCS 序列分类识别问题，提出一种基于多尺度 CNN 的弹道目标 RCS 序列分类方法。引入三种 RCS 序列编码方法将 RCS 序列映射到二维图像域，利用多尺度 CNN 实现了较高精度的弹道目标识别；针对空间锥体目标微动时频图的特点，将残差模块、Inception 模块及 BiLSTM 模块融合成一体化的 RI_BiLSTM 网络，以实现更强的图像特征提取能力，提升强噪声条件下的微动分类性能；针对基于时频图的统计特征的弹道目标识别，分析了时频谱图及 CVD 图特点，以并行网络结构为基础，设计了包含两条不同处理路线的识别框架，利用实验验证了识别框架的有效性并对比分析了两种频域图像的噪声稳健性。

（6）宽带雷达分辨率相对较高，可以获得更精细的目标特征，本书较为全面地分析了四种基于宽带雷达特征的弹道目标智能识别方法。针对低信噪比条件下的 HRRPs 识别问题，分析了时间－距离像中噪声的表现形式，在此基础上有针对性地提出了一套完整的去噪流程；然后利用迁移学习对自旋、进动、章动、摆动和翻滚完成了分类。针对具有不同外形结构的进动目标，基于贝叶斯优化算法设计了一种最优的 CNN 架构。首先将预设的 HOG 特征输入 SVM 进行分类，然后利用贝叶斯优化的 CNN 自动提取特征，对比发现 CNN 在精度上领先但在实时性上有待提高；在 RD 域中，分析了原始 RD 数据、RD 序列张量数据和 RD 轨迹数据的构造方法，并针对各种数据特点，设计了 2D RDN、3D RDN－GRU、DTRN 三种识别网络，系统地探索了数据表达方式对空间目标识别效果的影响；针对四维雷达图像特性，设计了基于坐标－时间注意力模块的识别网络 CTA－Net，深入分析数据中存在的四维信息，并有效地挖掘各变量之间的相互联系，并通过广泛的实验结果验证了该识别网络的噪声稳健性。

8.2 展望

本书针对弹道目标特征提取及智能识别技术展开研究，在弹道目标平动补偿、弹道目标微动特征提取、弹道目标参数估计、基于窄带特征的弹道目标智能识别、基于宽带特征的弹道目标智能识别等方面做出了大量工作，虽然取得了一定成效，但由于作者水平有限，仍有许多关键性问题需要进一步探索。归纳而言，在后续研究的重点主要包括以下五个方面。

（1）复杂观测条件下的弹道群目标微动特征提取及高分辨成像。在某些观测条件下，目标的有效遮挡面积可达百分之六十以上，这会对目标回波的散射有很大影响。在空间群目标飞行过程中，不同空间位置的目标之间是如何遮挡，目标之间的遮挡对回波的影响如何体现以及影响效果如何进行量化分析，由于遮挡效应导致的散射中心微动信息如何进行修复进而获取完整的微距离和微多普勒，这些因素都将影响群目标回波模型的建立和微动信息的提取。这就需要对不同空间位置的群目标进行定量分析，进一步研究群目标回波遮挡模型及信号表征方式。同时，在实际环境中，受电磁干扰及环境噪声影响，弹道目标的雷达回波数据往往是不完整并被噪声淹没的，由雷达回波数据生成的雷达图像也会存在缺失、断裂、模糊现象，这就需要深入研究雷达抗干扰、信噪比估计、噪声抑制、微动信号修复等方面，从而进一步提高复杂观测条件下的弹道目标成像质量。

（2）弹道目标数据增强。随着深度学习理论的进一步发展，基于智能的雷达目标识别方法已经显示出巨大潜力。然而，雷达应用中的智能识别方法受到以下事实的限制：而当识别对象为飞机、卫星、弹道目标、舰船等具有特殊军事背景的非合作目标时，只有少量数据可用于训练。同时，数据采集存在时间成本高，并且在场景和采样目标的范围方面受到限制的问题。这种数据集的缺乏不仅会影响 DNN 的深度，而且还会影响 DNN 在不同的目标类型、速度和运动模式中的泛化能力。此外，还会不利于 DNN 形成适应不同噪声源和环境条件的能力。而简单地通过转换、时移和分割等操作来对可用的雷达数据进行扩充，难以产生统计上独立的训练样本，这些样本也难以有效地覆盖目标特征的可能变化。此外，从图像处理领域中借鉴的数据增强方法（如缩放和旋转）可能会产生不符合运动学原理的样本，从而严重地破坏雷达的数据模式。因此，设计符合空间目标运动特性的雷达图像样本扩充方法也是一个值得研究的问题。

（3）弹道目标智能融合识别。雷达获取的目标特征是多样化的，不同的目标特征能反映出目标的不同特性。此外，由于网络结构的差异，不同的分类网络能够提取不同的目标特征。由于整个弹道目标探测网络的多样性，防守方可以获取多源雷达信息。同时，在实际应用中，不同雷达图像的获取条件、难易程度、区分度、数据量级、网络训练难度有所差异。为提高目标识别性能，综合利用多种特征融合识别是雷达目标识别发展的一个必然趋势。融合方法处理层次可以分为数据级融合、特征级融合和决策级融合，如何面向识别设计相应地融合准则是一个亟需研究的问题。目前大多数特征融合技术仍然处于利用传统特征提取方法的阶段，对智能融合技术研究还不够深入，对智能条件下弹道目标融合识别复杂科学机理的探索是后续研究的重点。

（4）新体制雷达多域多维信息的进一步开发。雷达目标分类任务通常不会直接在原始雷达测量数据上执行，因为这将大大增加深度学习网络的计算成本和复杂性。目标特性受传感器维度、信号处理域及环境维度等多方面因素影响，而在多域多维空间中，可用于识别的目标特性更多且区分度更高。本书通过综合利用宽带雷达的距离、频率、能量信息，构造出多域多维雷达工具，初步实现了基于多域多维信息的目标特征提取与智能识别。随着雷达技术与信号处理技术的不断发展，新体制雷达中往往包含额外信息或具备特殊属性。如涡旋雷达中具备的角多普勒频率信息、MIMO 雷达具备的额外角度信息、太赫兹雷达具备的微多普勒敏感性，均可为雷达多域多维工具的开发提供全新思路。

（5）识别网络的可解释性。深度学习方法将从海量样本中学习到的滤波器堆叠起来，实现端到端的映射（即从数据到信息）。随着低成本、小型化和高集成度的雷达平台越来越普遍，可获取的雷达数据量正在不断增长，则挖掘目标信息需要更加可靠的深度学习方法架构。但当前的深度学习方法通常认为是黑盒模型，在理解分类识别的底层逻辑方面缺乏透明度，这导致网络的决策原因难以解释。识别网络的可解释性是指能够理解和解释模型如何从输入数据中提取这些特征，以及模型中的特征对决策结果的影响程度。针对弹道目标识别问题，搭建具有可解释性的识别网络，可以提高系统的可靠性、泛化能力及实用性。未来的研究将探索具备可解释性的深度学习算法，以提高识别网络的透明度，研究深度学习方法与雷达识别物理机制的融合，探索每层输出特征的物理意义，增加网络的实用性。